JN124874

民衆史再耕

『富岡日記』の誕生

富岡製糸場と松代工女たち

上條宏之

龍鳳書房

横田　英（のちの和田　英）

横田家の人びと（中列中央横田亀代　中列左から３番目英　後列右より３番目和田豊治　その左横田秀雄

英の弟横田秀雄

英と母亀代

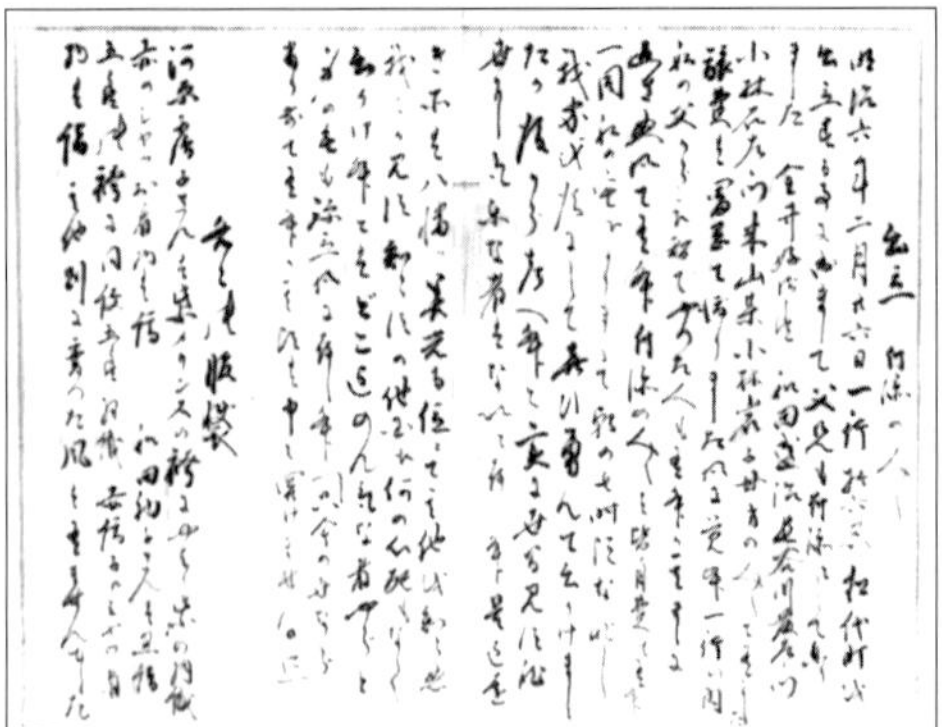

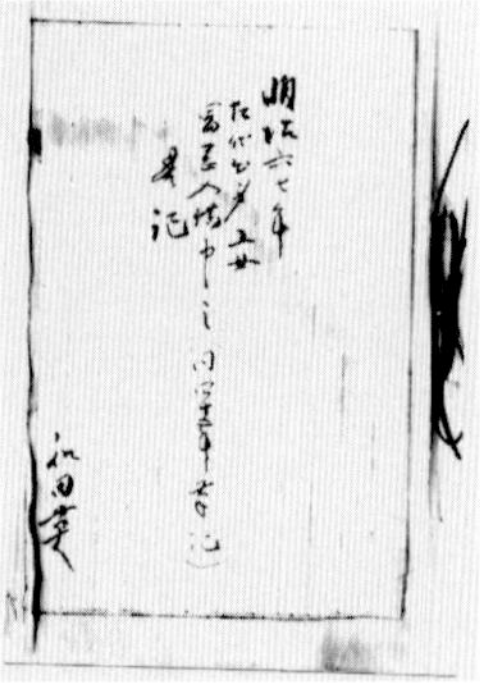

『富岡日記』英の自筆原稿と表紙

はじめに

世界遺産になった富岡製糸場

群馬県富岡市にある富岡製糸場は、明治五（一八七二）年官営模範製糸場として操業がはじめられた。一八九三（明治二十六）年に民間に払い下げられ、三井、原合名会社から片倉製糸紡績会社と持主がかわり、一九八七（昭和六十二）年まで経営されていた。同製糸場は、二〇〇五（平成十七）年七月十四日に、敷地すべてが、わが国の「史跡」に指定された。翌〇六年七月五日には、一八七五（明治八）年以前の建造物の「繰糸所」（明治五〈一八七二〉年に操業をはじめていた）が、わが国の種別一にあたる近代：産業・交通・土木関係の重要文化財とされた。

富岡製糸場のすべての建造物群は、二〇〇五年九月三十日に片倉製糸紡績会社から地元の富岡市に寄贈された。群馬県と富岡市は、富岡製糸場を中心とした絹業文化遺産を世界遺産に登録することをめざす運動をはじめ、二〇〇七（平成十九）年一月三十日には、「富岡製糸場と絹産業遺産群」（The Tomioka Silk Mill and Related Industrial Heritage）が、日本の各地から候補としてあつまった二四件のなかから、富士山、飛鳥・藤原の宮都、長崎のキリスト教会群と並んで、世界遺産暫定リストにくわえられた。

長野県では、善光寺、松本城、妻籠宿が、それぞれ世界文化遺産登録の国内候補を載せた「暫定リスト」に追加されるよう要望していたが、いずれも継続審査となった。『信濃毎日新聞』は、「斜面」欄で、「暫定リスト」への追加がきまった「群馬県の富岡製糸場と絹産業遺産群は信州とも関係が深い」とし、『富岡日記』やわたしの著書『絹ひとすじの青春』（NHK出版）をとりあげ、「群馬の製糸場に光が当ったのを機に、信州の製糸業も振り返りたい。先進性のほか労働者の苦しさなど多様な面がある」と書いた（二〇〇七年一月二十五日）。

二〇一二（平成二十四）年七月十二日には、文化庁文化審議会世界文化遺産特別委員会が、「富岡製糸場と絹産業遺産群」を世界遺産へ推薦することをきめた。群馬県・富岡市の富岡製糸場などを世界遺産にする運動は、市民運動と協働し、そのなかで長野県から初期富岡伝習工女をつとめた和田英《えい》や彼女の著書『富岡日記』は、初期官営富岡製糸場の実態をものがたるデータとして重要な位置をしめた。

そして、二〇一四（平成二十六）年六月二十一日にカタールのドーハで開催された国連教育科学文化機関（ユネスコ）世界遺産委員会は、日本政府が「高い品質の生糸を大量生産し、世界の絹産業の発展と、消費の大衆化をもたらした世界的価値」から推薦した「富岡製糸場と絹産業遺産群」（群馬県）を、世界文化遺産に登録することを決定した。

日本国内の世界遺産には、それまで文化遺産一三件、自然遺産四件があったので、この決定は十八件目であったが、わが国におけるはじめての近代産業遺産となった。

群馬県では『富岡日記』がなぜ書かれなかったのか

富岡製糸場が設立された地元・群馬県の近代製糸業史の展開をみると、「明治五年（一八七二）政府が製糸業近代化のために巨大な官営模範工場を設置した土地に近代技術が根付かず、かえって在来技術の座繰製糸を近代化した組合製糸が発達してしまったという歴史的な逆説」（「富岡製糸場のパラドックス」とよばれる）がおこった（松浦利隆著『在来技術回廊の支えた近代化―富岡製糸場のパラドックスを超えて―』岩田書院　二〇〇六年）。

このパラドックスは、座繰製糸技術が近世信濃国内で先駆的に導入されていた小県郡上田地域においてもみられた。

近世製糸業の先進地で座繰製糸が発達していた群馬県内や信濃国上田地域などでは、富岡製糸場が近くにあり、富岡伝習工女を送り出しながら、彼女たちが伝習した富岡式蒸気器械製糸技術を活かさなかった。在来技術の座繰製糸を近代化した改良座繰が主流をしめる道をつづけたからであった。したがって、富岡式蒸気器械製糸技術をそのまま活かす製糸場は、群馬県内では主流にならず、群馬県内富岡伝習工女が、それを活かすプロセスを記録にとどめることはなかった、といえるのである。

それにくらべ、富岡式蒸気器械製糸の移転・導入・定着のモデルを民間で提供したのが、長野県埴科郡《はにしなぐん》に、一八七四（明治七）年に創設された西條村《にしじょうむら》製糸場（のちの六工社《ろっこうしゃ》）であった。そこでは、富岡伝習工女である横田英たちの働きが、おおきな意味をもち、それが『富岡日記』が書かれた理由となった。『富岡日記』が、『富岡後記』とよばれた「六工社創立記」とセットで書かれた理由も、そこにあった。この書では、それらを、まず第一にあきらかにしたい。

和田英が富岡製糸場回想録を書き、それが出版され『富岡日記』とよばれる

和田英が、青春期の蒸気器械製糸場で働いた回想を、五十歳代に、なぜ書く心境になったのかは、その内容とともにあきらかにしておく必要がある、とわたしは考えている。

富岡製糸場時代の回想録は、『明治六七年　松代出身工女富岡入場中の略記』と題し、一九〇七（明治四十）年の夏から十二月十七日までに、半紙判罫紙六六枚に毛筆でしたため終ったものであった。英は、つぎのように執筆の経過を書いている（学習文庫版『富岡日記』）。

> 此書は当夏初より思ひ立ち、書始めましたが、日々家事向きの用多く、殊に人出入りの劇しき事とて隙がありません。折々深夜人静りし後一枚二枚としたためましたから、書落としが沢山にあります。どうぞ御判じ下さいますやう願ひます。
>
> やうやう十二月十七日夜、したため終り。

松代へ帰ってから西條村製糸場（のち六工社と改称）の草創期に、英たち富岡伝習工女が生糸生産に、富岡式技術を具体的に定着させるために富岡製糸場におもむいた海沼房太郎を中心とする富岡伝習工男が、設備・器械などの地域への導入に取組んだ記録は、『明治七年七月より十二月

迄　大日本帝国民間蒸汽器械の元祖六工社創立第壱年之巻　製糸業之記』が半紙判罫紙八二枚に、地域で実現した蒸気器械生糸を横浜で座繰生糸より高く売りこんだ『明治八年一月　横浜市ニ於テ　大日本蒸汽器械の元祖六工社製糸初売込　只二梱　売込係り中村金作氏』が同一〇枚に、英によって書きあげられた。前者の終りに、英はつぎのように書いている（学習文庫版『富岡後記』）。

以上記しました事は日記も無く日々私が繰返し繰返し二十九年の長日月心に秘めて置きました昔語りであります。

此の次より第二年三年と順に記してお目に懸けます。

ここにある、「第二年三年と順に記してお目に懸けます」については、二〇〇〇年代にはいって発見され、わたしがおおやけにすることとなる（後述）。

さらに、「初売込」の回想の終りには、つぎのように英の日記によったとあるが、その日記の存在は、これまであきらかでない。

日記の写し

大正二年十一月廿五日認め

和　田　ゑ　い

こうした英の回想録執筆の背景について、二つの疑問が、わたしを誘《いざな》う。英が日記をつけたり、回想録を記録するということがなぜできたのか、また母の病床に回想録を送って慰めるといった行為が、どのようにしてつくられたのかである。英は、学制による小学校教育がはじまる前に、いわゆる学齢期が過ぎていたので、近代学校教育をうけていない。そうした女性が、身の回りの出来事を記録し、自分の想いなどを家族につたえるという文字を駆使する生活文化を、どのようにして体得したのか、横田家にそくして、あきらかにすることが必要であると考える。

英が、一八七三（明治六）年から一八八〇（明治十三）年まで製糸工女として働いた回想録は、一九〇七（明治四十）年夏から一九一三（大正二）年十一月下旬までに書いた。

これが英から送られ、それを読んだ母亀代によって寄託され、松代製糸場本六工社《もとろつこうしや》に保存されていた。これが、一九二七（昭和二）年になって、長野県警察部工場課の気鋭の課長池田長吉の目にとまり、「労働福利資料」と名乗る『器械製糸のおこり　信州松代における』と題した、謄写刷の和本冊子とし上梓された。

この英の回想録の上梓は、長野県製糸業史のなかで、政府・長野県政が法的準備をし、はじめて幼年・女性労働者の保護・救済にのりだしたことと深い関係があった。

英は、和本冊子が上梓されたとき、養子和田盛一が副所長をつとめていた古河鉱業のある足尾銅山の公舎に身を寄せていたが、池田長吉の企てにたいへん喜び、大切に保存していた富岡製糸場関係史料を提供した。これらは、長野県工場課本の付録に載せられた。英が逝去する二年前であった。

この長野県工場課本が信濃教育会の目にとまり、子どもの修身用副読本として学習文庫に入れられた。富岡製糸場における回想部分は『富岡日記』と題し、信濃教育会の学習文庫に、佐伯定胤著『聖徳太子傳』につぐ第二号として、東京市神田の古今書院から一九三一（昭和六）年九月四日に発行された。つづく長野県内地域製糸業に英が尽力した回想部分が、同文庫第三号に『富岡後記』と題し、同年十一月五日に出版された。英が逝去して二年後であった。

信濃教育会が英の回想録に命名して出版した『富岡日記』と『富岡後記』の書名が、英の回想録は日記ではないが、その後ひきつづき使われ、現在にいたっている。

英の回想録が、印刷・刊行された事情もあきらかにしておきたい。この書の第二の目的である。書名を、「『富岡日記』の誕生」とした所以《ゆえん》である。

横田家の殖産興業へ取組んだ歴史と和田家のかかわり

和田英の富岡伝習工女の時期から長野県内製糸工女として働いた時期までの回想録（長野県の教育団体信濃教育会が『富岡日記』『富岡後記』とよび、これがその後定着した）は、創業期の富岡製糸場に、わが国当時のお雇い外国人であったフランス人ポール・ブリュナが、フランス式を基本にわが国の伝統的繰糸技術を組み合わせて導入した富岡式蒸気器械製糸技術を創造したことが必要・不可欠であった。この工場があったからこそ、信濃国松代から工女たちが入場できた。松代工女たちが、富岡式蒸気器械製糸技術を伝習したプロセスを、和田英が、草創期富岡製糸場での生活とともに記述し、さらに帰郷後に、地域の蒸気器械製糸場の草創期に、指導的立場で働いた想い出をしるしたものである。英自身は『富岡入場略記』『六工社創立記』と名づけていた。

この回想録は、英が一九〇七（明治四十）年夏、五十歳代にはいってから、青春時代の記憶をたどり、みずからの日記もひもといて、したためはじめたものであった。

なぜ、和田英が、この回想録をしたためることになったのかは、英を取り巻く和田家のようす、英が病床にあった母亀代の慰めに書いた経緯と横田家のようす、これらをあきらかにすることで、はじめて全容が解明できると、わたしは考えてきた。わたしが、この書物を著わすこととした第三の目的である。

英の回想録の執筆は、富岡製糸場を去ってから三五年をへていたので、記憶力にすぐれていた英が、繰り返し反芻していた記憶にもとづいてしるした『富岡入場略記』（以下、『富岡入場記』と略称）にあっても、一部を日記の写しとされた『六工社創立記』においても、記憶違いや事実と異なる部分がふくまれていた。

ここでは、富岡製糸場の創業期に、英が住んでいた長野県埴科郡松代町とその周辺に、同製糸場に伝習工女を送り出すにあたって、どのような地域的歴史的事情があったのか、とくに横田家がなぜ松代地域の殖産興業に家を挙げて取組むことになったのかがわかる史料を位置づけながら、「史実にもとづく富岡入場記」の部分を復元することが、私がこの書物で目ざすもっとも大きな課題である。

わたしは、これまで信濃国内の各地域に、先駆的にすすんだ近代蒸気器械製糸場の誕生とそれに貢献した横田英など富岡伝習工女の活動、『富岡日記』の復刻・解説文の作成などをおこない、いくつかを公表してきた。

今回は、これまでの著書・論文を見直し、これまで調査してみることができた新たな諸史料もくわえ、英の生まれ育った横田家、英が結婚した和田盛治家の系譜にも留意し、とくに英の富岡製糸場入場・退場と製糸場における富岡式蒸気器械製糸技術の伝習にかかわって重要と考えた史料をえらび、英の記述との関連づけ、それぞれのポイントになるところをあきらかにしていきたい。

英たち松代伝習工女が、富岡式蒸気器械製糸技術を学び、地域に導入・定着させ、とりわけ信濃国を蒸気器械製糸の先進地とする働きのできたのは、何といっても、富岡製糸場があったからである。フランス人ポール・ブリュナが、どのように官営富岡製糸場をデザインし、それを具体化し運営したのかについては、富岡製糸場のフランス式技術に日本風の小枠再繰式など重要な修正をくわえたブリュナの優れた歴史的役割を、やや否定的に評価する研究が有力になりつつあることからも、龍鳳ブックレットの一冊として、ポール・ブリュナについて、べつにあきらかにしておいたので、併せて参照いただきたい（龍鳳ブックレット『富岡製糸場首長ポール・ブリュナ―フランス式蒸気器械製糸技術の独創的移植者』龍鳳書房　二〇二一年参照）。

読者のみなさんに、英の記述が『富岡日記』として現存する歴史的諸条件をあきらかにしようと試みたこの書で、より正確にその成立の事情を理解していただく縁《よすが》になればとおもう。

なお、この書は、わたしが六十年余、地域民衆史研究に取組んできた過程で、二十九歳のときの最初の著書として『富岡日記　富岡入場略記・六工社創立記』(東京法令出版株式会社　一九六五年)を発行したものを、それ以降に積みあげてきた研究成果をできるだけ盛り込み書きなおしたものである。

昨年、民衆史再耕の第一冊として、『木曽路民衆の維新変革』を発行したが、それにつぐ民衆史再耕シリーズの第二冊目として、龍鳳書房の酒井春人氏に本づくりを依頼し、この書を発行するものである。

二〇二一年三月三日

上條宏之

民衆史再耕　『富岡日記』の誕生　富岡製糸場と松代工女たち・目　次

第四章　長野県内からの富岡製糸場伝習工女の入場……………………169

第一章　和田英の『富岡入場記』執筆とその背景

一　和田英は青春期の製糸工女時代を三十余年後になぜ書いたのか

和田英は、一九〇七（明治四十）年の夏から十二月十七日にかけて、半紙判罫紙六六枚に毛筆で、富岡製糸場に入場し、富岡式蒸気器械製糸技術を伝習したときの回想録をしたためた。そのきっかけは、郷里で病床にあった母亀代を慰めるためであった（姉真田寿への手紙。後述）。

英の母亀代（一八三六年生まれ～一九一〇年死す。享年七十四）は、天保七（一八三六）年九月五日、松代町代官町に、横田甚五左衛門・伊代の三女に生まれた。亀代は八歳で母伊予を失う。伊予は、病床にあって死を覚悟すると、「只ただ苦になることは亀代のこと、とても育たないとおもったほどの病身で、明け暮れわたくしは離れないで、暑さも寒さも厭《いと》うようにしてきた。しかし、わたくしの死後、女手がないことが苦になるので、わたしの代りに来てほしい」、「甚五左衛門も御存じの病身である」（以上、口語訳）と、友人金井むろに、甚五右衛門の妻になってほしいと手紙を書いた。「わたくし先立候ては行々あんじ候。どうぞどうぞ仏の御ねがひに御座候。」「兼々熊人・おゆうも、おまへ様を私と思ひ、行末ながく御願申くれ候やうによくよく申居申候」（原文のまま）と、長男熊人（九郎左衛門）・長女おゆふ（真田収と結婚、ついで亀代の長女寿がゆうの長男稔と結婚する）も、むろが来てくれることを願っていると、むろに甚五左衛門の後妻となってくれるよう懇願したのであった（真田淑子編『家の手紙　富岡日記の周辺』ドメス出版　一九七九年。二三頁）。

むろは、伊予の懇願を聞き入れた。義母となって育てた亀代は、五歳から書道と画道を兄九郎左衛門に学び、また八橋流箏曲と三弦を、小笠原流にも造詣のあった祢津権太夫に学び修めた。九郎左衛門は横田家の後継者にふさわしい資質をもっていると、横田家の人びとに期待され、すでに許嫁に前島源蔵（旧高二〇〇石、明治二年現米一八石七斗二升五合二勺　松代は士族七二一家の五一位）の長女がきまっていたことから、亀代も松代藩士と婚約し、嘉永三（一八五〇）年には結婚する予定であった。十四歳であったが、当時はロー・ティーンズで結婚することが、松代ではふつうであった。しかし、嘉永二年の兄九郎左衛門の急逝で、亀代は横田家の後継者へと立場が変わった。婚約を解消し、夫に斎藤数馬を迎えて横田家をつぐこととなったのである。

その辺の事情が、英の回想録には、つぎのように表現されている（引用文の括弧内の注は上條が付した。以下、この書ではおなじ。なお、松代の人びとは「え」と「い」の区別が明瞭でない）。

祖父（注：横田甚五左衛門）から申込みましたのが私の父でした。父の実家は松山丁で斎藤亀作と申す人の父は弟で謙吉（注：のち数馬と改名）と申しました（祖父は雲平、その次男）が、この家は至って小身でありまして横田家の三分の一程の知行であります。殊に父は兄がかりの身の上であります。文武両道にはげんでおりましたが、五節句の付届け又盆暮の先生への礼なども、祖母の内職と父の魚とり・山行等の品を売りまして、ようよう間を合せておりましたくらいの父に、どこか見所が有ったと見いまして申込みましたところ、先方では「高も違い、衣類その他の用意が届かぬから断る」と申す返事が有りました。

又押返して「本人さいくれてもらいば衣服その他は決していらぬ、九郎左衛門の脱がらへ入るから」と申す祖父の望みに、先方も承知致しまして、叔父（伯父カ）の死去の翌年嘉永三年母の十八歳（注：満年齢は十四歳）の時、十二月二十四日に横田家へ引越しまして結婚致しましたとのことであります。

初めて仏壇へ礼拝致しますところを祖父が見まして、まずまず礼式も十分習った人だと喜びましたと申すことであります。衣服その他も斎藤の祖母の丹精で一通り持って参ります。殊に祖父が驚きましたのは、その頃の武士の魂とも申すべき刀は、作りは麁末《そまつ》でありましたが中身が実に立派な物二腰まで持ち参りましたので、その心がけに感心致しましたとのことでありました。父の実父は刀道楽とも申すべきくらいの人で有ったとのことであります。

亀代の夫数馬（天保三〈一八三二〉年十二月二日生まれ。兄斎藤亀作家は旧石高六五五石、明治二年現米一四石四斗七升二合五勺　松代藩士族七二一家の二三九位）は、松代藩・松代県から長野県官吏としてその後、比較的順調に力をのばした（詳細は後述）。しかし、一八八〇（明治十三）年に、数馬と横田家に大きな転機がおとずれた。

英のすぐ下の弟秀雄（文久二〈一八六二〉年八月十八日生まれ。松代小学校下等小学卒業、長野県師範学校中退）は、長野県師範学校で英語を学んでいた訓導雇の佐竹義久が同校松本支校に転勤となったため松本へ移住し、一八七七（明治十）年七月三日、松本中学校の前身第十八番中学校に英学専門生として入学した。

松本裁判所の判事加藤祖一の書生となって松本で修学した秀雄は、一八七八（明治十一）年三月には中学校を退き、長野の父の官舎に帰った。病弱だった秀雄は、薬を手放せなかった。父数馬の官舎から母亀代に、七八年十一月九日付の手紙を書き、薬を一〇日分送ってくれるように依頼し、病状が十一月末までに快方に向かわない場合、東京に出て療養したいと告げている。その理由を、このままでは「立身成業ノ目的モ相立チ難」く、「我一家将ニ衰微ノ気象ヲ現ハスト雖、野生（注：秀雄）ノ力ニ依リ如何様ニモ相成可ク、野生務ムレバ栄へ、野生怠レバ衰微ニ属ス」と母に宣言している（前掲『家の手紙』一四七頁）。

維新変革により、横田家が「衰微」に傾くのを克服するため努力することを、このとき十六歳の秀雄が覚悟したのであった。一八七八年十二月に東京に出た秀雄は、丸山源五左衛門方に止宿し、十月ころいったん長野へ帰るまで、昌平黌を改称した大学東校で医学を学んでいた松代出身の宮本仲《なかつ》（安政四〈一八五七〉年十一月二十八日生まれ、一九三六〈昭和十一〉年一月四日死す。帝国大学に学び、ドイツに留学、東京神田に内科・小児科の医院開業）に病状を相談する。宮本から医師の診察は必要なく、炭酸ソーダをすこしずつ用いて食物に注意すればよいと教えられ、司法省法学校入学をめざす勉強のため近藤塾にはいった。短い在京であったが、秀雄に、亀代は寒くないよう衣物二枚を送っている。

　秀雄が東京に滞在中の一八七八年五月十四日、大久保利通が東京紀尾井町で石川県士族島田三郎ら六人に刺殺される事件がおこった。五月十四日付の亀代への手紙に、秀雄は「内務卿・参議大久保利通、官署出張ノ途中、石川県ノ人四人、島根県二人、赤坂御門ノ傍ニテ剣ヲ以テ切カヽリ、遂ニ大久保ヲ殺害ニ及ビ候由、実ニ驚入候。日本ハ此様子ニテ如何様ニナルカ知レマセン」と書いている（同前、一四八頁。同書は「正月十四日」に秀雄が母に出したとしているが、五月十四日の誤り）。

　横田秀雄は、一八八〇（明治十三）年四月十日には、改めて本格的に東京へ弟謙次郎とともに遊学に旅立った（上條宏之「横田秀雄　「国民のための法」を目ざした名裁判官」有賀義人ほか編『深志人物誌』松本深志高等学校同窓会　一九八七年）。五月十七日には謙次郎が慶應義塾に入学、六月七日には秀雄が司法省法学校に入学した。二人の東京での修学がはじまったばかりで、従来以上に学費などが必要となったさなかの八月二日に、横田家の維持・発展への役割を期待されていた数馬が、埴科郡長在任中に急逝し、長国寺に葬られたのであった（徳雲院殿義岳良範居士　享年四十五）。

　一八八〇年には、六月二十八日に、英の異母妹で数馬の七女しのぶ（信夫）が、屋代の数馬の役宅で生まれたばかりであった。一八七八（明治十一）年七月十九日に生まれた数馬の六女越路につづいて、英にとっては異母妹が、数馬と越後出身の家事働きの女性とのあいだに生まれた。そんななかでの数馬の急逝でもあった。

「当時十六歳の父と十三歳の小松の叔父が屋代にかけつけ祖父の遺骸にとりついて泣いて居た

ところが、祖母がやって来て何等取乱し風がないのみか厳しい顔付でグット父兄弟を睨んだので父たちは涙も何も一度に引込んでしまった」。「九人の子供を残された家計豊かならぬ士族の家を双肩に荷負はされた祖母の緊迫した心程を察せしむるに十分」であったと、亀代の孫横田正俊が、父秀雄から聞いたとおもわれる印象深いこのエピソードを書きのこしている（横田正俊『父を語る横田秀雄小傳』巌松堂書店　一九四二年。「祖父横田数馬」四一、四二頁）。

いっぽう、この一八八〇年七月十三日には、二女英が婚約していた和田盛治の母りうが逝去（享年五十三）した。英は、いそがしく多角的に尽力していた製糸工女をやめ、九月十五日に陸軍中尉和田盛治と結婚して東京にでた。英の姉寿は、すでに真田稔と結婚していた（英の妹で、数馬・亀代の三女秀は夭折していた）。

数馬が急逝したとき、横田家では「当時二子已に東京に在り。留学一年ならずして学資供給の途を失ふ。而して四女艶子、五女小常、三男俊夫、六女越路、七女信夫尚ほ家に在り。一家の浮沈実に亀代子の双肩に懸れリ。是に於て亀代子奮然蹶起家政を改革し、家財を売却し、地所・家屋・衣類を典して二子の学資を供給し、一意其成業を期待せり」。亀代は、さらに「明治二十年三男俊夫を東京に遊学せしむ。明治二十一年秀雄、謙次郎共に帝国大学法科大学を卒業す。」（秋野太郎「横田亀代子傳」一九一一〈明治四十四〉年）。

七人の子どもの成長に明け暮れていた亀代が、松代で社会的活動を積極的にはじめたのは、ほぼ基本的な、秀雄ほかの子育てが、秀雄たちの頑張りもあって、ほぼ終えた時期からであった。

亀代五十二歳のときである。

一八八八（明治二十一）年、七月十日の秀雄・謙次郎の帝国大学法科大学卒業に先だつ四月二十八日、亀代は、横田家を会場に松代婦人協会をひらき、発会させた。主旨を「松代婦人旧来の美徳を保存し、且工芸を練磨し、婦人たるの義務を尽すに充分ならしめん」とうたい、会頭に横田亀代、幹事に亀代の二女真田寿、五女横田小常ら四人が就き、会員三六人での発足であった。これには、東京婦人矯風会（一八八六〈明治十九〉年十二月六日、矢島楫子・潮田千勢子・佐々木豊寿らを中心に、女性五六人により発会式をあげて設立。以下、矯風会と略称）の賛助があり、松代婦人協会の発会式には、矯風会幹事の津田仙（天保八〈一八三七〉年生まれ、一九〇八〈明治四十一〉年死す。二女が津田梅子）が講演した。津田仙は、一八八八年三月から四月、長野県内を小諸・長野・松代・松本・飯田・上諏訪へと巡回講演の旅をし、勧業・宗教・徳育などを語った（高崎宗司『津田仙評伝』草風館　二〇〇八年。一〇一頁）。

矯風会は、禁酒を強調して創立した翌一八八七年、一夫一婦制の建白をしている（徳富蘇峰監修・九布白落実編『矢嶋楫子傳』警醒社書店・不二屋書房　一九三九年。一九八〜二〇〇頁）。横田亀代たちは、それに共鳴したのではないかと、わたしにはおもわれる。亀代の長女真田寿の義弟にも、「妾腹」と壬申戸籍に明記された子どもが生まれた。

以後、亀代は、長女寿・五女小常と一緒に、松代婦人協会の活動をつづけ、事業にひろがりをみせていった。

一九〇〇（明治三十三）年八月十八、十九両日には、下田歌子（安政元〈一八五四〉年生まれ～一九三六〈昭和十一〉年死す。一八九八〈明治三十一〉年帝国婦人協会を設立）が松代を訪問し、横田亀代と交流した内容を書きのこしている（下田歌子『信越紀行』帝国婦人協会　一九〇〇年。句読点は上條）。

［八月十八日］正午十二時ばかり、松代に達す。（中略）人々の案内に従ひて、松代学校にわが会の主旨及び女子教育の事、佐久間象山大人が志しなどに就きて語る。（中略）かの佐久間大人が姉なる北山の刀自（注：北山蕙）が世に傑《すぐ》れたる事蹟を聞くも、女子の為め、いと頼母しう覚ゆかし。

横田亀代子媼が、そのかみの事ども、くづし出でつゝ談らるゝ、いと面白し。殊に佐久間象山先生が履歴に就きては、或は悲しく、或は面白く、眉も打ちひそまれ、涙もこぼるゝ、ことのみこそおほけれ。媼が亡父なる横田機応ぬしより佐久間象山ぬしが蟄居を訪られたる書状の返事に、

中々にかけぬればこそてる月の　光みちぬる夜半もありけれ

と読《（詠カ）》て遣されけるとぞ、いといみじうもあるかな。（中略）

同十九日、朝小雨ふるけふは六工社の製糸見んとて、まだきより出で立つ。こゝの工女は、大方この地の住人にて、旧士族の女児も多く交れりと聞しが、げに其労《いたづ》くさまも、世の工業に従事せるものとかはりて、人がらも無下に卑《いや》しからず。女学生などやうの心地するは、いとあ

らまほし。傭主もことに心して、夜は二時間計りづゝ、読書・算術等を学ばせらるゝよし、いといみじきことなりや。

一九〇一（明治三十四）年十二月十六日には、秀雄が大審院判事に補せられるなど、亀代の努力がみのっていたことも反映して、松代婦人協会の活動は、日清戦後の近代化進展に対応し活発になっていった。

一九〇二年一月十一日、松代婦人協会は真田寿邸内で出席者一五〇人余をあつめてひらかれた。いくつかの話題提供のなかに、「山口勇雄氏の足尾銅山の鉱毒に就ての義捐金の要旨、原昌誠氏の全じく義捐金奨励等の演説あり」と、同年三月十五日発行の、英の養子和田盛一編輯兼発行の『松代青年会雑誌』第六十二号で報じられた。この号に、盛一（一九〇一年錦城中学校卒業、第一高等学校へ入学、東京府麻布区本村町一〇三番地小松謙次郎方に居住）は、みずから足を運んで見届けた足尾鉱毒地の視察報告を載せ、救助・義捐を訴えた。

MW生「足尾鉱毒被害地視察」（句読点は原文のまゝ）は、「彼の地を践んで到る所眼底に映ずるものは何ぞや。唯だ見る曠黄たる荒蕪の地。緑水を蓄ふる大沼小沢の散布し。破屋穴居の転々と遠近に散在し。蘆茅葦の僅かに生を保つて處々に生するあるを。」「水源の諸山は樹木の濫伐に遇ふて総く禿頭の病ひに罹り。河水は其常景を失ひ旱天には水乾れ小雨に水を漲らし。」と現地の状況をしるし、「故に吾輩は其（注：政府）の一定の方針の定まるの日迄は之れを救助するの義務ありと信ずるなり。頃日郷里松代に於ても亦た此の挙に奔走せられつゝあるを聞く。余輩国家のために之れを祝して止む所を知らず。願くは在京諸氏否此文を読まるゝ諸氏、其の松代人と否らざるとを問はず。浪費を節減して以て此の挙に助力せられん事を。」と結んだ。この号の「文苑」欄には、「鉱毒の惨状をきゝてよめる」と題し、つぎのような短歌も載った。

渡良瀬の河辺のあしを吹く嵐　昔しの夢を月にかたりて
岩かねの床に昔しを思ひつゝ　夕への雨に袖ぬらすなり
風寒く雨降る夕毒塚の　あたり森々鬼火飛ふなり

同年四月二十六日には、松代婦人協会十五年を記念した会を迎え、横田家で一六〇人余が参集してひらかれた。会頭横田亀代、会員総代真田寿の祝辞につづき、奏琴「君が代」「四季の曲」があり、講演に八木與一郎上田女子小学校長の「現時に於ける日本婦人の心得」があった。なお、八木與一郎（慶応三年九月十五日生まれ、一九二九〈昭和四〉年二月十三日死す）は、上田藩士の出身。東京高等師範学校高等師範科を卒業すると、一八八六（明治十九）年十一月に松代学校に赴任、八八年十二月埴科高等小学校長兼松代学校長となって、一八九二（明治二十五）年に埴科郡高等小学校の廃止、松代高等小学校創立にかかわり、同年六月一日、松代高等小学校訓導兼校長となった。同年六月十四日、元松代藩家老をつとめた祢津甚太郎の妹と結婚、松代とゆかりが深かった。一九〇一（明治三十四）年四月から小県郡上田女子尋常高等小学校訓導兼校長をつとめていた。松代婦人協会で講演をしたころ、国語の読み振り＝抑揚頓挫をつけて読ませる研究をし、郷土研究に造詣があった。一九〇八（明治四十一）年に小県郡立上田高等女学校長兼教諭となり、郡立女学校を県立女学校にし、一九一一（明治四十四）年十一月、初代県立上田高等女学校長となった（信濃教育会編『教育功労者列伝』一九三五年。七五〜八二頁）。女子教育に通じた教育者であった。

この一九〇二年には、八月七日、十月十一日、十月二十五日と頻繁に松代婦人協会がひらかれた。十月十一日の会では、賛助員飯田兼三の演説「米国近世史を読んで婦人に関する感」があり、十月二十五日の会では、講話に野村光義「一家の主業と副業を論じて婦人の職業に及ぶ」、原昌誠「象山先生の女訓に就て」などがあった。

象山の『女訓』は、天保十一（一八四〇）年に江戸お玉ヶ池で書き、故郷の姪の北山りう（和田盛治の母となる）にあたえたと推定されている（『増訂　象山全集　巻二』）。象山の道徳思想については、家永三郎『道徳思想史論』（『家永三郎集　第三巻』岩波書店　一九九八年）の「武士の道徳思想（下）」の「封建思想」で、象山が「身分秩序固定の不合理に想到」していたと、『省諐録』の検討からのべ、「封建社会崩壊の端緒を開く言論」を主張したとした。しかし、象山が武士階級の立場に立っているので、身分秩序の全面的否定論までには行っていないと位置づけた（一〇五頁）。この評価は、「女訓」にも通底していると、わたしは考えている。

「女訓」は、象山の女性観・家族道徳思想をあらわしている。彼は姪に対し、まず三従を「人にしたがふの道侍り」と説いた。「いとけなきときは親にしたがひ、としさかりになりて人にゆけばをつとにしたがひ、としおいぬれば子にしたがふ」、この三従をつとめるには、婉《えん》・娩《ばん》・聴《てい》・従《じゅう》の四つの教えを守れとのべた。この漢字四つを、つぎのように、具体的に説いている。

婉：ものいひさまやさしく
娩：たちふるまひしとやかに
聴：かりそめの事にも専らなるふるまひなく、したがふ人にうちまかせ
従：何ごとも身をこゝろにまかせず、仕ふる人にたがふことなきをいふ

女性の個性や主体性を否定する傾向の強い道徳観といってよい。しかし、完全否定ではなかった。文読み物書くことを怠るなと説いているのは、注目される。「この二つのわざ、人におくれぬれば、おろかにしてもののわきまへもすくなく、よろづのようにかくる（欠くる）ことおほし」とした。

「女訓」が、基本的にひらがなで書かれたのは、象山が、女性は身分を超えて、草双紙を読めること、ものの稽古などをすること、歌を詠むことなどが必要だ、としたこととかかわった。家にいることのおおい女性は、「花に向ひ月をながめても、人しれぬ興おほし」、「国々の名どころをもしり、くさ木のなをも覚え、はる秋のうつりかはるありさまをもわきまへ、古のひとをとも

とし侍る心地するは、うたなりけり」と和歌の意義を説いた。ただし、「よみうた又は手迹など、みだりに人に傳ふるは、あるまじきこと」としたが、横田家の女性たち、松代伝習工女たちは、この枠を乗り越えて行く。

侍の娘には、とくに「ふみよみ、ものかくことにうときは、あるべきことにもあらずかし」といい、のちには「もの丶ふのつまともならむ身の、太刀長刀のあつかひ、一とほり心得ざるもいかゞなれば、としせぬあいだに、師をえらびて、よきほどにこ丶ろ得侍るべきなり」と説いた。

女性にとって、算の重要性は生計をたてる上に重要で、割算・掛け算が自由にできることを奨励した。琴は人の心を和らげ、つれづれ慰めるため必要で、若いときから習うべきとした。衣食住、生活を豊かにする知識・教養の重要性を説いたのであった。

象山は儒学者として、三味線は人の心を悪しき方に導き、読書も『源氏物語』は人の心を動かし、見る人の「あだ」となることもあるので斟酌すべきだとした。

松代婦人協会で、原昌誠（自由民権期に運動に参画）は、二回『女訓』について語っている。

一九〇二（明治三十五）年十一月二十二日には、横田邸でひらかれた会で、松代愛国婦人会がまねいた奥村五百子が夜に「松代地方の製糸女工のために」と題した三時間の長演説をおこなった。

亀代はこのとき、寿宛の手紙のなかで、秀雄・謙次郎・小常の生活が順調であるのに、三女艶がまだ結婚してないので早く結婚させたいことなどを書き、寿には「奥村五百子様、廿二日松代に御出のよし、何かとおま衛をか丶りにいたし候由、日みじか、何事も用事多の所、御さつし申候。

去り乍ら、一世の名誉に候間、御はたらき被レ成度候」と、松代婦人協会の奥村五百子を迎えた講演会の実施への協力を促した（前掲『家の手紙』八〇、八一頁）。

十二月十四日には、松代婦人協会第一七七回通常会が夜に横田邸でひらかれている。一八八八年四月創立以来一四年間に一七七回の通常会開催は、年一二回、毎月開催した数字となる。

一九〇三年一月十七日には、松代六工社婦人会が設立された。目的には「工女従来の弊風を矯正し、徳義を修め、而して粛正・温潤の気風を養成し、併せて相互の親睦を厚ふする」とうたわれていた。参集者三〇〇人、六工社唱歌隊の「君が代」と三唱、講話は羽田桂之助社長がおこなった。六工社婦人会はつづけられ、一九〇五年一月十六日には、「六工社婦人会創立二周年紀念会」が、午後六時から六工社食堂で一〇〇人余を参集してひらかれた。演説を愛国婦人会幹事の真田寿がおこなっている。六工社婦人会の結成・運営に、横田亀代、その娘真田寿がかかわっていたことがわかるが、この時期、横田亀代は病床にあった。

六工社婦人会の創立・活動は、横田家の人びとに松代製糸業の意義を再認識させ、英にも製糸工女時代を回想させる刺激となったとおもわれる。

和田英の周辺では、英の夫盛治が一九〇四（明治三十七）年十月に後備歩兵第四十三聯隊付となり日露戦争に従軍、翌年四月に胸部戦傷をうけた。そのため善通寺予備陸軍病院の病院長に転じ、ついで第十師管臨時国民歩兵第一大隊長となり、東京府豊多摩郡渋谷村字下渋谷一二〇八番地に住居をうつした。一九〇三年五月に第一高等学校に入学していた養子盛一も英たちと同居し、松代青年会の活動をつづけていた。盛一は、一九〇六年には『松代青年会雑誌』の編輯委員は退き、第一高等学校西寮にはいった。盛治は、この年十二月には陸軍歩兵中佐、正六位、勲四等功四級となり、実質的に軍隊から離れて、年金五〇〇円を支給された年金生活にはいった。

一九〇六（明治四十）年二月に、秀雄は大審院判事、謙次郎は逓信省通信局長、俊夫（一九〇一〈明治三十四〉年七月帝国大学法科大学卒業）も、一九〇五年から東京区裁判所判事となっていた。亀代は、子育ての努力が充分みのったと感じていたとおもわれる。この思いは、英も共有していた。したがって英は、比較的安定した気持で、一九〇七（明治四十）年夏から、渋谷の自宅で製糸工女時代の回想執筆をすすめることができた、といってよい。ただ、病床にあった母亀代が心配で、母を慰めるために、回想録の執筆につとめたのであった。

亀代は、幼時から病弱で、ときどき大病になったもようであるが、亀代が病床にあったとおもわれる一九〇六年八月四日、横田家の法会があり、横田秀雄と小松謙次郎の全家族も松代の横田邸にあつまっている。数馬が逝去して二六年をへていた。

一九〇八年二月には、母の容態を心配して帰省した秀雄から、亀代がやや快方に向かっていることを手紙で知った謙次郎は、松代出身で医者となった宮本仲《なかつ》から教えられ、吸入器を母のもとにそなえることを実現させたいといい、「牛乳ソップ」（牛乳入りスープ）の提供も考えていること、妹小常がいまは看病しているが、東京に住んでいた妹艶を帰省させて看病を小常と交代してつとめさせることが必要なら、そうすることなどを、二月六日付の秀雄宛手紙に書いている（前掲『家の手紙』二九四、二九五頁）。

秀雄は、一九〇九年四月十四日、フランス留学に日本を去っており、翌年三月十五日に帰国する。その間の一九一〇（明治四十三）年一月十五日、松代代官町の家で母亀代は病没し、長国寺に葬られた（享年七十三、徳風院殿貞照亀鑑大姉）。秀雄は、亀代の最期をみとれなかったことを、終世の恨事とした（前掲『父を語る』三九頁）。

こうした母亀代の周辺の動静を見守っていた英が、病床にあった亀代を慰めるため、近代横田家の宿願であった殖産興業につとめた想い、母と共有していた製糸工女時代の回想をしたためたのであった。

二　英が日記を書き、製糸工女時代の回想録をしたため、母に送るといった生活文化は、横田家でどのように築かれたのか

すでにふれてきたように、横田家の人びとは手紙を書き、相互に日常のできごと、時どきの困った問題や願いごとを交換するという行為をおこなっていた。そうした横田家の手紙で、英の姉真田寿が保存してきたものを集成した書物に、真田淑子編『家の手紙　富岡日記の周辺』（ドメス出版　一九七九年。以下、『家の手紙』と略す）がある。

横田家や英の伯母ゆふ（由婦）と姉寿が二代にわたって嫁いだ真田家には、八橋流箏が伝承さ

れてきていた。横田家では、英の母亀代が、真田家では寿、その娘志ん、寿の孫淑子が八橋流箏を伝承した。『家の手紙』は、真田淑子が、祖母寿が大切に保管してきた横田家の手紙を、当初は箏曲八橋流の伝承をあきらかにする目的で取りかかり、結局はすべての手紙群を一冊の書物に編集して公刊した。この書物『家の手紙』の「後記」で、真田淑子はつぎのように、この書物を公刊した意義をしるしている。

一つの家族が信州の小さな城下に住みついて三百年の後に、維新という史上の大変革に遭遇して、それにどのように対処し、やがて明治の時代へとどのように生き抜いたかの一つの実例として、公刊に値する、と信じている。

また、横田数馬・亀代の孫横田正俊（一八九九〈明治三十二〉年生まれ、大審院長横田秀雄の長男、最高裁判所裁判長を経験）が、この書の冒頭に「序」を寄せ、つぎのように書いた。

序

真田家と横田家は重縁の間柄で、而もどちらも八橋流箏の伝承に深いかかわりがあります。この書の編集の動機は、箏にかかわりのある手紙を少しでも多く見つけ出したいという念願に始まった由ですが、次第に読み進むうちに、箏に直接かかわりがなくとも、家の手紙として、又、明治維新の前後という未曾有の時代に生きた一地方の人間・社会の記録として、更には風俗史としても刊行に値すると思うようになったということです。
私共の近い祖先たちがどのように育ち、時代をどのように生きたかを改めて目のあたりに見知って、思慕と敬愛の思い切なるものがあります。
昭和五十四年二月
横田正俊

わたしは、家族の手紙が維新前後に、横田家ゆかりの人びと―男女・老若を問わず―によって書かれていたという、そのことにまず驚く。

近世の民衆の識字率が、日本列島ではかなり高かったことは、しばしば指摘されてきた（メーチニコフ・渡辺雅司訳『回想の明治維新 ロシア人革命家の手記』岩波文庫）。しかし、松代藩士横田家の人びとは、それを見事に活用していたことを実証できる手紙を、維新変革期に書き、家族間で交換して生活をつむいでいたのであった。

『家の手紙』の目次は、維新期からはじまり、つぎのような構成である。

琴の部　一四通　注：甚五左衛門の妻伊予の実家の母、箏の師、友人むろなどとの手紙、熊人（九郎左衛門の幼名）の手紙もふくむ。

甚五左衛門　むろ　九通　注：甚五左衛門と後妻むろの手紙
甚五左衛門　由婦　きよ　八通　注：甚五左衛門と長女由婦・二女亀代の手紙
甚五左衛門　小金吾　五通　注：甚五左衛門宛、小金吾と名乗る亀代の手紙
数馬　きよ　四通　注：数馬宛亀代の手紙。三通は俊夫名
きよ　ひさ　四通　注：母亀代の長女真田寿宛の手紙
数馬　きよ　英　二三通　注：数馬・亀代夫妻と二女英の手紙
数馬　きよ　秀雄　一三通　注：数馬・亀代夫婦と長男秀雄の手紙
きよ　謙次郎　八通　注：母亀代と二男謙次郎の手紙
きよ　つや　二三通　注：母亀代と四女艶の手紙
きよ　小常　七通　注：母亀代と五女小常の手紙
きよ　俊夫　二通　注：母亀代と三男俊夫の手紙
ひさ　英　一一通　注：数馬・亀代の長女寿宛の二女英の手紙
兄弟姉妹　一二通　注：英の艶・小常宛、謙次郎の寿・秀雄宛、艶の寿・小常宛、小常の寿・秀雄・謙次郎宛の手紙
合計　一四三通　注：うち、英の手紙三七通

真田淑子が「後記」で、「これらの手紙を保管し伝えたのは私の祖母（注：真田寿）である。祖

母の手紙は一通もないが、祖母に宛てた手紙は数多く、その人柄、その堂々たる労苦に対して、私は感謝と尊崇の想いをこめて誰よりも祖母にこの書を捧げたく思う」としるした。歴史学にたずさわるわたしは、真田寿に敬意を表すとともに、この横田家の手紙を駆使した生活文化が、すでに幕末に存在したことに着目し、亀代が保存にもっとも熱心であり、長女寿に託したと推測する。『家の手紙』を通して、横田家の人びとの生活と交流を、わたしはリアルに知ることができた。横田家が大切にした手紙によるコミュニケーションを基盤に、英が回想録をしたため、母の病床に慰めのために送ることが可能となった、とわたしは見ている。

横田家の女性たちが、近世社会の生活に文字を活かしていた要因の第一は、真田淑子の指摘した八橋流箏とのかかわりによった。横田伊予は、八橋流箏を教えてくれた母喜尾や牛堀の師匠祢津権太夫と手紙を交換している。伊予の母喜尾宛の手紙には、箏三曲を教えた弟子に、伊予が伝書を貸し出したといううわさが流れたことを否定する手紙が、丁寧に書かれている（前掲『家の手紙』琴の部最初の手紙。一三〜一五頁）。

伝書は秘密裏に管理し、自分の娘に教えるさいにもみせないと、伊予は書いているが、わたしが指摘したいのは、箏を学び、教えるためには、横田家と祢津家・真田家の女性たちが、文字文化を必要としたことである。武家の女性にあっても、文字文化とのかかわりは、政治的世界とかかわりをもち、藩学などで学んだ男性武士より、弱いとは限らなかった。横田家の女性たちは、箏を習いはじめた幼少時から、曲譜をはじめ文字に接した。文字を前提にした教養を身につけたのであった。亀代が、五歳から書道と画道を兄九郎左衛門から学んだということも、その具体例であった。

第二に、横田甚五左衛門の妻伊予、後妻のむろは、参勤交代で江戸に住んだ夫に手紙をよく書いた。甚五左衛門は、江戸での暮らし向きを松代の留守宅の妻子宛に、手紙でしばしばつたえた。伊予・むろの江戸の夫に書いた手紙からは、それぞれの生活の一端を垣間見ることができる。そのさい、長男九郎左衛門のことはもとより、長女由婦、二女亀代の子育ての相談、日々の子どもたちのようすは、もっとも大きい伝達事項であった。伊予は、「御ともじ様」（甚五左衛門）宛の手紙で、子どもたちが疱瘡にかかった病状や恢復状況を細かく書いている。むろの「だん那様」宛の手紙、「甚より」「奥へ」の手紙が江戸と松代のあいだを、横田家で使っていた男性によって運ばれ交換されている。「きよ」から父へ、「甚より」「お喜代江」と、父親と幼い娘とが交換した手紙が存在することから、横田家の女の子が文字を学び、手紙を書く習慣が、幼少時から形成されたことを確認できる。参勤交代による武家の二重生活も、女性の文字文化とのかかわりの深まりをもたらした。

江戸の甚五左衛門へ小金吾から送られた手紙は、実際には数馬と結婚した亀代からの手紙であった。二男謙次郎の誕生（文久二〈一八六二〉年生まれ）後の肥立ちをしるした手紙があり、四女艶（明治元〈一八六八〉年生まれ）が「つづいてひだち候間、けっして御あんじ遊し下し置まじく願居りまいらせ候」といった情報と、食料品や生活に必要な出費の高値に困惑する武家の家計への心配などが、つぎのように具体的にしるされている手紙がある（『家の手紙』明治元年十月六日付、「小金吾」から「御父上様　申上」六六頁）。

宅の方も長々おきゃく、其上つけ物なども殊の外高値。まな（注：真菜＝野沢菜）一把壱分、大こんな弐朱、大こん中四本くらい〇、ゆせん（注：湯銭）三十弐文、一かみゆひ代百文、かさ上（注：家計の嵩上げ）の分三ツくらい（注：三倍くらいに高値になっている）に御ざ候間、ま事ニこまり入申候。

数馬・亀代夫婦のあいだの手紙は、数馬が長野県官吏となり、住居をべつにしたために、必要不可欠となった。亀代が数馬に宛てた手紙が、ほとんど幼時であった俊夫の名で出されている。これは、亀代が江戸の父甚五左衛門宛の手紙を「小金吾」（数馬のこと）としたことと通底する。男性優位の武家社会の影響をみることができるが、わたしは、三男俊夫に父の存在、手紙を書く意味を、幼児のときから教えようとした、亀代の意図を感じとった。

数馬・亀代夫妻の子どもたち、長女寿、二女英が手紙を書く生活文化を、近代学校教育制度施行以前、ふたりの小さなころから家で身につけさせた横田家の「しつけ」は、充分実をむすび、やがて英の製糸工女時代の回想録が生まれた基盤となった、とわたしは考えている。

和田英は、製糸工女時代の回想録のほか、一九一一（明治四十四）年に、「亀代子の躾」と題する原稿を書いた。松代小学校長秋野太郎が、横田亀代子の写真を松代学校の講堂にかけ、真田寿を通して、英に母について何か書いて送るように要望し、英が三十二項の亀代子から受けた躾を書き送った。これを、信濃教育会埴科部会が編集し、『我母之躾』（この題名の文字は横田秀雄が毛筆で書く）と題した小冊子として、英の死去した翌一九三〇（昭和五）年十二月、横田秀雄「母を憶ふ」、秋野太郎「横田亀代子傳」を入れて発行した。

英が想い出して書いた母のしつけには、とくに女性の教養と文字文化にかかわる記述は項目をたててしるすことはなかったが、小さいころから家族で「歌かるた」（百人一首）を楽しんだこと、その遊びのさいに「横着をしてでも勝ってはならぬ、負けるも勝つも立派にする様に」と申し聞かせたことが、「第二　偽を申すは火の様なものだ」のなかに書かれている。

第二章　和田英の回想録を上梓した二つの出版とその歴史的条件

一　長野県工場課本発刊と和田英の協力

英の回想録は、信濃国の近代製糸業史を書きかえる役割をはたす重要史料となるが、それには英の原稿に目をつけ、書物としておおやけにしたことが、大きくかかわった。富岡製糸場に、信濃国内からどのような富岡伝習工女の応募があったのかについて、英の『富岡日記』公表以前には、あきらかにした記述がなかった。

明治中期ころまでは、たとえば高島諒多著・藤本善右衛門校閲『信濃蚕業沿革史料』（長野県小県郡上田町信濃蚕種組合事務所内吉田金次郎発行、一八九二〈明治二十五〉年）では、蒸気器械製糸場を創立する動きが埴科郡松代町に起こったことをしるすにあたって、つぎのような記述にとどまった。

藩士河原左京の女外七、八名と海沼房太郎等を選抜して富岡製糸場へ伝習に遣はし、翌七年に至り、多額の資本を投じ綿密の試験を経て五拾人座の器械製糸場を建設し、爾後幾多の困難辛苦を凌ぎ、或は製糸法の説明を勧農局速水堅曹に請ひ、大に業務の拡張を謀り、稍前途の衰状を回復するを得、仝十一年に至り旧松代藩士の禄券を以て同盟を申込むもの廿余名、此に於てか社則を製定し、官の允準を経て六工社と称す。

松代からの富岡伝習工女を、「河原左京の女（注：河原鶴のこと）外七、八名」としているなど、まだ横田英は登場していない。

そののち、和田英が『富岡日記』の原稿を執筆し、これが松代製糸業関係者の目にふれてから、長野県製糸業の初期の実態があきらかになっていった。

とくに「女工哀史」が取り沙汰され、長野県内の製糸労働者の保護を目的に工場法（一九一一年公布、一九一六年施行）の制定に対応し、長野県政があらたな施策を展開する必要から、長野県警察部にもうけた工場課の課長が英の原稿に着目した。それを労働福利資料として刊行し、労働行政の参考にしたのが、英の回想録が冊子として世に出た最初であった。

それは、長野県製糸業史の初期蒸気器械製糸場の実態をあきらかにすることに貢献することになるが、最初の長野県工場課本の目的は、むしろべつにあった。

一九二七（昭和二）年六月十日に、和田英が松代にいた姉真田寿に出した手紙が、長野県警察部工場課長池田長吉が英の書いた記録に目をとめた事情が書かれている。

池田長吉（一八九七〈明治三十〉年十月十五日生まれ　熊本県平民）は、原籍が熊本県球磨郡藍田村大字七地四百十四番地で、自筆履歴書はつぎのとおりであった。

大正七年　三月　七日　熊本県立中学濟々黌卒業

仝　十年	三月廿　日	第五高等学校卒業	
仝十二年	十二月十五日	高等試験行政科試験合格	
仝十三年	四月三十日	東京帝国大学法学部英法科卒業	
仝十三年	五月十六日	任長野県属　給六級俸	長野県
	仝　日	内務部農務課兼商工課勤務ヲ命ス	仝
仝十四年	三月十二日	工場監督官補ヲ命ス	仝
	仝　日	兼任長野県警部	仝
	仝　日	警察部工場課兼警務課勤務ヲ命ス	仝
	仝　日	巡査教習所長ヲ命ス	仝
	六月廿九日	免本官専任長野県警部	仝
	仝　日	給五級俸	仝
	仝　日	警察部保安課長ヲ命ス	仝
	仝　日	兼任長野県警部	仝
	仝　日	工場監督官補ヲ命ス	仝
	仝　日	警察部工場課勤務ヲ命ス	仝

池田は、東京帝国大学法学部英法学科を卒業（在学中に高等官である文官になるための資格試験〈高

等文官試験〉に合格）し、一九二四（大正十三）年五月、最初の任地として長野県に赴任したきわめて若いエリート地方事務官であった（二十六歳）。警察部保安課長と工場監督官補を兼ね、工場課の仕事に就き、翌一九二六（大正十五）年七月一日に警察部工場課長となった（長野県第一種公文編冊『大正十五年昭和元年　高等官・同待遇　進退　全』）。

警察部に工場課がもうけられたのは、一九一六（大正五）年一月二十日付の地方官官制の改正によった。わが国ではじめて幼年・女性労働者の保護を中心とした工場法（法律第四六号）が制定されたのは、一九一一（明治四十四）年二月二十八日であり、工場法施行令（勅令第一九三号）は、一九一六年八月二日発布、九月一日施行となった（青木孝寿「工場法の実施と労働運動」『長野県政史第二巻』長野県　一九七二年。二〇二～二〇九頁）。

一九二七（昭和二）年四月、長野県では高橋守雄から千葉了に知事の交代があり、『事務引継書』が作成され、工場課の現状がまとめられた。事務と職員はつぎのようであった。

工場法施行ニ関スル事務

一　工場法

　同施行令　勅令

　同施行規則　省令

　同施行細則　県令

工場労働者最低年齢法　省令
同施行規則　仝
工場附属寄宿舎規則　仝
工場及附属建設物取締規則　県令
工場建設取締規則　仝
職工寄宿舎建設ニ関スル規則　仝
陸上気罐取締規則　仝
　但シ工場法適用工場ノミ

二　工場法規施行ニ関スル職員配置員規則

工場監督官　定員　二人
内　地方事務官　一人
　　地方技師　一人
工場監督官補　定員　六人
内　事務　属　三人
　　衛生　技手　一人
　　製糸　仝　一人
　　建築　仝　一人

雇　四人

三　現在職員

任命年月日	官名	職名	俸給額	氏名
大正　一五・七・一	地方事務官	工場監督官 工場課長	八級俸	池田　長吉
仝　　仝・一七	地方技師	工場監督官	七級俸	徳原　正種
仝　一四・四・二四	長野県属 兼警部	工場監督官補	五級俸	柚木　久嗣
仝　一五・七・一	仝	仝	月五十六円	福井　義登
仝　一二・一二・八	仝	仝	八級俸	野口長太郎
仝　　九・九・一三	長野県技手	仝	四級俸	大澤　角治
仝一五・一〇・三〇	長野県技手 警察技手	仝	月七十円 月　一円	高木　　明
仝　　仝・五・一四	長野県技手 衛生技師	仝	月　五円 八級俸	遠藤　清志
仝　一一・九・一〇	長野県技手 警察技手	仝	月　一円 月六十二円	今井　芳治

英の回想録を発見し、冊子にした時期の長野県警察部工場課のおもな仕事が、工場法の施行にかかわる事務であり、一九二七年四月には、工場課職員は、工場監督官・工場課長の池田長吉はじめ九人と雇三人からなっていた。池田は、東京帝大法学部を卒業し最初の赴任地である長野県庁で四年目をむかえた、まだ三十歳の気鋭の地方事務官であった。

池田が、一九二七年六月、工場課本『器械製糸のおこり　信州松代における』（和本　表紙に絹布を貼る　謄写印刷　本文九七枚）を出版したのであった。

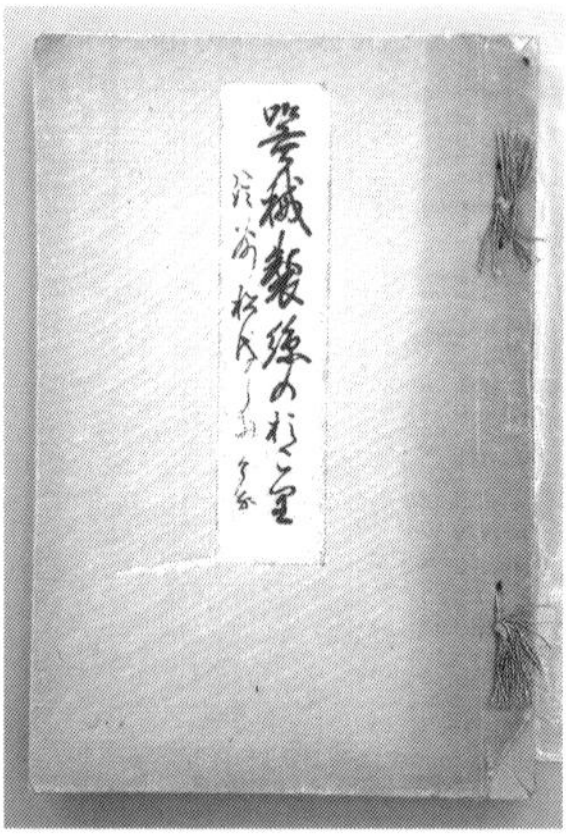
和本『器械製糸のおこり　信州松代における』

池田により英の原稿を出版した経緯と、それを英がどのように理解していたかがうかがえるものに、英が松代に住む姉真田寿にあてた手紙がある（真田淑子編『家の手紙　富岡日記の周辺』ドメス出版　一九七九年。二七六～二七八頁）。長文の手紙から関係部分を抜粋し、句読点・返り点は、上條が付した。

扨、先日は永井巡査様、私の先年母上様江御慰さみに認め御送り申上候富岡行並ニ六工社創業第一年をいんさつ遊し度とて御聞合せに御出の由、御手御不自由の御中より御知らせ被レ下、誠に難レ有御礼申上候。

八日（注：昭和二年六月八日）ニ長野県警察部工場課長池田長吉様より御手紙被レ下、拝見いたし候所、御知らせ被レ下候事にて、そのはしがきと申のも御添被レ下、拝見致候所、旧松代藩士横田数馬氏の女にして、現大審院長横田秀雄氏及び前鉄道大臣小松謙次郎氏の令姉横田英子女史（後に和田姓）同志十六人と共ニ、明治六年二月より一年数ヶ月、富岡製糸場に於て始めて―其他種々御認め、身ニ余る御賞詞を御認めにて候。

昔育ちの私、まわらぬ筆にて亡母の長病中、少しは慰めにも可二相成一と存、認め送り候もの、其後六工社の宮下留吉氏に御目ニ懸候とやら申こし候へしも、もはや其後忘れ居候所、元六工社にて保存いたし居られ、松代御出張の折御覧ニ入候由伺ひ、誠に驚入候。

此度、御同好の方々へ御わかち被レ遊度思召にて候由、御叮嚀ニ(ニ脱カ)私も御問合被レ下、誠に恐入候。私の認め候もの御用立候へば、此上なき喜びにて候間、何様に遊し被レ下候てもさしつかえ無二御座一候間、宜しき様遊し被レ下度願上候。御はしがきを拝し上、誠ニ恐入候。

其当時一生懸命ニいたし候心にて候へ共、何分若年の私のいたし候事、何の功も無レ之候を、身ニ余る御賞詞をいたゞき反つて恐入、勿体なく存じ居候と認め、右ニ付私より一ツの御願ひ有レ之候と申、海沼房太郎氏の創立につき苦心致され候事種々認め、ぜ(ひ)日同氏の功を御書被レ下候様呉々書添置候。

私も永年間、御姉上様御承知の通り、同氏の功を世の人ニ知らせ度苦心いたし候へしも、思ふ様ニ相成不レ申、心痛いたし居候所、此度不レ斗《はからずも》願ひが叶ひ可レ申。是にて何時地下ニ参り候ても、御母上様江お土産話し有レ之、大安心にて候。

一心ニ願ひ候事は必ず叶ひ候様ニはじめて存じられ候。何れ出来の上は、元六工社と私ニ一部ヅツ御送り被レ下候様、御認め有レ之候間、参り候はゞ御目に懸可レ申。過分の御賞詞有レ之候ては、誠ニおはづかしき次第と存候へ共、御父上様の国益ニ御尽力被レ遊候事も世ニ出可レ申と、是のみ喜居候。

扨、其折古き参考資料ニ相成候書類持合せ居候はゞ、借覧いたし度と御申こし候ニ付、御父上様富岡にて御写しの一部並ニ長野県製糸場の種々の書類、又尾高様より父上様ニ被レ下候御書状、私退場の砌いたゞき候賞与の御書付、其他本日手紙と同時ニ小包書留ニして御送り申上候。（中略）

昭和二年六月十日認　英

真田御姉上様

御礼申上

さらに英は、一九二七（昭和二）年六月十八日の姉真田寿あての手紙でも、池田長吉とのその後の交渉についてふれている。関連部分だけを引用すれば、つぎのとおりである（前掲『家の手紙』二七九、二八〇頁）。

扨、此度池田長吉様より御問合せの事、御喜び下され難レ有御礼申上候。是も全く御両親様の御霊の遊し候事と存、誠ニ喜居候。

先日申上候通り、十日（注：前掲の昭和二年六月十日）ニ手紙（御返事）並ニ古書類持合居候分、小包郵便の書留ニ致し配達証明ニいたし差出し候へ共、多分池田様御出張かと存じ候。今日迄受取たと御申の御報も無之、又長野郵便局より配達したと申通知も無之候間、昨日中和泉局へ聞ニ遣し候所、両、三日待呉れとの事にて候。あの様な古書類など人が持ても何の役ニも立不申候間、何ぞの御都合ならんと心配せずニ待居候。（中略）

池田長吉様、元六工社江御出の事、金之助さん御存じにて候へし由にて喜入候。あんなひじきの行列、金釘の折返にても（注：原稿の文字について、英自身が「ひじき〈乾燥すると黒くなる海産の褐藻類〉の行列」であり金釘流であると形容）、いつわりやかざりのない有のまゝを認め候ものは、自然人様のお心を引つけ候様ニ相成候やと只々驚居候。

私がせめて小学校三、四年迄もいたし候へば、書たい事も沢山御座候へ共、とかく手習が嫌ひにて、折々しかられ候事、今さらながら思ひ出し、御両親様ニ申訳無之事ニ存じ居候。丁度字の書けぬのは物の言はれぬのと同じ事にて候。

其事申ては、子供等をはげまし居候。もはや字では治子（注：盛一・愛の長女、英の孫）ニ叶ひ不申、誠ニ学校は難有きものとつくぐ〵感じ入候。（中略）

六月十八日　　　　　　　　　　　　　　　　　英
真田御姉上様
御前に

創設期の松代学校で学び、さらに中等教育をうけ、帝国大学で高等教育まで受けた弟の秀雄・謙次郎、結婚・出産のあと、夫の急逝で独身にもどったのち、東京に出て、青山女学校で学ぶ妹艶たちとちがい、英は、学制による学校がはじまる前、お転婆になるからと、希望した塾・寺子屋にやってもらえず、独学で文字をならったと、べつに回想している。しかし、家族との手紙の交換、日記をしたためるなど、ものを書くことにきわめて熱心で、書きなれた毛筆で文字を駆使した。

池田長吉による工場課本の特色は、「女工哀史」解消対策のひとつであると、わたしは考えている。「女工哀史」とは、一九〇三年に、農商務省が詳細な労働調査研究結果を公刊した『職工事情』などであきらかになった、①深夜までおこなわれることのあった一日一五時間前後の労働時間、②女工の日々生産した糸量に応じて基本給を算出する等級賃金制、③学齢期の年少労働者のすくなくない製糸女工の存在、④女工が他の製糸工場に勤務を変えられない登録制などの実態をさした。

工場法は、「常時一五人以上の職工を使用する」工場に適用されるとし（一条一項）、就業の最低年齢は工場法施行のさい十歳以上の者を引きつづき就業させる場合をのぞき十二歳未満の者を就業させることを禁じ（二条一項）、十五歳未満の者と女子については一日一二時間を超える就業を禁じ（三条）、午後十時から午前四時までの深夜業を禁止する（四条）など、労働者保護の条件がきわめてゆるやかなものであった。にもかかわらず、深夜業の禁止に繊維業界は猛反発し、法律施行から一五年間は二組交代制で昼夜作業が認められる猶予規定が置かれる（五条）など、内容は後退した。

　長野県内の地域紙『信濃毎日新聞』は、諏訪製糸同盟が製糸女工を奴隷的にあつかうものであると報道し、林広吉記者は『信濃毎日新聞』に連載した記事の附録に「製糸同盟規約」「製糸同盟細則」を載せた『製糸女工と奴隷』（信濃毎日新聞社出版部　一九二六年。全一一六頁）を小冊子にして公刊した。

林広吉著『製糸女工と奴隷』

　諏訪製糸同盟による製糸女工の扱いにくらべると、明治初年の官営富岡製糸場の勤務形態は、きわめて理想的な諸条件をそなえていた。そこで生きいきと伝習工女が働くさまを記録した英の回想録は、「労働福利資料」としての価値があったのである。これを出版した長野県工場課長池田長吉は、「はしがき」で、長野県製糸業の「起原」や「沿革」を知る資料として貴重であることを強調して、つぎのようにしるしている（ひらがな変体文字は通常のひらがなに統一）。英の姉寿宛の手紙に書かれていた内容と一致している。

はしかき

一　この冊子は、信州旧松代藩士横田数馬氏の女にして現大審院長横田秀雄氏及前鉄道大臣小松謙次郎氏の令姉横田英子女史（後に和田姓）か同志十五人と共に、明治六年二月より一ヶ年余、上州富岡製糸場に於て、始めて器械製糸の修業をせられた当時の状況と、女史が帰郷後その郷里なる松代町に創立せられた六工社製糸場（後に本六工社と改称）に於てその修得せられた繰糸法の指導をせられた当時の創業第一年間の状況とを、後年女史か記憶をたとつて書き記されたものてある。

一　富岡製糸場は、明治三年政府に於て産業振起の方策として模範製糸場官設の廟議を決し、時の大蔵少輔伊藤博文、租税正渋澤栄一か朝廷の命を奉して斯業ニ最も精通せる仏人「ボール・ブリュナ」氏を雇入れ、次て四年三月庶務少佑尾高惇忠、監督少佑河村貞光、営繕少令史山浦俊武氏等の監督の下に、上州富岡の地に之を起工し、五年十月竣工、「ブリュナ」氏指揮の下に仏国式器械製糸の業を開始し、諸県の応募生徒に、繰糸法を伝習せしめたものてあるか、この時に松代町より派遣せられたのか、この冊子をものせられた英子女史等十六人てあつた。

一　女史等は、明治六年二月富岡製糸場に旅立たれたのであるか、当時は維新早々の時て、世態人情も殺伐て一寸の旅行にも水盃を替はして旅立つといふ有様てあつたそうてあるのに、この繊弱妙齢の女子にして、遠く他郷に出て而も些の虚偽なく深刻に熱心に修業せられ尚帰郷後六工社創立に際して専心指導に当られたことは、たしかに松代製糸界の恩人てあつて延いては本県否我国製糸業発達の恩人てある。

その間女史か精進努力せられたことは女史の勝れた天資のたまものてあつて、実に感銘に堪へないものかあると共に当時を想起して興味深きものかある。

一　女史は六工社の漸く整頓を告くるや、須坂町東行社の創業に際して、再ひこれか教師となられ、次て明治十一年　明治天皇北越御巡幸の砌長野県下御通過に際し天覧に供せん為に長野県庁にて急遽長野市に製糸場を開設するや、聘せられて三度之か教師となられ、その繰糸を天覧に供し無上の光栄ニ浴せられたといふことてある。

一　私はかねて本県製糸発達の起原、沿革等ニ関する文献蒐集を心懸けて居つたのてあるか、偶々松代町本六工社に於て、この記録を示され一読するに当時の状況を知る貴重なる資料てあるので、このまゝにこれを放置するは誠ニをしき限りと思ひ、予て御指導御援助を受けつゝある先輩各位にもお頒ちしたいと考へ、本六工社の承諾を得、更に女史の承諾を求めた処、女史は直ちに快諾せらるゝと共に当時の情況を語る種々の興味ある資料を送り越されたので、それ等の資料を附録として巻末にかかけることにした。

終りに六工社創立の当時より蒸汽器械の工夫に人知れぬ苦心努力を払はれた海沼房太郎氏の功績も筆紙に尽しかたきものかあつたにか丶はらす、今日ニ於てはその功績を知るもの殆となき有様なるか故に、此の際同氏の功績を併せて世に表はしてもら（い脱カ）たいとの、女史よりの希望かあつた。この事は本文女史の記述中にも見えて居たのてあるか特に一言附け加へて女史の希望のあるところを明かにした次第てある。

昭和二年六月　長野県工場課ニ於て

工場課長　池　田　長　吉

英の提供した資料には、富岡製糸場関係のほか、一八七九（明治十二）年十月に、翌年の明治天皇巡幸を考慮して創設がきめられた長野県営製糸場の工女寄宿舎規則・製糸場内規則・事業規則などがあった。なお、池田の「はしがき」にある「本六工社」とは、西條村製糸場を改称した六工社（埴科郡西條村）が、一八九三（明治二十六）年六月に松代町片羽町に、あらたに工場をつくったとき、そちらの六工社と区別するためにつけた工場名である。

　本六工社は一六三釜であり、一九〇一（明治三十四）年に一工場を新設して一二〇釜をふやし、以後一九〇三、〇六、〇七年に釜数をさらに一三〇ふやし、四一一釜、資本金二万七四〇〇円とした。合資会社の経営形態で、重役には社長土屋三喜次、業務担当社員に岸田喜代太郎・増沢壬子吉・大里孝が就いていた。一九〇七（明治四十）年の生糸産額は、生糸六三二〇梱（五六七〇貫）、熨斗糸一〇七一貫、生皮苧その他三四九貫であった。

二　信濃教育会による学習文庫『富岡日記』『富岡後記』の出版

信濃教育会は、青少年の読物をおおく出版した歴史をもつ。そのなかで、一九三一（昭和六）年から一九三四（昭和九）年までに七冊発行した学習文庫は三つの要旨、①「郷土」に関するもの、②「一般文化」に関するもの、③教科の補充に関するものからえらぶ教材用出版として企画された。③をもっとも重視し、①②はおのずからふくまれ、総合的には「狭く深く」しかも「子供らしく青年らしく行き得る」ための教材となればとして編輯・出版された。つぎの七冊が刊行されている（信濃教育会『信濃教育会五十年史』信濃毎日新聞社。三八〇頁。五四五、五四六頁。五四八頁。五五六頁）。

一九三一年　九月
五日　学習文庫第二篇『富岡日記』一冊　執筆者：和田英子
八日　同　第五篇『昆虫雑話』一冊　同　：田中浜平
一九三一年　十月
二十八日　同　第四篇『光　第一』一冊　同　：神哲五郎

一九三一年十一月　　『光　第二』　一冊　同　：同
五日　学習文庫第三篇　『富岡後記』　一冊　執筆者：和田英子
一九三二年　六月
十五日　学習文庫第一篇　『聖徳皇太子』一冊　執筆者：法隆寺管長佐伯定胤猊下謹話
一九三四年　十月
十五日　学習文庫第六篇　『大気の成層』一冊　執筆者：藤原咲平講演筆記

学習文庫版『富岡日記』

『富岡日記』は、信濃教育会編・古今書院発行。一九三一年九月四日に、定価二十二銭、本文一〇〇頁・解説一八頁で出版された（表紙は写真参照）。

この学習文庫のねらいについて、『富岡後記』の「巻末記」（解説）で、『富岡日記』の解説も担当した小池直太郎は、つぎのように発刊の意義・影響を書いている。

一体本会のこの学習文庫は教科の補充といふことを主眼とし、併せて郷土に関するもの及び一般文化に関するものを選択して編纂してゐるものでありますが、この富岡日記と富岡後記を読まれた読者には本文庫の使命とするところをはっきり了解されたことと存じますが、副産物として修身書に書かれた伊藤小左衛門の事蹟を明かにし、それと我が信州との交渉を瞭かにすることに依つて修身書を真に活用し得る資料を得ることのできたのも不思議な機縁でありました。

小池は、尋常小学校五年生用修身書に伊勢室山で製糸業・醤油醸造業をいとなんだ伊藤小左衛門が、兄弟で力を協働して家業の醸造業を挽回した話とかかわって意味をもつとしるしている。修身の副読本の役割を、『富岡日記』『富岡後記』がはたすとみたのである。

なお、この二冊が出版された一九三一年度の信濃教育会総集会では、前大審院長横田秀雄が「思想問題ニ就テ」を講演している。

学習文庫『富岡日記』の編輯は、本文を、長野県工場課本を典拠にしたのではなく、半紙判罫紙六六枚に和田英が毛筆でしたためた草稿から直接とったとしている。『後記』の「巻末記」＝解説の末尾に、小池はつぎのようにしるした。

本会が学習文庫を編纂するに当り、稿本所蔵者大里孝氏の快諾を得てこれを第二・三篇に収め恰も著者の三周忌に公刊し得た奇しき因縁を喜ぶと共に、本書編纂に際し種々教示と斡旋の労を賜はった、真田寿子氏、増澤壬子吉氏、並びに埴科郡松代小学校及び西條小学校職員諸氏の御好意を深謝し、尚解説の参考資料として、本県勧業課の調査、早川直瀬氏の調査、百科辞典、松代町史、平野村誌史料等に負う所が尠くありませんでした。併せて謝意を表する次第であります。（昭和六年九月　小池直太郎誌）

題箋《だいせん》＝書名は『富岡日記』としたが、小見出しは原本のまま、ただし、本文の原本との対校は「厳密にして一語一句の増減も無いやうにつとめましたが、段落の切り方、仮名遣、句読点、濁点、用字等は読みよくする為め編輯者が適宜校合したもの」と、解説の小池直太郎がしるしている。学習文庫で用いた『富岡日記』『富岡後記』の書名は、以後の英の回想録の書名としてひきつがれることとなった。

また、この二冊を信濃製糸業史史料として紹介したのは、学習文庫編輯に史料を提供した、諏訪郡平野村役場におかれた、帝国大学教授今井登志喜を顧問に委員一一人で発足した平野村誌編纂・出版が最初であった（一九二六〈大正十五〉年八月に発足）。

平野村役場編・発行『平野村誌』上下二冊は、一九三二（昭和七）年十一月に上梓された。その下巻の冒頭に「第五　岡谷地方製糸業発達の沿革」がおかれ、その「第四章　明治以後に於ける本村製糸業の発達」の「第三項　器械製糸起る」で、「富岡製糸所」があつかわれ、「三　松代六工社のこと」が書かれた。「富岡製糸所」の項では、英の回想録は利用されていない。松代六工社の項で、長野県工場課本『器械製糸のはじめ』を利用したとしるしている。学習文庫版にもふれ、つぎの記載がある（『平野村誌　下巻』一四八頁）。

「器械製糸のはじめ」は後年英子女史がその自らの経験を手録したもので、富岡製糸所及び西條製糸場の創業時代の状況を如実に写した、極めて貴重にして興味深いものである。最近信濃教育会が学習文庫の第二編《（ママ）》第三編《（ママ）》として「富岡日記」及び「富岡後記」と題し刊行している。

『平野村誌』では、長野県工場課本『器械製糸のはじめ』が部分的に紹介されたのみであった。平野村における器械製糸技術導入が主題であったから、当然といえる。

学習文庫版『富岡日記』『富岡後記』が、信濃製糸業史研究に充分参照された最初は、江口善次・日高八十七編『信濃蚕糸業史　製糸篇』（大日本蚕糸会信濃支会　一九三七年）であった。同書の「第三章　開港以後の製糸業」の「第二節　信州に於ける器械製糸の二大系統」で、「一、深山田製糸場」が築地製糸所系（イタリア式）の器械製糸技術の系統であるのに対し、「二、六工社創立以前松代地方蚕糸業の状態」が富岡製糸場系（フランス式）の器械製糸技術の系統として、くわしく叙述された。『富岡日記』ほか、西條村製糸場関係の原資料がおおく掲載された。

学習文庫版『富岡日記』『富岡後記』は、やがて思想史などの考察に活用されるようになった。たとえば、作家中野重治は、アジア太平洋戦争中から学習文庫版に関心をもった。二等兵中野が長野県小県郡東塩田村の小学校に駐留していた一九四五年七月から八月にかけて、小林小学校長に『富岡日記』が手にはいるまいかと中野が相談した。なんとかなろうという返事であったが、敗戦期の混乱でそのままとなった。したがって、『富岡日記』は読んでいなかったが、『富岡後記』を読んでいた中野重治が、『図書新聞』一九五三年七月十八日〜九月十九日号に連載した「旧刊案内」で読後感「『富岡後記』について」（一九五三〈昭和二十八〉年八月十五日）を書いた。なかで、つぎのようにいっている。

むろん富岡は群馬県の富岡、日本における機械製糸の発祥の地だ。ここへ明治政府が政府の手で工場をつくり、外国から教師をまねき、日本の方々から人をあつめてこの産業の最初の女工を養成した。このとき信州松代から和田英子がその一人としてえらばれた。はじめの名は横田英で、大審院長横田秀雄、鉄道大臣小松謙次郎などの姉にあたる人だから、そういう人が製糸女工見習いにでたといってよく、また逆に、製糸女工の弟が大審院長や鉄道大臣になったとみてもいい。つまりは、一八七〇年から八〇年ごろにかけての日本そのものの胎動の問題だったろう。和田英子は富岡でたたきあげられて松代へ帰ってきた。今度はこの松代に工場ができることになった。『後記』は、富岡で修業してきた和田英子たちが、郷里松代にできた六工の工場でどんなふうにその草創期を送ったかということの後になっての記録・思い出だ。（中略）「唐糸縞の黒地に濃き鼠色の三筋立」の「仕着セ」を着た「十一才の少女工」までが、一方ではこの産業の日本最初の労働者として同時に模範工として、同時にいまの政府の通産大臣などとは比べものにならぬくらいの見識と自覚とに立って指導者としてたち働いた姿は目ざましい。労働組合の──そんなものは無論なかったが──指導者でもあり、労働委員でもあり、技術者でもあったという面も特殊で、「繰婦勝兵隊」というスローガンなどはまったく涙ぐましく、ほほえましく、かついまいましい。『学習文庫』には理由があってはいったといえるわけだ。（後略）

わたしには、中野重治のこの案内の文意は、長野県工場課本の「労働福利資料」のねらいに通底できる理解だとおもえた。作家中野の目の確かさに感銘をうけた。

なお、学習文庫版『富岡日記』には、小見出し「糸とり方指南と新平民」などの重要な箇所の削除があったことを指摘し、わたしは『富岡日記　富岡入場略記・六工社創立記』（東京法令出版株式会社　初版一九六五年、修正再版一九六八年）を、英の原本をできるだけ忠実に活かし、出版することとした。

東京法令本

長野県警察部工場課本は、一般に販売される書籍でなかったので、はじめて一般に販売・流布するかたちで、英の富岡製糸場伝習期、西條村製糸場創業一年目についての回想録を、完全なかたちで出版したことになる。東京法令出版株式会社からの出版であった。

東京法令版にも、中野重治は着目して感慨をしるした。『週刊読書人』一九六五年六月二十一日～九月十三日号に連載した「本とつきあう法」の「註だの解説だというもの」のなかで、「家永三郎序、上条宏之解説で、昭和四十年（一九六五年）東京法令出版発行」と注記し、つぎのように書いている（中野重治『本とつきあう法』ちくま文庫　一九八七年。八一頁）。

『富岡後記』を読んで『富岡日記』が読みたくなり、探しても見つからなかったところへ吉野秀雄の厚意で彼から借りることができ、そのうえそれを貰うことになってしまった結末はどこかで書いたかと思う。これには、『日記』『後記』合わせて十四行づめ三十八ページの解説がついていた。ところが今年（一九六五年）になってその新版が出た。

これは「あくまでも原著に忠実」に印刷したもので、それはともかく、十七行づめ百八ページの本文に、二段組二十二行づめ六十五ページの註、段ぬき同じく二十二行づめ八十六ページの解説がついている。それを拾って読んで行くのがおもしろい。私に楽しい。

中野重治は、さらに自我と社会的物質的特権＝身分との関係を考察した「身分、階級と自我」（小田切秀雄編『近代日本思想史講座　第六巻　自我と環境』筑摩書房　一九六〇年）で、和田英の自我を評価した。婦人矯風会の仕事をした矢島楫子を、矯風会の仕事に駆り立てたのが身分的なものと関係があり、彼女が息子の嫁のことで取った態度が、一挙に百年も身分的秩序の世界へ逆もどりしたものであったのにくらべ、製糸工女の横田英には個の健康さがあったと、つぎのように評価した（三六八、三六九頁）。

> 「富岡日記」「富岡後記」からうかがわれる和田英子（一八五七—一九二九）の姿ははるかに健康に個をあらわしていた。「後記」のなかの「富国強兵と横田家の悲惨」には、武士的、地名主的身分関係が、社会の変動期にどんな個を生みだすことができるかの問題にふれていたといっていい。西郷戦争よりさえ前の時期に、全く身分的なものに養われた一人の山国の娘が、国＝民族の方向との関係で、政府秩序と資本とにたいしてどの程度健康な態度に出たかは注目するのに値する。

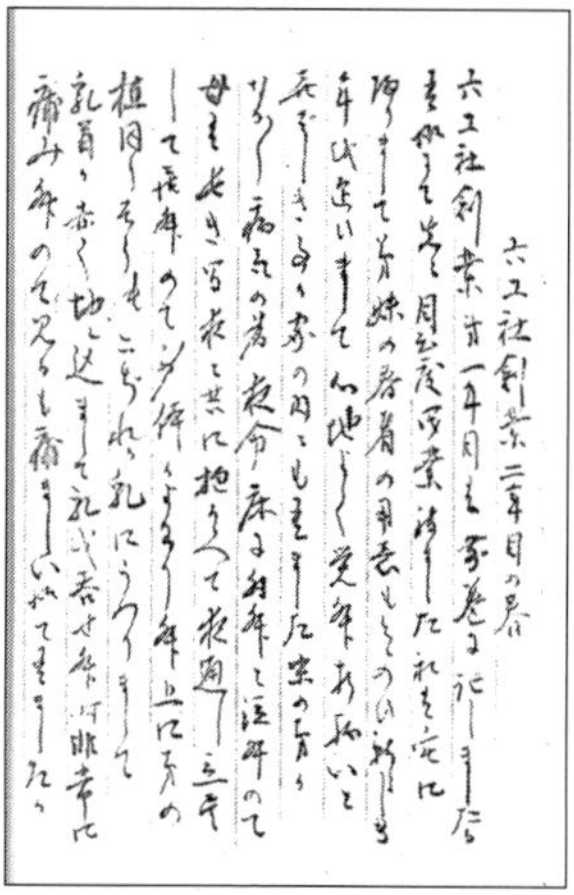
英の原稿「六工社創業二年目の春」

この引用だけでは、英の個の健康的な発露の具体像は理解しにくいであろうが、ここでは中野重治が評価した事実にのみ触れておく（ややくわしくは、上條宏之編『定本　富岡日記』創樹社　一九七六年の解説参照）。

わたしは、横田英の生涯や横田家・和田家の歴史的展開に、東京法令版出版後も関心をもちつづけ、基礎的な調査や研究をひろげていた。すると、一九七二（昭和四十七）年十月、和田家から英の「六工社創業二年目の春　大正二年十一月二十五日脱稿」がみつかり、英の孫和田一雄さんから提供をうけた。それには、「第二年目開業」の新原稿がついていた。その部分について、わたしは『信濃毎日新聞』一九七二年十月十六日〜十月二十二日かけて、「新発見の「富岡日記」続稿」と題した原稿を五回書いた。さらに、信濃教育会が雑誌『信濃教育』第一〇三二号（昭和四十七年・一九七二年十一月一日発行）の「和田英特集号」に、新発見の原稿を校訂して発表した。

英は、製糸工女時代の回想録のほか、すでにふれたように、母亀代子のしつけを纏めて叙述している。「六工社創業二年目の春」の草稿とともに「亀代子の躾」の原稿も出てきたので、すでに冊子になっていた『我母之躾』とも照合してこれも校訂して「亀代子の躾」と題し、「富岡入場記」「六工社創立記」に、新出の「第二年目開業」の部分とともにくわえ、一冊にまとめることにした。それが、創樹選書の和田英著・上條宏之校訂・解説『定本　富岡日記』（創樹社一九七六年）である。

なお、その解説で、『富岡日記』の一九七〇年代はじめまでの各方面での活用状況にも触れておいた。

第三章　なぜ横田英は富岡伝習工女となったのか

―横田家の人びとの殖産興業への想いが背景に存在した

一　松代藩士横田家の人びとと地域経済繁栄による近代化への取組

1　重要文化財として現存する横田家の建物

横田家住宅は、一九八四（昭和五十九）年四月二十六日、東京に居住していた横田正俊が建物と敷地の北半を長野市に寄贈した。翌八五年十一月十五日には、長野市から重要文化財の指定答申がなされ、一九八六年一月二十二日付の文部省告示第二号により、旧横田家住宅が重要文化財に指定された（財団法人文化財建造物保存技術協会編『重要文化財　旧横田家住宅修理工事報告書』長野市一九九一年。以下『工事報告書』と略称）。

横田家の人びとは、数馬の長男秀雄が明治末期に東京に移り住み、この旧代官町の住宅に居住しなくなった。屋敷地は、旧代官町の東西通り南側にある。間口二二間余、道に面して表門、その奥に主屋、主屋の東隣りに隠居屋、背後に土蔵が建ち、屋敷構えは江戸時代末期の武家住宅の様相を、よくつたえている。『工事報告書』には、主屋について、つぎのようにある。

主屋はほぼ中央に式台付玄関を突出して構え、その東に二室続きの客座敷、西は土間の大戸口を開く。玄関と座敷の裏（南）側は内向きの三室、その下手、土間の裏は板敷の勝手とする。これらのうち中央の十五畳は小屋裏まで吹抜けとし、二階十畳へ上る階段を設けている。

以上の間取はかつての松代の侍屋敷では一般的で、規模もこの程度の家がもっとも多かった。なお土間がせまく、座敷の整っている点は侍の家らしく、池に面した上座敷十二畳には一間半の床の間と棚、仏壇が設けられ、端正な意匠がみられる。

主屋の軸部は上、下屋からなる構造で小屋は扠首を組み、真束を併用する。屋根は寄棟造、茅葺で庇は板葺である。

代官町に存在する横田家

英（安政四〈一八五七〉年八月二十一日生まれ）は、この代官町の家で育ち、満十五歳の一八七三（明治六）年三月下旬、雪模様のなかを富岡製糸場へと旅立った。

2　近代横田家のはじまりと代官町の横田屋敷の管理をした女性たち

横田英は、信濃国松代藩士一五〇石の家に生まれた。

横田家の先祖は、奥会津横田の住人山内大学とつたえられ、信濃国松代藩真田家家臣としての初見は、明暦三（一六五七）年である。横田家住宅の主屋は、寛政六（一七九四）年に横田家第七代の彦蔵（助右衛門）俊一の代に建てられた。現在の横田家住宅の建物群の主屋をはじめ表門・隠居屋・土蔵などまでが、横田氏によって建造された。屋敷の四至は、すくなくとも天明四（一七八四）年以降、規模を変えることなく現在にいたっている。庭園には泉水（池）があり、泉水路（堰）が流れて水を供給している。菜園もある。

第七代俊一を嗣いだのが、養子の甚五左衛門俊忠で、それを嗣いだ英の父数馬も俊忠の養子であり、横田家第九代にあたった（前掲『工事報告書』七〜八頁）。

横田甚五左衛門は松代藩公用人として、明治二（一八六九）年の版籍奉還以前、江戸に住んだ。数馬も松代藩の仕事で江戸と往復することもあり、長野県官吏となってからは長野・上田・屋代にすみ、出張もおおく、代官町の横田家屋敷を恒常的にまもったのは、女性たちであった。その生活をサポートした人びとに山越小三太や海沼房太郎がいた。

山越小三太は、英が富岡に発つとき、短冊に短歌「曇りなき大和心のかがみには　うつすもやすき異国《ことくに》の業《わざ》」を書いてくれたと回想録にある。「私の父が明治初年から二年まで、松代藩の公用人を務めました時、東京で召使いました者」と、英は書いている（「姉と僕《しもべ》との餞別」）。小三太は、埴科郡柴村の農民山越清兵衛（一八七四〈明治七〉年の戸籍では、文化九〈一八一二〉年六月十二日生まれ）となか（文政八〈一八二五〉年三月十五日、更級郡御平川村農唐木左衛門四女）の二男に、嘉永二（一八四九）年二月二十五日に生まれ、横田家の「僕」として働いていた。英の富岡への出発を励ます短歌で送り出したとき、二十四歳であった。小三太の兄山越清十郎（弘化三〈一八四六〉年二月二十三日生まれ）

も横田家に出入りしていた。

いっぽう、海沼房太郎は、英の回想録では「六工社創立の際大里氏と共に、じょう汽機械の発明を致し」た人（『富岡日記』の「国元より工男の入場」）。具体的には、西條村製糸場（のち六工社と改称）の創立にあたって、富岡式蒸気器械製糸技術を松代地域の実情にあったかたちにデザインしなおし、器械・設備などを創りだして導入・定着させた中心人物であった（『富岡後記』「六工社創立に付き苦心されし人々」）。

房太郎は、松代清須町のはずれ堀切というところで農業をしていた海沼吉治・とくの長男に嘉永六（一八五三）年一月に生まれとおもわれる。農業をきらい武士にあこがれて、英の姉ひさが嫁いだ広小路真田家の家来分になった。二人扶持をもらい、一日おきか毎日のように真田家につとめ、自然に横田家に使いに出入りするようになった。房太郎の父吉治は、生け花・尺八の名人で、房太郎も生け花をみごとに生け、尺八も「鶴のすごもり」（松に巣くう鶴のめでたさをうたう曲）を吹いて聞かせることがあった。発句もして、英の祖父甚五左衛門・祖母むろも発句・短歌を好んだので、房太郎が相手をし、次第に横田家への出入りがふえたという。

横田家では、表門にある長屋は人に貸し、家屋敷の管理に働いてもらった。江戸に出ていた甚五左衛門に、小金吾の名で亀代の出した維新期（年は確定できない）の三月二十一日夜付の手紙に、長屋に住んでいた「およし」が去ったあとへ、召使いにした茂吉夫婦が五歳の女の子をつれて引越してきて、よく働いてくれ、裏の垣根（くね）をこの日に立派にこしらえ、裏もよく手入れしてくれて安心であること、房太郎・小三太が来て畑の草を取り播き物もしてくれたことが書かれている（前掲『家の手紙』七一頁）。

父横田数馬《かずま》をはじめ、家族の支援のもと、英は十五歳のとき、富岡製糸場への入場をきめた背景には、横田家の人びとの、すくなくとも甚五左衛門から引きつがれた殖産興業への想いがあった。

この一八七三（明治六）年前後における横田家の家族は、長野県埴科郡旧松代町役場（いまは長野市松代町）で、かつてみることができた「壬申戸籍」によれば、「信濃国埴科郡松代代官町」の部で、国の重要文化財に指定されていて現存する旧横田家住宅に、旧松代藩士族の九人が住んでいた。もっとも、数馬は長野県官吏として長野の官舎に住み、やがて埴科郡長になると屋代に住む。英は富岡に、英の弟秀雄は学校で学ぶため長野から松本に住まいをうつすなど（前掲、上條宏之「横田秀雄　「国民のための法」を目ざした名裁判官」）、代官町の家にいつも家族全員が揃って、住んでいたわけではなかった。

3　英の祖父甚五左衛門と伯父九郎左衛門がさぐった松代の経済的繁栄策

まず、近代のはじまりの時期の横田家の戸主は、英の祖父横田甚五左衛門機応であった。機応は、寛政十二（一八〇〇）年に松代藩士小松軍左衛門の二男に生まれ、横田助右衛門彦蔵俊一の養子となった。英が富岡製糸場にはいることをきめたとき、「祖父は大喜びで申しますには、たとい女子たりとも、天下の御為めに成ることなら参るが宜しい。入場致し候上は、諸事心をもちい、人後に成らぬよう精々はげみまするよう」と激励したとある。機応は、殖産興業を理解し、そのために尽力してきた士族であった。

英の実祖母、母亀代《きよ》の母伊代は、松代藩士祢津左盛直春の娘で、享和三（一八〇三）年生まれと推定される。弘化二（一八四五）年九月二十二日に享年四十二で没し、あとを友人の金井むろに託したことは、すでに触れた。

伊代の父祢津左盛（諱《いみな》直春、榘翁、潜龍軒。明和二〈一七六五〉年九月生まれ、天保九〈一八三八〉年八月七日死す　享年七十四）は、兵法・刀法・槍法にすぐれ、松代藩の山野奉行・道橋奉行をつとめた。経済に通じ、社倉（飢饉などにそなえ金銀・米穀を貯蔵）の創業に尽力し成功させた。松代城下の御安町にある龍泉寺の祢津家墓地に「潜龍君事實記」の碑があり、虫歌山には門人たちが建てた碑もある（「人物史」『松代町史　下巻』松代町史刊行会　一九二九年）。

龍泉寺にある「潜龍君事實記」碑

この祢津左盛の経済に通じた知識は、機応・伊代の長男横田九郎左衛門に影響をあたえた。

機応の長男九郎左衛門（文政八〈一八二五〉年生まれ、嘉永五〈一八五二〉年七月二十五日死す）は、全国各地に旅して、経済的に繁栄している地が、港をもち交通の要地であることをみとどけた。これは、父機応とともに、千曲川通船による松代藩域と越後の交易

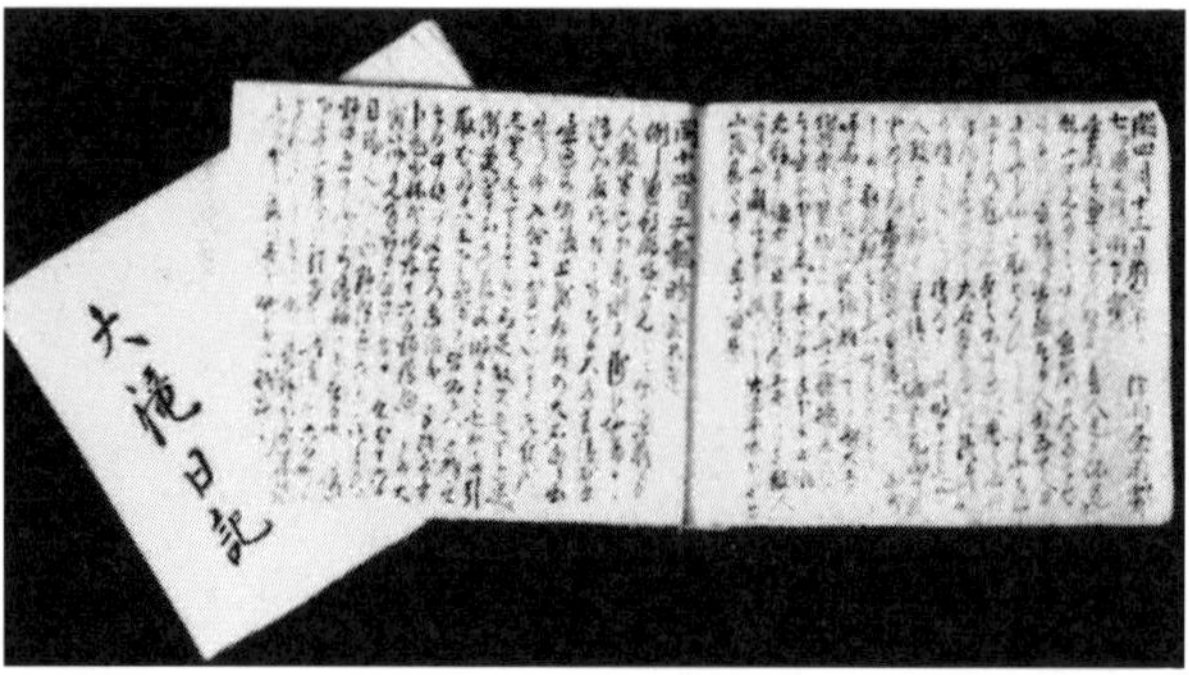
『大滝日記』

で、松代藩・領の経済的繁栄を実現させようとする取組として具体化した。

九郎左衛門は、つぎのような旅日記を書いている（上條宏之「横田九郎左衛門の日記」『松代　真田の歴史と文化』第六号　横田邸復元特集）。

（1）『弘化二年四月十五日～五月十八日『東濃あづまの路草』
（『安津満乃道草』）

（2）弘化四年六月二日～六月二十七日『神陽諸順拝北陸日記』
（『越後乃残雪』）

（3）弘化五（嘉永元）年一月六日～六月一日『筑紫行程忍疲日記』
（『神風伊勢路乃記』『（無題）』『山　陰諸之日記』）

（4）嘉永四年十月二十五日～十二月二十九日『東都の記行』

（5）嘉永五年一月元日～閏二月五日『嘉永壬子乃日記』

（6）嘉永五年四月朔日～七月九日『日記』

弘化二（一八四五）年四月、二十歳のときから旅をはじめ、同四年、五年までに東北・越後から東海道、九州まで旅をした。

しかし、九郎左衛門の旅で得た知見を活かそうとした千曲川通船事業は、弘化の善光寺大地震でいったん途切れ、ただちには実現の見通しがたたなかった。そこで九郎左衛門は、嘉永四（一八五一）年十月下旬からは、江戸に出て昌平黌に学ぶ。逝去する一八日前まで、九郎左衛門は『日記』をしたためていた。この江戸在住中、嘉永五（一八五二）年七月二十五日、若くして病死する不幸にみまわれた。

この九郎左衛門の逝去について、世間には千曲川通船の実現のための「山をしたからだ」と批評するものがいて、横田家に無念がのこったと、英は回想している。

英の回想録のうち、『六工社創立記』（『富岡後記』にあたる）の「富国強兵と横田家の悲惨」には、伯父九郎左衛門について、くわしく書かれている。

「私の母に一人の兄が有りました。幼名熊人、壮年に成りまして九郎左衛門と改名致しました」、父甚五左衛門の教育で「富国強兵」をめざすべき仕事と心得、「何卒して国（注：松代藩のこと）を富ませたい」「どのようにしたら国を富ますことが出来るか」を見極めたいと、父の許しをうけ「全国残る方なく遊歴」した。その遊歴で学んだ結論として、「『何地へ参って見ても、湊の有る所、船の出入りの有る所でなければ国が富んで居らぬ』と申しまして」、千曲川通船の実現に力をつくした。

具体的には、越後に近い千曲川の大瀧地域が岩で底があさく、通船がとおれないので、その川底を切り割って、通船ができるようにしようとした。この事業で、越後ではとれない松代領分の農家で肥料用に引きつぶす大豆と、越後のニシン・イワシなどの魚類肥料とを交換すれば「一挙両得」となり、松代の繁栄の糧になるだろうと、父と相談して取組んだとある。

千曲川通船の実現のため幕府への願書をしたため、甚五左衛門が江戸に出府して、松代の留守居役、幕府の役人に運動をしたところ、幕府から船八〇艘の許可が出て実現したとある。同志に象山の初学の師竹内八十五郎錫命と金児忠兵衛、飯山町の安次郎、川田村の又右衛門などと協働した事業であったと、英は聞いていた。だが、この事業は、幕府の「大滝通船差止め」にあい、挫折してしまい、それが横田家に無念の想いをいだかせた原因とみた。

九郎左衛門は、再出発のため「林大学頭様の塾（注：昌平黌）」にはいり「政事学」を学び、学習成果がみられるようになった矢先に「傷寒《しょうかん》」（チフス）にかかり、江戸の地で急逝した。

英は、殖産興業と横田家とのかかわりの始原を、機応・九郎左衛門の千曲川通船への取組と挫折にもとめた。

二　横田甚五左衛門と長男九郎左衛門による千曲川通船計画への参画

1　善光寺領厚連たちによる千曲川通船計画の実現と横田家の参入

実際の千曲川通船と横田家のかかわりは、英の回想とちがった部分がおおい。

千曲川通船は、善光寺領の厚連たちが、幕府領中野支配所の許可をえて、文政十一（一八二八）年から、信越国境に近い千曲川大瀧筋の一四里ほどにあった通船にとって難場となっていたおおくの大石を除去し、屈曲していて高くなった川底を打ち砕いて掘割し、千曲川通船の「試普請」をおこなって掘割を終えた。そこで、信州丹波島宿より越後の新潟湊までの「川付両縁村々」に了解をうけ、文政十三（天保元）年から本格的な通船路の千曲川普請をおこない、天保六（一八三五）年には幕府の出先機関である「川浦支配」の役人が乗船して川筋普請の出来方の見分をするところとなった。そののちも、厚連たちは千曲川の手入れをかさね、天保九（一八三八）年には荷船の見分をうけ、あらためて川筋村むらの了解をうけ、「通船並積問屋稼ぎ方」「運上永」「運送荷品」などについて吟味をうけた。

その結果、天保十二（一八四一）年六月から弘化三（一八四六）年六月までの五か年、信越両国間の千曲川通船が実現した。

従来の千曲川通船についての記述には、大平喜間多が『松代町史　下巻』（一三一頁）にしるしたものがある。天保十二年の通船開始とともに、西寺尾村に船会所がもうけられ、荷物の発着が取りあつかわれたこと、厚連の後援者であった横田甚五左衛門が、「大瀧の掘割工事成り通船の便に依つて物資を輸送せねばならぬ不便に着眼し、城北東寺尾村を流れて柴村大鋒寺裏に於て千曲川に注ぐ蛭川を利用し、新に運河を開鑿して直ちに城下木町の思案橋（今中央橋といふ）迄船を通ぜんと欲した」こと、蛭川には小舟なら通行できる川幅と水量があったので、東寺尾の逢橋（そののち蛭川橋とよぶ）よりおよそ一町（約一〇九メートル）下流から、荒神町裏まで二間幅の運河を一万人の人夫をつかってひらき、船の発着ができるようにし、そこに諸荷物取りあつかいの会所をもうけ、越後からの米・塩・魚干物などの陸あげ、松代地域の産物の積みこみをおこなって、越後との船運による通船を実現させたことが書かれている（この根拠となる史料をわたしは見ていない）。

厚連たちは、弘化三（一八四六）年十月には引きつづき通船ができるように、いっそう手入れ・普請をくわえ、船数もふやそうとした。しかし、弘化四年三月の善光寺大地震が、千曲川に土砂を押し出し、千曲川川底を隆起させて通船を不可能にしてしまった（「嘉永三年十月　乍恐以書付奉願上候」真田信濃守領分高井郡川田宿　通船願人安次郎・又右衛門）。

そこで、高井郡川田村にいた厚連の子安次郎、同村問屋西澤又右衛門らが、嘉永二（一八四九）年四月から、幕府の許可をえて通船路の修復にとりかかった。この修復に取りかかった嘉永二年から、横田家は深くかかわったことが、横田家におおくのこされた史料からわかる。
横田甚五左衛門は、乗馬で越州十日町のがわから千曲川沿いに信州にはいり、千曲川通船のネックになっていた信濃国水内郡西大瀧村（幕府領）などを三泊四日の日程で、二一人の集団を組んで訪問している。松代藩の武士の千曲川沿い見分は、かなり大がかりなものとなった。

覚

一　本馬壱疋
一　人足九人　内五人分持人足
右者主用ニ付、明廿四日越州十日町出立、信州松代江罷越候間、書面之人馬差出、御定之賃銭請取之継立可被申候。且泊村之儀者、上下弐拾壱人壱軒用意可給。已上

真田信濃守内　横田甚五左衛門　印

八月廿三日

十日町
水沢村
卯之木村
芦ケ﨑村
赤沢村

八月廿四日泊

寺石村

森　村

西大滝村

同廿五日泊　桑名川村

上境村

戸狩村

飯山町

替佐村

浅野村神代駅

同廿六日泊　長沼宿

福嶋宿

川田宿

松代町

右村宿々　問屋

役人中

猶、以此先触早々順達、松代町ヨリ屋敷江可召出候。以上

2　横田家による千曲川通船への財政的協力

横田家が千曲川通船再開にかかわった具体的姿は、『嘉永二酉年三月吉祥日　大瀧普請ニ付出金萬覚《よろずおぼえ》　横田控』によって、概略がわかる。

この『萬覚』に書かれた「出金方覚」には、嘉永二年四月四日から九月まで計五四八両二分二朱を、大瀧川掘をしていた安次郎などに、横田家から渡したことがしるされている。べつに、又右衛門など「船方幷安治郎へ遣ス分」があり、二月から十二月二十九日までに七三〇両一分余にのぼった。さらに、「川普請受負金高渡方」として、四月から七月までに「惣〆千弐百拾両」がかかっている。それらの費用を捻出するため、横田家は、おなじ松代藩士金児忠兵衛・竹内八十五郎両人から四月四日から九月中までに七九二両二分の出金を得なくてはならなかった（「出金幷預り覚」による）。ほかにも、横田家などの借財はふくらんだ。

松代藩が、千曲川通船の再開発にどのように対応したかは、横田家にのこる安次郎・又右衛門連名の募金のための「杭瀬下村色部義太夫宛手紙　下案」という案文にうかがえる。この案文は、横田が力を貸して作成したと、わたしにはおもわれる。

まず、厚連など安次郎たちの親の世代が、二四、五年間に一万五〇〇〇両ほどを投資してひらいた千曲川通船が、善光寺大地震で水泡に帰した。これをそのまま打ち捨てがたいと、西大瀧村近辺の千曲川の川底の掘割りをこころざすこととなった。それには資金を、さらに五〇〇〇～

六〇〇〇両も掛ければ大丈夫と見積り（案文にメモが付されている）、その費用を松代藩に歎願したが、藩は、財政難もあって安次郎たちの歎願に応えなかった。五〇〇〇〜六〇〇〇両の「陰助」は、横田甚右衛門たちの支援によった。

結局、松代藩は、安次郎たちの取組を申し分のないもので、「寄独・至極感心ニ思召」されたが、中野支配所とも連絡して（横田家に中野支配所の役人と横田甚五左衛門がかわした手紙類がある）、埴科郡杭瀬下村の色部家のような大地主など有志（寄独人＝奇特人）からの寄付をあつめる、そのさいは、寄付金高に応じた苗字帯刀、それも三代有効か永代とする、さらには通船の株式の譲渡、通船利益からの「永代御割合差上」などを提案した。

それらの方策は、つぎの案文に書き込まれている。寄付金をだすことは、「御国家の御為、万人の助」となり、「莫大之御忠節」というべきだとしているのは、横田甚五左衛門の千曲川通船の意義にかかわる評価の表現でもあろう。

信州千曲川通大瀧筋堀割通船路普請之儀、同州松代町安次郎・川田村又右衛門両人儀、親共代、**文政度ゟ弐拾四五ケ年来、追々壱万五千両程入金仕、堀割向凡成就ニ茂至り**候処、去ル未年大変災（注：弘化四年の善光寺大地震）ニ而、積年之丹誠一時ニ水之泡与《と》相成候仕合、其儘打捨置候得者、積年之丹誠且大金相掛候儀茂一円空敷相成、残念至極之儀ニ付、**領主江歎願仕**、**五六千両下金陰助も有之**、酉戌両年ニ而尚堀割江掛り、尚又半分通之出来ニも至り候処、まだ不十分ニ而入用行尽、

無拠　御公儀様江拝借金奉願候処、段々御調ニ茂相成、両国融通弁利者勿論、万一非常之節御用役且御益筋ニ茂相成候儀、積年之丹誠多分之入金仕精々心懸候ニ付、寄独・至極感心ニ思召候段御賞美被成下、何卒願之通下金遣度、精々取調候処、**事柄申分**茂**無之一々相分り**、尤至極ニ者候得共、外之例ニ茂相成候儀ニ付、御調向御差支ニも相成居候義、右ニ付何方ニ歟寄独人茂有之、出金普請仕候ものも有之間敷越穿鑿金可申上旨、御内意被成下。

尤、出金高普請向出来方ニ応、**従御公儀様苗字帯刀上下等御免**、或者**永久又**者三**代**与歟**其功**ニ**寄被**　**仰付候間**、寄独人穿鑿可申上旨　御内意有之候間、右普請入料、前文之通御免被仰付候様奉願。

御面目ニ茂**相成候儀**、且又御免船**当附八拾艘信州丹波島ゟ越州新潟湊迄川筋両縁村々故障有無**　**御代官様**ニ而**両度迄御糺之上**、**通船稼方御免被**　**仰付**罷在候儀ニ付、右御免船之内、**株式等御譲り**申候共、又ハ**上下運価之利益之分永代御割合差上**候共、兎茂角茂可仕候間、右御承知之御挨拶被下次第、御名前　御公儀様江中立、御面目相成候様取計可申候。

然ル上者、**御国家之御為**、**万人之助**ニ茂**相成**、**万一非常御用便且御益筋等相立候上**者、**莫大之御忠節共可言御儀ニ**可有御座候之間、厚御勘弁被成下様仕度候云々茂御告、左者奉待上候。書外拝顔可申上候故、得貴意度、如斯御座候。以上

通船頼人

安次郎

又左衛門

これは、大地主色部義太夫（嘉永五〈一八五二〉年九月生まれ、一八九〇年「貴族院多額納税者議員互選名簿」では、杭瀬下村ほか二三か町村に土地をもっていた長野県内第二位の地租など多額納税者）宛にだされた文書の下書きである。色部家が「寄独人」になったのかどうかは、わからない。

また、松代町紺屋町に居住していた安次郎や高井郡川田村の又右衛門と、横田甚五左衛門たちが千曲川通船にかかわったさいにかわした約束があった。

嘉永三年（月日は欠）の、つぎのような証文が、それに相当するものとおもわれる。

約定証文之事

此度、信州千曲川筋高井郡西大瀧村地先ゟ越州魚沼郡十日町地先迄之内、難場江開通船路取建、普請致呉候様御頼託之趣致承知。兼而、右取開普請仕法見込有之ニ付、致承諾、弥取懸り可申ニ就而者、右普請諸入料金、其御方ニ而者御出来兼ニ付、此方持参金を以普請致呉候様、精々御頼之趣、無余岐次第ニ付、委細致承諾、川筋数度見分之上、**普請入料凡積り金五千六百両を以、両三年中相励致普請候**上者、十分之船路ニ相成、急度通船路可致永続趣、聢与見極之上、弥普請手初致候処、聊相違無御座候。

然ル上者、右入料金御返済方者、当戌年（注：嘉永三〈一八五〇〉年）ゟ向辰年（注：安政三〈一八五六〉

年）迄七ヶ年之間、兼而従《より》、**公辺ゟ御免之通船七拾艘幷松代ゟ越州新潟迄凡五十三里之間、数ヶ所之河岸場不残御差出、右船運賃・蔵式口銭両様を以、入料金不残受取可申様、**御約定之趣致承知候。

尤、右年限中、富家之向ニ而、通船利益之次第を以、普請入料金返済方引受之向、御探索之上出金之者有之候者、右金高ニ随ひ勘定相立御預り置し、通船七十艘幷川丈之河岸蔵共、其節毛頭異議申間敷候。

且又、通船御預り之年限中　**公辺御運上等、此方ニ而引受、年々十二月中無相違上納可致候。**勿論、通船之掟相定、船乗共決而猥り之儀無之様、取締方差配可致候。

為後証、取替約定書、仍而如件。

この証文によれば、普請入料として横田甚五左衛門たちは五千六百両を出金し、その成果として、嘉永三年には、通船七〇艘が信越五三里のあいだを行き交う情景がみられることになる、千曲川に数か所ある河岸場は、船運賃と蔵式口銭をはらい、それによって運上金をはらうことを、通船稼人たちが引きうけた、船乗りの取締方と差配は、通船稼人がおこなうこととしたことなどが書かれている。

3　安次郎たちによる千曲川通船復活のための幕府への拝借金借用願い提出

千曲川の通船にとって難場を掘割する通船路の取建て費用が莫大となったため、自力では無理と考え、幕府へ支援をもとめることとなった。

又右衛門が病気のため、安次郎が代表して、幕府領中野支配所を通し、嘉永三（一八五〇）年十一月に無利息の拝借金一万五千両を得ようとした。この拝借金は、普請中五か年は据え置きとし、安政三（一八五六）年から二〇年賦で一か年七五〇両ずつ上納して皆済する条件で、幕府に借財を願った。

長文であるが、拝借金借用願いを申請するにいたった歴史的経過が書かれているので、引用しておく。

　　乍恐書付を以奉願上候

真田信濃守領分信州高井郡川田村通船稼人又右衛門煩ニ付、代兼埴科郡松代町同安次郎　奉申上候。

当国千曲川之儀者、元来荒流急流ニ御座候処、大瀧村地先ゟ越後国十日町村地先迄**凡川筋拾余里之場所、大石数多有之、殊更屈曲之場川底高候ニ付、別而急流ニ相成候上、左右者山谷之裾ニ而、岩石巌多く船引路取附方ニ差支、極て難場ニ有之候**間、如何様目論見候共、右場所船路難出

来候与一同相弁罷在候故、往古ゟ通船相願候もの無之。
然ル処、私親厚連儀、右場所通船相成候上者、乍恐　御益筋者勿論、辺鄙不弁理之両国莫大之益筋ニ付、年来心懸ケ丹誠仕、大石取除方幷岩石巌等打砕方工夫仕候ニ付、**文政十一子年**大原四郎右衛門様中野御支配中奉願候処、**試普請被　仰付**候間、則普請ニ取懸り居候処、猶又同十三寅年和田主馬様川浦御支配中、**信州丹波島宿ゟ越後国新潟添迄川附両縁り村々故障有無御糺被成下候処、国益融通之儀一円故障無御座候段、**御請書差上候ニ付、信越両国御料・御私領・寺社領共御達之上、**右難場堀割通船路普請可仕候様被　仰付**、難有御受仕。
年々莫大之入料相掛普請仕候処、見込之通り荒増通船出来仕候ニ付、天保六未年平岡文治郎様川浦御支配中、御手附中様御乗船ニ而、**川筋普請出来方御見分被成下**、其後年々手入仕、猶又**天保九戌年荷船候様乗御見分被成下**候処、御差支無御座通船仕候ニ付、翌亥年中平岡熊太郎様御支配ニ相成、川浦ゟ御手代中様川筋村々御廻村之上、故障有無再御糺被成下候処、一円故障無御座段、**御請書差上候**ニ付、通船幷積問屋向稼方、御運上永其外運送荷品等御吟味之上、天保十二丑年六月午之六月迄、**中五ヶ年季試稼方被　仰付**、難有奉存、
追々融通茂相附、信越共国益不少候儀ニ付、猶手入向普請無油断出精仕、船数等相増候様常々心掛罷在候処、猶又**弘化三年十月中**、**継年稼方被　仰付候**ニ付而者、弥以手入普請仕、船数等相増候様出精可仕旨被　仰渡奉畏罷在候処、**翌未年三月中未曾有之大地震**ニ而、山抜巌川筋江押出、船路幷ニ船引路等迄相塞、通船出来兼候ニ付、早速手入普請ニ取掛度奉存候得共、一統変災ニ而困

窮之折柄、中々以難及自力ニ、容易ニ入料金手段無御座当惑罷在候得共、其儘打捨置候得者、親共ゟ数年来之丹誠空敷罷成、且者前条普請不仕候已前、川縁村々年毎之様水災有之候処、右之通難場普請仕候ニ付、水吐宜敷相成候間、水災相遁れ候上、諸品融通仕候故、諸民一同悉く相歓居候国益を失ひ候も残念至極ニ付、種々心魂を砕漸金主・手段仕、

去酉年春中奉願、同四月中ゟ又々莫大之入料相掛普請仕、通船往来仕候共、いまた普請向見込中半之儀ニ而、十分之儀茂不行届、其上雪解又者大水之時々破壊仕、或者埋岸崩等ニ而大石転止、手入方多く、其外船造立又者破損修覆等之入料多く、当時船乗之儀茂、遠国ゟ大勢召抱候儀ニ付、多分之給金幷雑費等茂意外之入料高ニ罷成、実ニ難渋至極ニ奉存、

其上是迄大借財仕置必至与難行立、勿論此上之入料金ニ差支当惑罷在候得共、親共ゟ数年来抛身体艱難仕、此節ニ至り相止候而者、右之通一旦出来候国益を失ひ、諸氏之愁可奉申上様無御座残念至極之儀ニ付、

依之、千辛万苦仕融通相附、志願之通国益成就罷成候上者、御公儀様御益筋ニ茂相成、私共儀茂行立候様仕度、右一事ニ身命を抛罷在候得共、実以微力之儀ニ付不行届、当春迄茂船数少く、御運上永茂相増、いまた聊之御儀ニ而誠以奉恐入候間、何卒追々御運上永茂相増候様出精仕度、右一円ニ差はまり粉骨砕身仕、

尚、**莫大之入料相掛難場拾余里之間普請方仕、当今ニ至り、漸々船路出来形ニ罷成、**いまた日数者多く相掛候得共、追々通船登下仕安く罷成、船数も追々少々つゝ相増可申躰ニ罷成候。

然ル処　乍恐私共身分不相応之大望、誠ニ往古ゟ諸国江響候難場ニ而、既ニ寛政度、川尻甚五郎様中野御支配中、御目論見被遊、御普請御座候処、漸三四ヶ所茂御出来ニ罷成候得共、極難場之所者御成就ニ不相成候故、兎角世間之唱茂先年　御上様之御入料を以御普請御座候而茂出来不申、難場中々通船相成間敷抔与、近年迄も悪敷申触候ものも有之候処、親共ゟ年来心魂を砕抛身帯、右一事ニ差はまり、取分去酉年ゟ格別ニ念入普請仕候故、通船往来追々繁く罷成、融通宜相成可申外、川筋両縁り之もの共相歓、当時船乗稼相始申度旨追々相頼候ものも御座候ニ付而者、弥々無油断手入普請仕度奉存候得共、此節ニ至り必至与入料ニ行尽当惑仕候。

此上打捨置候得者、是迄積年之丹誠空敷相成可申候半与、誠ニ以心痛悲歎仕罷在候。

何卒此上五ヶ年茂引続是迄之通手入方仕、船数等相増、船脚多く通船仕候様、入料金手段相調候上者、見込之通十分之普請出来候ニ付、**船路宜敷相成候間、是迄新潟湊ゟ丹波島宿迄日数廿日位ニ而引上ケ候船茂、日数十五日程ニ而同宿迄着船相成候得者、僅廿日之日数ニ而五日之弁理ニ罷成候**事故、年分ニ相積莫大之益筋ニ有之候上、船造立等ニ至迄出来可仕、左候得者、信越両国融通茂相附、万一非常之儀御座候而御用向被　仰付候而茂、御差支無御座候様罷成候儀者暦然（歴然）之御儀与奉存候。

何卒格別之以　御慈悲、前顕之始末被為聞、右訳今般**御金壱万五千両御無利足ニ而御拝借**被　仰付被成下置度奉願上候。

右願之通御聞済被下置候上者、**当戌年**（注：嘉永三〈一八五〇〉年）**ゟ来ル卯年**（注：安政二〈一八五五〉

年）**迄五ヶ年之間、十分之普請仕、**御免之船数八拾艘造立仕、永久往返運送融通相附候様仕度。
尤、御金返上方之儀者、右普請中五ヶ年之間居（据）置ニ被成下置、翌**辰年**（注：安政三〈一八五六〉年）**ゟ亥年**（注：明治八〈一八七五〉年）**迄壱ケ年金七百五拾両ツヽ上納**被仰付候様仕度、勿論右者不容易御儀ニ而、私共茂取扱方奉恐入候間、願主役場江相願置、右役場ニ而引受、聊遅納等無之様可仕奉存候間、両国融通万代国益之始末幾重ニ茂御憐愍を以御聞済被成下置度、偏ニ奉願上候。

以上

嘉永三戌年二月　　真田信濃守領分

信州高井郡川田村

通船願人　又右衛門煩ニ付代兼

同領分

同州埴科郡松代町

同　断　　安次郎　印

御奉行所　様

この願書で強調されているのは、⑴千曲川通船は、信越両国の「国益」をもたらし、川沿い民衆の利益ともなるものであること、⑵信濃国大瀧村から越後国十日町の千曲川十余里のあいだは、大石がおおく高い川底で通船のさまたげになるので除去・掘割が必要であること、⑶この除去・

掘割など千曲川への手入れは、千曲川沿いの水災（洪水）などを防ぐのに必要不可欠であること、などが指摘されている。莫大な投資で実現した通船は、丹波島から新潟湊まで二〇日ほどかかる時間的距離をちじめる、弘化の善光寺大地震でふさがれた船路を、幕府からの拝借金を得て五年で修復・改善すれば、これまで信越間の通船に二〇日かかった時間距離を一五日に短縮でき、船数もふやせる、と主張した。

この願書は、ひとまず幕府に受けとってもらえたが、許可はただちには出なかった。嘉永四亥年七月の「御請」はつぎのとおりで、これには横田家など武士のかかわりの記述はみえない。

御請

信州松代町安次郎外壱人奉申上候。私共儀、千曲川通船之儀奉願上候処、願出御受取ニ相成、追而御沙汰有之候迄江戸宿々差控可罷在旨被　仰渡奉畏候。依而者、追而御呼出し之砌、御刻限無遅滞一同罷出候。依之、御請書差上候処如件。

亥七月廿六日

真田信濃守領分
信州埴科郡松代町
通船稼人　安次郎
同領分
同州高井郡川田村

同断　又左衛門

右松代町

長町人　惣右衛門

右宿馬喰町二丁目

山形屋庄兵衛代

僖　一

御奉行所様

千曲川通船の復活事業が成功すれば、船数八〇艘で国益にかなうはずだと、安次郎らは願書で訴えていた。しかし、幕府の決済は延びにのび、この事業を幕府が最終的に不認可としたのは、九郎左衛門が嘉永五（一八五二）年七月二十五日に江戸で逝去したのち、安政五（一八五八）年八月におこなった実地調査のうえであった（大平喜間多ほか編『松代町史　下巻』一三〇～一三七頁）。

4　横田家の千曲川通船計画に協力した松代藩士たち

千曲川大瀧の掘割は、松代藩士の有志横田甚五左衛門・九郎左衛門父子に、竹内八十五郎・金児忠兵衛などが協力し、通船復活をめざしてつづけた工事であった。横田家には、すでに紹介した以外に、千曲川通船復活に尽力した関係史料がおおくのこった。

横田機応に協力した竹内八十五郎は、錫命《しやくめい》と名乗り、池水が号。更級郡力石村の農民の子に生まれ、松代藩徒士席の竹内家の養子となった。学を好んで、松代藩士藩学の儒者岡野石城に経学を学ぶ。そののち江戸に出て古賀侗庵に入門、郷里に帰って松代藩の句読師・句読方頭取を長年つとめた功績で、安政二（一八五五）年四月に「永給人」となった。天文・易道にくわしく、関流算術にもすぐれ、佐久間象山も竹内に学んだ（明治四年九月死す　享年九十二）。

金児忠兵衛は、松代藩郡奉行金児雪庵（一二〇石　能書で知られた）の子で、父親ゆずりで筆跡にすぐれ、幕府代官江川太郎左衛門に西洋砲術を学び、松代藩砲術指南役をつとめる（一八八八〈明治二十一〉年五月四日死す　享年七十）。

嘉永四（一八五一）年には、三月、六月、九月に竹内八十五郎・金児忠兵衛・横田甚五左衛門が連名で、松代藩士の竹村金吾・磯田音門から百両を借用し、期限内に返金したうえに、くりかえし借りつづけている。借用金の「引当」（抵当物）には「頂戴物」とあるので、真田藩主から賜わった物をあてていたと考えられる。嘉永四年十月に、九郎左衛門は江戸に出ているので、従来のままでは事業の見通しがたたないことを考え、実力を蓄える方向への、とりあえずの転換をはかったあらわれとおもわれる。

横田機応たちの千曲川通船事業に資金面で協力した松代藩士について、明治二年の「松代藩士族卒給禄適宜原石調」をみると、磯田音門は旧高一三五石・現米給一六石六斗七升七合六勺であった。竹村金吾は、字名を子習といい、旧高一一〇石籾五人玄一人・現米給六石六斗八升三合五勺で、馬術にすぐれ、馬奉行から郡奉行・寺社奉行・町奉行をつとめ、松代藩政治の基礎となる収納の台帳を調整する役にもたずさわった。佐久間象山と親しく、象山は竹村子習の政治的才幹を評価していたという。

借用金の「覚」を例示すれば、つぎのようなものである。

覚

一　金百両也

右者、此度大瀧筋難掘割通船路普請入用金差支、御内借金奉願候処、御聞済被成下、紙面之通金子御貸下被成下難有存候。

尤返上者、当四月下旬元利共無滞返上可仕候。右為引当私共頂戴物差出置候間、万一返上差滞候節者、右を以元利御勘定被下度存候。

為後証仍如件。

嘉永四亥年三月

竹内　八十五郎
金児　忠兵衛
横田甚五左衛門

竹村金吾殿
磯田音門殿

5　佐久間象山を通した幕府への千曲川通船実現働きかけと幕府の不認可

嘉永六（一八五三）年には、横田機応・竹内八十太郎が連名で、千曲川通船についての幕府認可の可否を、佐久間象山を通して八月四日の手紙で打診している（『増訂　象山全集』第四巻　信濃毎日新聞社　一九四五年。書簡番号四七二　一七五〜一七七頁。酒井春人氏の教示による）。

この手紙が象山にだされたのは、横田九郎左衛門の逝去後であった。横田家の千曲川通船への取組は、機応によってすすめられていた。なお、この嘉永六年十二月二十四日に、斎藤数馬が横田家に養子としてはいったので、機応の千曲川通船への取組がつづいていたことを、数馬も承知し、支援していたことになる。

嘉永六年八月二十五日付、象山から横田甚五左衛門・竹内八十五郎宛の手紙は、象山が横田・竹内から相談された通船問題を川路聖謨《かわじとしあきら》に打診し、公辺＝幕府の通船計画を聞いたことをしるすとともに、水戸の前藩主徳川斉昭、福山藩主松平慶永に幕府へ一声かけてもらうのも、千曲川通船計画に幕府の認可を得る方法だとしている。

象山は、千曲川通船が、ペリー来航で大きく政治情勢が緊迫し、国力の充実が必要なときでもあり、「一国の小不利、天下の便利に替へ難く」と考えたが、川路に構想を話し、福山藩主にも自分の意見として話したいと書いている（句読点、返り点、ルビなどは上條）。

本月四日之御内書来達、拝見仕候。先以、倍《ますます》佳勝之條、奉レ慰二傾想一候。然ば、洋船来著、此表一方ならざる騒動に及び候趣、追々御伝聞御忼慨《こうがい》被レ成候よし、御尤に奉レ存候。

右に付云々の御内名委細承知仕、既に此程川路殿（注：川路聖謨）へ拝話之節、及二其事一候義に御座候。同所にて承候へば、**公辺にても其思召有レ之、新潟より二国近辺迄引上げ、夫より十四、五里馬牛にて運び、夫より戸《(外)》根川の上へ出し可レ申通路を開かれ候はんとて、此節御勘定所より見分の御役人出居候との事に御座候。**平日は上り船の品は駄賃も格別廉にも付き不レ申候て、下り船には其土地のもの易々《やすやす》と下し候義に付、土地の品高直に成り候等の弊を免かれず。

右故、愚意には兼てより格別ふさはしき事に存じ不レ申候へども、**此時節に至り候ては、一国の小不利、天下の便利に替へ難く、依て此義川路殿へも申陳べ候事に御座候。**即、水府老公（注：水戸藩前藩主徳川斉昭）歟、福山閣老（注：福山藩主松平慶永）より御一声被レ下候様にと申所一計、策の先を開き候義に御座候。川路殿にも川運の義、いかにも可レ然事と被レ申候。福山侯の方にも手短に一道有レ之候間、是へも愚意の分に致し話し置義に御座候。

其内いづれにか相成可レ申と奉レ存候。先左様御承知可レ被レ下候。

偖、小弟義にも色々御配慮を蒙り、難レ有奉二多謝一候。然る所、すでに、

中々にかけぬればこそ照る月の　光みちぬる夜半も有けれ

と存じ候て、毀誉得喪にて心を動かし候事はまぬかれ候まゝ、幸に御放念被レ下度候。

尚、好音の模様も相分り候はゞ申上候様可レ仕候。多忙中、早々如レ此に御座候。

時下、追々秋涼千万御保愛奉レ祈候。以上

八月廿五日

嘉永六年六月三日ペリーが浦賀に来航し、六月九日久里浜に上陸、アメリカ大統領フィルモアの親書を幕府応接掛戸田氏栄に手交する動きのただなか、象山は、六月四日にはアメリカ艦隊の動静視察のため浦賀へ急行、六月六日まで滞在し、同地で門人の吉田松陰・津田真道らと和戦の得失を論議するなど、多忙なさなかであった。だが、十二歳年上の横田機応、象山がかつて教えをうけた竹内八十五郎に、「小弟」と自分を位置づけて協力する返事を書いている。

象山の詠んだ短歌は、『省諐録』に一一六首載せた以外に知られてこなかった（井出孫六『杏花爛漫〈小説　佐久間象山〉』下巻　五八～六〇頁）。象山の詠んだ短歌は、『松代青年会雑誌』（第六二号一九〇二年三月発刊）の「附録」欄に、長歌・反題（反歌）ともに多数掲載されている。この象山の横田・竹内宛の手紙には、短歌一首「中々にかけぬればこそ照る月の　光みちぬる夜半も有けれ」がはさまれていた。横田・竹内の千曲川通船実現への取組を励ましたものである。この象山の短歌を、一九〇〇年八月に下田歌子が松代を訪問したとき、横田亀代から聞いたことはすでに触れた。

安政三（一八五六）年二月には、竹内・横田が私財を投じて、水内郡大瀧村の太左衛門所持の船を三艘購入した。だが、一艘分の費用はまかなえなかったので、松代藩士小出祐之助と柳沢一郎（旧高籾八人・現米給一〇石一斗九合八勺）に引きうけてもらった。そのときの覚書で、横田・竹内両人が、千曲川通船の準備に購入しようとした三艘の費用が不足したので、船一艘分の代金百両を、べつの松代藩士に助力を願ったことがわかる。二艘分の二〇〇両は横田・竹内二人で工面したとおもわれる。

「覚」は、つぎのとおりである。

覚

一　金百両也　　但年中壱割利付

右者、此度水内郡大瀧村太左衛門所持之通船三艘当方江譲請之内、壱艘御引受被下、右代金紙面之通、慥ニ受取忝存安心候。

尤貴殿方、是迄通船取扱之次第御不案内之由ニ付、追而通船方諸運上口銭等、掟聢与取極候迄之間、当辰年より向午年迄三ヶ年之間者、壱割之利間を以、年々十二月上旬限り　無相違急度差出可申候。

其上、弥船方掟相極候上者、兼而約定之通、右船壱艘ニ付、年々金拾五両前後之船弐（荷カ）永くπ相収候様相斗可申候。勿論、右三艘引受之上、向七ヶ年之間少しも左之年賦割合可指出筈候得共、

右者聊之割合ニ有之、前条太左衛門より引受船之上ニおゐて　万一約定ニ齟齬等有之候共、其節者、兼而当方之持船弐艘永く御所持ニ相成候様、急度相斗ひ可申候。

為後日、約定証文仍如件。

安政三丙辰年二月

竹内　八十五郎

横田甚五左衛門

小出祐之助殿

柳沢　一郎殿

こうした千曲川通船に松代領の経済的繁栄策を託した横田家などの人びとの努力は、幕末の幕府政治の衰退のなかで実現不可能となった。

松代藩当時の横田家の人びとを知る故老は、甚五左衛門・九郎左衛門を、ともに「治水家」と認識していた（信濃教育会更級教育部会・埴科教育部会編『更級郡埴科郡人名辞書』一九三九年。五五三頁）。父甚五左衛門に大瀧掘割事業をまかせて、江戸に出て昌平黌で学んだ英の伯父九郎左衛門は、横田家の菩提寺長国寺の実母・継母といっしょの墓で眠っている。墓誌には、「横田甚五左衛門俊忠嫡男九郎左衛門俊成　嘉永五年壬子七月廿五日於江府死　行年二十八　葬於赤坂盛徳寺遺髪納於長国寺之碑下」とある。法名は俊成院忠楽良就居士。

横田家では、この千曲川通船にかかわった殖産興業への取組を、甚五左衛門・九郎左衛門からの宿願としてひきつぐこととなった。英の回想では、「国益を計るは叔父（注：伯父）の無念をはらすためのように一家残らず思って」いたと理解していた。

祖父横田機応、伯父九郎左衛門の願いを受けついだ英の父横田数馬、さらに三男を妊娠中であった母亀代が、英に富岡製糸場入場を奨め、松代地域の近代的製糸業創立への貢献を喜んだのは、伯父の無念をはらすためであったと、英は『富岡入場記』に書いている。

三　富岡製糸場に英が入場した時期の横田家と松代製糸業への着目

1　明治初期における横田家の家族構成

維新変革で、版籍奉還・廃藩置県による松代藩政のおわり、松代県の長野県への合併による幕藩政治から維新政府・長野県政への転換期にあって、松代藩士横田家は家存続の危機に直面した。それをどのように克服する過程で、英が富岡製糸場へ入場するにいたったのかをあきらかにするには、横田家の人びとのあらたな松代近代化への取組の展開とその挫折・修正があったプロセスをみておくことがかかせない。

松代藩は、明治二（一八六九）年に藩政改革をおこない、藩士の給禄高を節減した。そのさい、横田機応は旧高一五〇石を現米一七石一斗五升一勺とされた。横田家は、士族七二一人中八十八位の給禄高であった（「真田幸民時代士卒給禄高」『松代町史　下巻』一九二九年）。

幕末（年不祥）の『松代藩御家中記』（旧埴科郡戸倉町役場所蔵）によれば、松代「代官町小路南側」の最初に横田機応（一五〇石）の家があった。

松代「松山町南側西より北江《へ》」二軒目に斎藤亀作（六五石）の家あり、この斎藤家が数馬の実家であった。

なお、和田盛治の生家は、「清須町北側東ヨリ西江」の最初にあり、和田隼之助（一〇〇石）の氏名となっている。

明治五年一月に松代地域の壬申戸籍のつくられた時期の横田家の家族構成をみると、英は、祖父機応・継祖母むろ、数馬・亀代の両親、秀雄・謙次郎の弟二人、つや・ことの妹二人の家族にかこまれていた。戸籍には、つぎのようにしるされている。

士族　実父故松代藩士族小松軍左衛門亡次男
　　養父助右衛門亡
　　　　　　　　　　横　田　機　応
　　　　　　　　　　　壬申年七十二
明治五年壬申六月二十日願之通隠居
（後筆）

同七年甲戌二月九日死終
故松代藩士族金井新六郎亡次女
明治五年壬申九月十八日死去除籍
明治四辛未年八月十九日被任元松代県権大属
明治五壬申年六月二十日家督
実父故松代藩士族斎藤雲平亡次男

妻
むろ
年六十七

長男
横田数馬
年四十一

長男数馬妻
三女
きよ
年三十七

同人長男
孫
横田秀雄
年十一

同人二男
孫

氏神　当国当郡松代諏訪宮祝神社
寺　同国同郡田町禅宗長国寺

横田謙次郎
年九
同人二女
孫　ゐい
年十六
同人四女
孫　つや
年六
同人五女
孫　ことき
年三
横田機応　印

英の姉寿《ひさ》（安政二〈一八五五〉年三月九日生まれ）は、松代清須町四番屋敷居住の松代藩士真田稔（二十六歳。父は真田収〈松代藩士出浦右近二男〉、母は横田機応の長女ゆふ）と、明治四（一八七一）年三月二十八日に、十六歳で結婚していた。

英が富岡製糸場で製糸技術を学んでいたさなかの明治五（一八七二）年には、六月二十日に祖父機応（甚五左衛門）が隠居して父数馬が家督を相続する。この年、継祖母むろ（松代藩士金井新六郎二女）が九月十八日、享年六十七で死去する。

英は、祖父機応が家督を数馬にゆずり、継祖母むろが死去した翌一八七三（明治六）年四月一日に、富岡製糸場に富岡式蒸気器械製糸技術を学ぶために入場することとなった。

2　横田機応・数馬の松代藩・松代県・長野県への転換期における諸活動

維新変革における松代藩は、幕府政治のおわり、廃藩置県にともなう府県制による政治への展開という、いわば上からの行政組織の変革への対応だけでなく、民衆の世直しの動きによっても、大きな試練にさらされた。

①松代騒動（午札騒動《うまさつ》）と横田機応・数馬

明治二（一八六九）年の藩政改革による松代藩職制は、藩統治の中枢となる「政治所」に一等

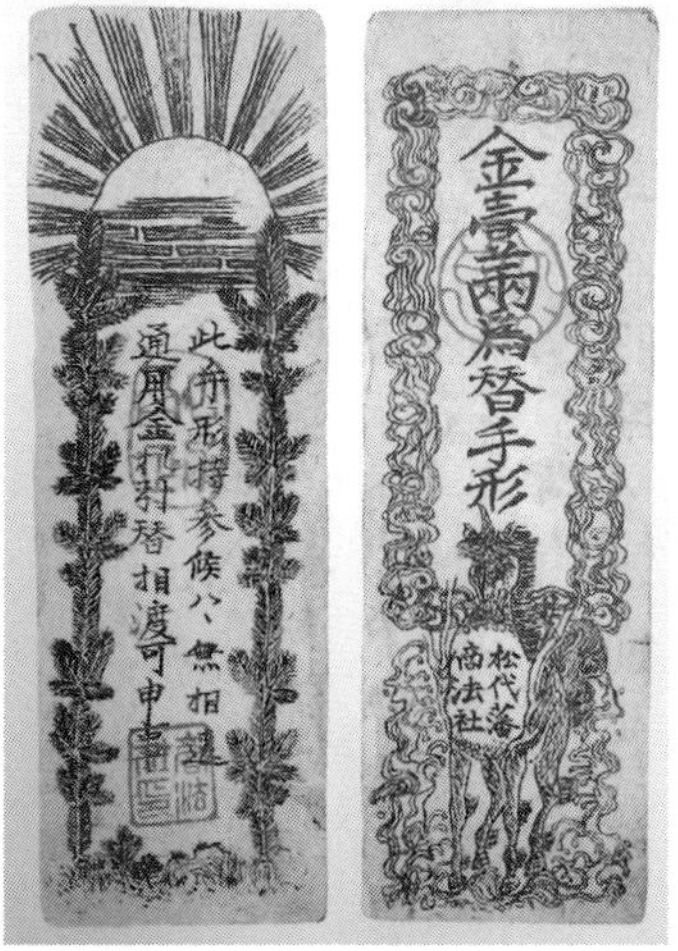

午札

の知事から十三等の筆生までをおいた。その七等が理事五人で、横田甚五左衛門はそのひとりに任命された。職務は「弁理庶事・審署文案・勾稽失・知宿直」であった。つぐ八等が「議事」五人で、そのひとりに横田数馬が任命された。職務は「講究典故・商議事務・視時勢・察輿論」であった（更級郡教育会史料調査部『編輯国史料稿』一九三四年）。

明治三年十一月二十五日、松代藩の財政立て直しのために松代藩が発行した済急手形、松代商法社が発行した為替手形が、ともに維新政府の方針で廃止とされる。政府は、発行していた官札と民衆のもつ弐分金（贋弐分金がおおくふくまれていた）との取引割合を二割五分以上三割余の割引をもって取引するように指令した。この政府がだした方法に民衆が反発し、更級郡上山田村などで「松代騒動」「午札騒動《うまさつそうどう》」とよばれた世直し一揆がはじまった（「松代騒動一件」信濃史料刊行会編『新編信濃史料叢書　第十九巻』一九七七年。上條宏之「長野県松代藩管内農民一揆」宮地正人ほか編『明治時代史大辞典2』吉川弘文館　二〇一二年。九四九頁は、西方寺が西光寺とあるほか、修正が必要である）。

信濃国内には、戊辰戦争の最前線となったことからも贋二分金が広く流布した（上條宏之「伊那県商社をめぐる伊那県と豪農　維新変革と自由民権運動」『長野県短期大学紀要　第二六号』一九七二年一月）。

松代藩は、藩内流布の贋二分金を取り除くため、明治二年八月済急手形を発行し、これと贋二分金を交換して回収しようとした。しかし、政府が同年十二月藩札類＝済急手形の発行を禁止した。そこで、藩は御用商人大谷幸蔵（一八二五～一八八二　更級郡羽尾村に生まれ、安政の開港でフランス・イタリアに蚕種輸出をおこない、松代騒動には政商として居宅の焼き打ちにあう）らに松代商法社をつくらせて、済急手形を回収するために、午札とよばれた商法社手形を発行させた。商法社は、領内で産出する蚕種・生糸を横浜の外国商に売り込み利益をめざしたが、貿易価格の暴落にあい商法社手形の価値が、済急手形とともに太政官札を下まわった。大谷ら豪農商が、その商法社手形を大量につかって領内の蚕種・生糸などを購入していたため、領内民衆の手元に手形二八万両あまりが広がっていた。

政府が両手形の回収を厳命したので、こまった藩は、明治三年分の年貢の石代納を両手形＝藩札上納で回収しようとし、明治三年十一月十三日（西暦一八七一年一月三日）、石代納公定相場を藩札一〇両＝籾三俵半、藩札と太政官札の等価交換を打ち出した。だが、政府の意向から、藩権大参事の高野広馬・真田桜山らが、大熊教正権大参事・岩崎元紀権大参事・民政担当者の反対を押し切り、十一月二十二日に石代相場に太政官札一〇両＝籾四俵半、藩札は太政官札の二割五分引きへと、政府寄りに方針転換を断行した。

松代藩の石代相場変更にたいし、明治三年十一月二十五日、更級郡上山田村（いまは千曲市）の甚右衛門（一揆頭取）らが、藩札と太政官札の等価交換を要求し、養蚕地帯で藩の産物会所のある上郷《かみごう》の村むらや上田管下のものなどで、三〇〇〇人ほどを同日午後十一時ころまでに千曲川河原に結集させた。松代藩は、真田幸民《ゆきもと》知藩事はじめ藩政首脳部が松代文武学校に詰めて、一揆に対応しようとした。

一揆勢は千曲川をはさんで、川西と川東の二手にわかれて動いた。川西の一隊は羽尾村（千曲市）千石組の大谷幸蔵宅を焼き払い、八幡・稲荷山・東福寺（いまは長野市）から岩野村（同）に出た。川東の一隊は坂木・鼠宿・新地（いまは埴科郡坂城町）、上徳間（千曲市）から屋代・土口（同）へと進んだ。二隊は一万人の民衆を参加させて岩野村で合流し、二十六日には松代城下に突入し、昼には伊勢町、夜には東木町通りで、のちに西條村製糸業にたずさわる大里忠一郎（居宅・門口）・増沢理介（居宅・物置・土蔵）などと肴町・御厩町あたりに放火した。二十六日、松代市中の放火がすすむと、知事も出馬し諸官員とともに懇諭に乗り出し、大英寺に一揆勢をまとめ、二割五分引を元にもどし、籾相場を一〇両＝七俵として、十二月五日より引き換えることを告げた。すなわち、木町の産物会所、権大参事高野広馬邸（居宅・門口・土蔵・長屋）などを焼いた一揆勢が藩庁に迫ったので、松代藩知藩事真田幸民名で、一〇両＝籾七俵、藩札の額面どおりの通用と太政官札との等価交換を約束した。

ここに、一揆勢は二十六日夕刻までに、それぞれ帰村した。しかし、松代町周辺、川中島平の民衆たちは、城下に乱入し、真田桜山など藩札関係藩士宅二十余軒、商法社役員など特権御用商人・米穀商など三九軒を焼き打ちし、類焼家屋一三九軒にのぼった。水内郡善光寺町（いまの長野市の中心）

でも贋金つかいの商人など七七軒を焼き打ちしたが、松代藩は、藩兵を二十七日に出動して、この一揆を鎮めた。この松代騒動は、松代領内の民衆九万人が参加した世直し一揆として知られた。

松代藩は、十一月二十六日に真田桜山大参事・高野広馬権大参事が一揆の責任を感じたと謹慎を申立てていたので、二十七日に大参事に河原均、権大参事心得に鈴木庸・赤澤蘭渓（鎌原桐山二男　六十二歳）を任命し、高野権大参事が謹慎中のところ脱走したので捕り押えを申し渡した。

「議事」職の横田数馬は、十一月二十六日に藩庁へよびよせられ、東京へ早追いで行くこととなった。横田は未の刻に一揆の起こったこと、懇切に説諭して一揆鎮静の道をつくしたが騒擾がつづいていることを、弁官に届けるとともに、弁官に届けたことを民部省・大蔵省・刑部省・弾正台に届けるために出立した。数馬の持参した届は、つぎのような二月二十二日の触達が騒動の原因となったとつたえた文面であった。

今般
朝廷御趣意有之、昨秋中贋悪弐分金引替済急手形竝商社為替手形共、断然廃止至急取収可申筈ニ候、然処、是迄管下通用官札与之間、私ニ分合を立二割五分以上三割余之割引を以致取引候趣相聞、情勢不得止与者乍申如何之事ニ候、依之自今取収済迄之間、弐割五分引申渡候条其旨相心得聊無差支取引可致候、万一此上猶私ニ分割相立致取引候者於有之者、糺之上急度申付方可有之候事

但従前藩札ニ而致借貸候分返済方之義者別段之事
庚午十一月廿二日　　松代藩庁

一揆のすすむなか、十一月二十八日、知事は士族一統を藩庁に召し出し、「自分が若年で未熟であるため、このたびの大難事となり、深く心痛している。対応策を腹蔵なく承りたい」とのべると、理事（このひとりに横田機応がいた）から、⑴真田大参事・高野権大参事から謹慎を申し出ているので「朝裁」をうかがうこと、⑵高野権大参事が謹慎中行方不明になっているので厳重に追捕して⑴を達すること、⑶騒動で火災にかかったものなどを「撫育」し「御手近之市中御救筋」のことが「焦眉之事件」であると発言があり、それらのことがきまった。

さらに、大参事心得一人、権大参事心得一人を選挙でえらぶこととし、まず大参事の選挙をした。候補には、河原均（二七六枚）・望月致堂（一三五枚）をはじめ一枚ずつ得票のあった五人まで、一七人の氏名があがった。投票数は合計五六四枚となることから、大参事の選挙には五六四人が投票し、河原均が四八・九パーセントの支持をあつめ、大参事となった。

権大参事には、五五七人が山寺常山（一五五枚）・河原均（一一二枚）など二六人に投票した。白票が一六枚あったと記録されているので、士族一統は五七三人いたことになり、権大参事には山寺常山がえらばれた。

軍服姿の河原均

大参事に圧倒的な得票でえらばれた河原均（一八八八〈明治二十一〉年一月六日歿　享年六十七）は、松代からの富岡伝習工女で最年少であった河原つるの父であった。松代藩の重臣河原綱徳（通称舎人、号君山。禄五〇〇石、天保九年に藩主真田幸貫の命で百余巻の『真田家御事蹟稿』を編纂。弘化四年の善光寺大地震のさいには家老職で救恤に尽力。慶應四〈一八六八〉年二月二日逝去、享年七十七）の長男で、名は綱明、左京と称して、晩年には均とあらためた。元治元（一八六四）年家老職につき、戊辰の飯山戦争に藩総括隊長として出兵、功績があったと明治元年十一月十一日に維新政府から「御太刀料金百両」を京都に出て下賜された（『松代町史　下巻』六〇五、六頁、六二〇〜六〇二頁）。

権大参事にえらばれた山寺常山（諱は久道、のち信龍。字は子彰。号常山。文化五〈一八〇八〉年生〜一八七八〈明治十一〉年七月三日歿　享年七十一）は、鎌原桐山・佐久間象山とともに松代藩の三山として知られた。江戸に出て兵学を平山兵原、経義を古賀侗庵に学んだ。松代騒動のさい、藩知事真田幸民が常山を政務に参画させたので、常山は民心を鎮めるのに尽力した（同前『松代町史　下巻』六一五〜六一七頁）。

藩政のトップが、河原・山寺中心に代わったが、十二月にはいっても、上郷の六か村（いまの千曲市）

から、二分金の引き換え、国・郡役の廃止、全年貢の金納化など、政府直轄県とおなじ対応の要求が出された。また、小作・貧農層は一〇両＝籾八俵半とするようもとめる小作騒動を起こした。

藩政は、政府の対応を背景にこれらを鎮圧した。十二月二日には、巡村説諭に五〇人の藩士が派遣された。騒動の後始末に、十二月十日には弾正台から権大巡察・少巡察が、翌日には弾正巡察が松代藩庁につき、騒動による焼失人、焼失・大破の建物数などをあきらかにした。十二月十四日には、藩は「騒擾事件概略草稿」を作成し、弾正台権大巡察に提出した。横田数馬は、十二月七日夜東京を出立、十一日朝八時に松代に帰っていたが、弾正台少巡察が、松代騒動の実態があきらかになって東京に帰ることになったため、十二月十五日に、数馬はまた東京に出立している。

「松代騒動」の首謀者六二〇人あまりが逮捕され、四〇〇人ほどが投獄された。政府は、明治四年一月に石代納の相場を民部省の名で一〇両＝籾四俵半にもどし、甚右衛門を斬罪、准流（徒刑）一二人、杖七〇以下呵責・御叱り三百数十人とした。だが、藩札と太政官札の等価交換はみとめ、真田桜山大参事・高野広馬権大参事を閉門し、真田幸民知藩事、大熊教正（董《ただす》　三十三歳）・山崎元紀（懋《つとむ》　真田桜山二男　二十八歳）両権大参事ら藩政首脳部を謹慎処分とした。

松代騒動につづき、明治三年十二月、中野県に中野県庁を焼き打ちする騒動が起こったため、松代藩への松代騒動にかかわる政府の処置は遅れたが、明治四年正月五日、民部省からつぎの達があった。

松代藩

従前之仕法建を以、至当之坪相場籾四表《（ママ）》半与触出有之候処、先般農民共依暴挙一時任二其望一、七表与相緩メ候段、租税之儀者仮令知事・参事ト雖、伺之上ニ無レ之候而者難レ決事ニ付、速ニ最前之四表半ニ触戻上納可レ為レ致事

但、藩手形取扱之儀者引替中、太政官金札同様之事

辛未正月

民部省

明治三年の藩札引き換えにあたり、真田桜山・高野広馬が藩財政の維持を優先したことが松代騒動の原因となったとみて、二人は大参事・権大参事を免ぜられる。その謹慎中の高野広馬が「脱走」する事件もおき、松代藩の動揺は大きかった。

「松代騒動」が、藩の存立にもかかわる事件であったため、河原均たちは明治三年十一月二十七日に会議をもち、議事横田数馬を「松代騒動」が「御藩用」にかかわることをしるした「御届書」を、東京の弁官、民部省・大蔵省・刑部省・弾正台へとどけさせることとし、早追いで未《ひつじ》の刻（午後二時）に出立させており、横田数馬は、松代騒動のさなか、藩政の中枢にいたことになる（「松代騒動一件」『新編信濃史料叢書　第十九巻』信濃史料刊行会　一九七七年。三〇四、三〇五頁）。

②横田機応の長野県庁を松代へ誘致しようとした運動

明治四（一八七一）年七月の廃藩置県をへて、同年十一月に飯山・須坂・松代・上田・小諸・岩村田・椎谷の各県をあわせて信濃国東部・北部を管轄する長野県が成立した。水内・高井・更級・埴科・小県・佐久六郡を管轄し、四五万五四五七石余の石高をもつ長野県が成立したのであった。信濃国中部・南部の四郡と飛騨高山を管轄した筑摩県と両立した、信濃国域を二分した長野県であった。信濃国としての統計を政府がまとめる場合には、筑摩県から筑摩・安曇・諏訪・伊那四郡の分は長野県をとおして一〇郡の集計値を、長野県が政府に報告した。

長野県の県庁舎は、中野県から善光寺町にうつったときは、西方寺（長野村西町、浄土宗　知恩院末寺、面積四反八畝二十一歩）をあてていた。寺の伽藍に修繕をくわえ、白州訴所・村民腰掛所・仮牢・仮板塀を明治五年十二月までにもうけた。徒場・獄屋は、その敷地においたが、明治五年三月に腰村の一反五畝歩・三輪村八畝歩余の計二反三畝歩を九二両で買い、徒場・獄屋を新築し、ついで同年中に獄屋添え地に三輪村の畑一畝三歩を買い足し（地代金は四円四三銭九厘。県は常備金からの繰り替えを明治五年十月二十日にみとめられた）、獄屋構内に絞罪器械と斬首場をつくった。県庁から一八丁離れた犀川河原にあった重刑者処刑場は、ここにうつされた。

西方寺におかれた長野県庁仮庁舎は不便のうえ、官員が農家・商家を仮住まいにしていたので、県庁舎新築の目論見がたてられ、明治五年十一月十九日に大蔵省の許可をえていた。

新しい県庁舎をどこにつくるかが課題であるとみて、明治五年五月、松代藩士族六十余人が長野県庁を松代に設置されたいと請願書を提出した（前掲『松代町史』五三三、五三四頁）。その主旨は、西方寺の仮庁舎は「御体裁」に問題があり、あらたな場所に県庁舎をつくれば、「田土の障害、民屋変置、棟梁、基礎他百物の準備より落成に至るまでの費、幾数万の大金に及び、又民力の駆役夥多ならざるを得可らず」と指摘した。窮乏者が飢寒に苦しむと憂い歎くことになるので、松代に嘉永年間に建造した旧松代藩庁舎や学校の別館に県庁舎を移転してほしいとする内容であった。そのモデルには、「往年旧幕府城に　御遷宮の先規」があるとし、松代への移庁は「愛財養力の　御仁政」となるとするものであった。

一八七三（明治六）年六月には、長野県貫属松代住士族横田俊忠（機応）など一〇一人が、県庁舎の新築をやめ、松代へうつすように、ふたたび「上書」を提出した（横田家文書）。つぎのようなもので、五月の請願書より踏み込んだ内容となっていた。

御維新兆民洽《あまね》ク　御徳澤ニ浴シ、鼓腹ノ楽ヲ祈望スルノ処、未《いま》ダ其化ヲ被《こう》ムルニ至ラズ。反《かえつ》テ凍餒《とうたい》ノ憂《うれい》有ルガ若《ごと》キハ乍レ恐天下綏服《すいふく》ノ大政教ニ於テ得失如何御坐候ハンヤ。経営ノ大費全ク大蔵ノ羸余《るいよ》ニ出ル若キモ、民猶《なお》之ヲ憂ン。況《いわん》ヤ然ラザルヲヤ。必怨讟《えんぎよう》ノ情発セザル事無キ能《あた》ハズト不レ堪二杞憂一候。

仰望《あおぎのぞむ》ラクハ、愛財仁民ノ　御美政ヲ布セラレ、暫ク其時ヲ待セラレン事ヲ。若夫《もしそれ》、然ルヲ得ベカラズトナラバ、謹テ献二鄙見《ひけん》一。

茲《ここ》ニ松代旧庁及ビ学校等、依然トシテ存在セリ。徒《いたずら》ニ壊頽ニ属セン事、無益ノ至ニ候。伏テ冀《ねがわ》クハ、往年旧幕府城ニ　御遷宮ノ先規ニ准ジ、暫ク長野県庁ヲ松代旧庁ニ御移転有ン事ヲ。直ニ御庁ニ耐ヘ、民心帰向・財貨殖生ノ大益、之ニ次シ、更ニ其弊ナク、御躰裁ニ於テモ少得ノ容《すがた》ナキニシモ非ズト奉レ存候。

方今歳二月ニ、煩化ノ旧弊除去シ、簡易ノ御制度ニ回復セルヨリハ、乍レ恐利害得失密ニ御明覈《めいかく》有テ、万一モ　御廃政無ラン事ヲ、欽《つつしみ》テ奉二千祈萬祷一候。

天日之照臨　朝議宜キニ従テ裁シ玉ハヾ何ノ幸カ、之ノ如シ。

言狂ニシテ計亦拙、俯シテ竢《まつ》二鉄鉞《てつえつを》一。

明治五年壬申夏六月

長野県貫属　松代住士族

横　田　俊　正　印

（後略）

「上書」の内容は、維新によって、おおくの民衆（兆民）は、維新政治のめぐみ（御徳澤）をうけて天下の太平（鼓腹）を楽しむことを祈り望んでいるが、まだ政治の「御徳澤」をうけるにいたっていない、かえって飢えたりこごえたり（凍餒）する憂いがある、と率直に問題提起するところからはじまる。以下の文面は、つぎのような内容である。

維新を迎え、民衆が憂うのは、恐れながら天下が安心して服すること（綏服）のできる政治や教えに得失があるからではないか。政治で使っている大きな財政のあまりが（民衆のために）出されているように見えるのも、民衆が憂えている要因になっている。そうでなければなおさらである。政治を怨《うら》み痛んでいる民衆が声を発すること（松代騒動のような民衆の一揆）がかならず起こるのではないか、と心配しないでいいこと（杞憂）まで心配している。

政治に民衆が心を寄せて慕い望む（仰望）ことは、財産を惜しみ（愛財）民衆をいつくしむ（仁民）善い政治（美政）がおこなわれることである。（県庁舎新築には）しばらくその効果をまたれたらどうか。もし、待つことができないとすれば、つつしんでいやしい意見（鄙見）をたてまつる。

ここ（わたしたちのところ）には、松代旧藩庁や文武学校などがしっかり存在している。これらを壊すことはまったく益のないことである。身を伏せてお願いすることは、かつて旧幕府の城に天皇がはいられた（御遷宮）先例にならって、しばらく長野県庁を松代旧庁舎にお移しになることである。すぐに県庁舎に使えるし、民心も支持し県の財貨もふえる大きな益があり、さらには弊害がないだけでなく、県の体裁にもすこしは得るものがあるのではないかと考える。

ただいまは年々月々、わずらわしい旧い弊害を除去し、簡易の制度を回復するより利害得失がたしかなこと（明覈）があるだろうか。万にひとつも県政が廃止になることのないよう、全力で祈っている。

この上書を、天皇が臨まれる朝廷の会議でただしていただければ、これ以上の幸せがあろうか。この上書は、言葉が狂であり考えもつたないので、きびしい（鉄のまさかりで切るような）裁可をまつ。

松代からのこの要望は、長野県・政府に聞き入れられなかった。

長野県は、横田機応らが「上書」をだした一八七三（明治六）年六月、県庁舎建設予定地を水内郡長野村・腰村にわたる畑七反七畝二三歩にきめ、九月七日に租税寮にうかがって許可をえて、地券代価二九五円二九銭五厘で購入した（この費用は一八七四年二月五日に政府より下渡しされた）。

松代士族たちの松代への移庁運動は、時期的に遅かったとともに、政府は県庁所在地に、とりわけ旧外様大名の旧藩庁所在地をできるだけ避けた。

長野県庁舎の建築工事は、一八七四年二月にはじめられ、同年十月二十日に落成した。その費用負担は民費（長野県費）三分の二、官費三分の一の割合で、一八七三（明治六）年八月十日、大蔵省から官費五〇〇円一三銭七厘が支払われた（宿料七〇円は常備金から繰り替え）。政府は、信濃国域の県政のための中心となる庁舎の建設にあたり、財政的制約から、建築費九〇八六円七九銭五厘のうち官費支払い分は三〇二八円五三銭五厘（全費用の三分の一）にとどまったのである。この八割の前渡しを、長野県は政府に願いでて、十二月二十四日に認可ののち、翌二十五日に受けとった（長野県庁文書『進達簿』）。

松代住士族たちの指摘どおり、政府も県もきわめて財政難であった。

長野県は、県政執行機関のほかに、新県庁舎（いまの信州大学教育学部の敷地あたり）による県政を、西方寺に仮庁舎をおいてからほぼ三年後の一八七四年十月三十日からはじめた。この県庁舎はせまく、壬申地券の取調べがはじまり、関係する帳簿類を格納する建物が必要になると、内務卿の認可を七四年十月五日にうけて工事した土蔵をつけくわえている。また、善光寺周辺から県庁舎にはいる道路は、県庁門前から東にあたる長野村西町へ見とおし、天神宮村へ折れ曲がる新道を民費（県費）でひらく計画を七四年九月にたて、同年十一月十四日に内務卿伊藤博文の認可をへて、古屋敷・畑一反八畝一歩の土地に、幅平均三間五尺七寸（約七メートル一八センチ）、長さ一三七間一尺（約二五〇メートル）の道路をひらいた。この通りが若松町である。

『長野県町村誌』のひとつとして「長野町誌」が書かれた一八七八（明治十一）年ころ、長野県庁舎は、地名を長野町字御殿とした敷地反別一町一反七畝一六歩（長野町分五反七畝、腰村分六反一六歩）に建っていた。一八七八年に作成された「腰村誌」には、同村辰巳にあたる袖長野の上畑六反一六歩（うち二反二畝一二歩は旧善提院の廃寺跡）が一八七三年に県庁敷地になり、七五年には袖長野の上畑七畝二七歩が県庁の火除け地になった、とある。また、同村盲塚耕地東の上畑五反八畝一三歩と同耕地の旧三昧場一畝二四歩の計六反七畝が、明治五年八月に懲役場敷地になった（『長野県町村誌　北信篇』）。長野村・腰村が、あらたな新長野県庁の所在地となったのであった。

信濃国でもっとも石高のおおかった松代藩の旧藩庁に、政府・県の財政難をみて、長野県庁を誘致しようとした松代住士族を代表した横田機応らの運動は成功しなかった。松代町の中心は、長野県庁から南南東三里七町八間五尺（約一二キロメートル）と、善光寺平の東端にかたよった地となった。

一八七三年十月九日、旧松代城主の居館、旧松代藩庁舎は焼亡した（一八八三年十二月「松代町誌」）。

③松代県から長野県への県政移行と横田数馬

明治四年七月の廃藩置県により松代藩は松代県となった。同年十一月には松代県は廃止となり、その管轄地は長野県統治のもとに合併し、明治五年二月二十八日、松代県は事務を長野県に引きついで閉庁した。横田数馬は、松代県で最後の権大属をつとめていた。「旧藩県官員録」（内閣文庫蔵『長野県史』）では、松代県権大属の職事係に横田俊正の氏名で、近藤章康と数馬が並んでいた。

壬申戸籍には、横田家の家族の生年月日は書かれていない。『明治七年十一月　長野県管轄第拾三大区戸籍之十　四小区之内松代　有楽町　竹山町　代官町』（旧松代町役場蔵）で生年月がわかった。英（安政三〈一八五六〉年八月生まれ、のち修正〈後述〉）は、天保三（一八三二）年十二月生まれの父数馬二十五歳、母亀代が天保九（一八三八）年九月生まれとあるので、十九歳のときの子となる。しかし、この戸籍の記載は誤りで、亀代は天保七年九月五日の生まれがただしい（秋野太郎「横田亀代子傳」および信濃教育会更級部会・埴科部会編『更級郡・埴科郡人名辞書』）。英は、亀代二十一歳のときの子であったことになる。

代官町四番屋敷居住

士族

実父故松代藩士族斎藤雲平亡次男

養父機応亡

当県十二等出仕拝命

横田数馬

天保三年十二月出生　四十二年

養父機応亡三女

妻

きよ

天保九年九月出生　三十六年三ヶ月

長男

横田秀雄

文久二年八月出生　十二年四ヶ月

次男

横田謙次郎

（後筆）

明治十年五月廿九日転済

当県士族小松政昭へ養子トナリ除籍

文久三年十一月十一日出生

十一年一ヶ月

三男

横田俊夫

明治六年十一月廿一日出生

一年一ヶ月

二女

ゐい

安政三年八月出生

十七年四月

（後筆）

明治十三年九月十五日

同町九十九番士族和田盛治へ嫁ス除キ

（以下略）

『富岡入場記』には、英が富岡製糸場にはいるころ、父数馬は「松代の区長を致して居り」と書いてある。この区長は戸籍区副戸長のことで、明治五年四月、松代町ほか一二か村、三九九五戸・一万六三三八人を管轄した戸籍区第二十九区で、戸長長谷川昭道のもと、数馬は副戸長六人のひとりとなった。長野県十二等出仕に任じられたと戸籍にあるのは、つぎにみる履歴で、甲戌《きのえいぬ》の一八七四年五月二日に長野県庶務課に属したときのことで、数馬は長野県後町の県宿舎に住むことになった。長野県の戸籍区が大区小区制に編制替えとなると、英の父数馬は長野県第十三大区（松代町ほか一二か村所属）の区長に一八七四年八月九日に任命されたが、これは英たちが富岡製糸場から帰ってからであった。

数馬は、一八七五（明治八）年には第十三大区区長を矢野唯見と二人でつとめることとなり、数馬は長野詰となった。一八七六年九月に筑摩県を合併したのち、長野県が北第十三大区としてからも、横田・矢野二人の区長がつづいたが、実際の勤務はべつとなった。

数馬は、甲戌《きのえいぬ》の年にあたった一八七四（明治七）年の五月二日に就いた長野県十二等出仕から同年八月九日に配置がうつった第十三大区区長を当分つづけることとなり、一八七八年まで区長を兼任した。しかし、実際は七四年六月から学校兼務、七五年九月から「当分出張」のあつかいとなり、七六年一月には長野県警察警部となった（「横田数馬履歴書」参照）。

英が結婚した一八八〇（明治十三）年には、前年の郡区町村編制法の施行で、一八七九（明治十二）年一月四日に任命された埴科郡長に就任していた。

横田数馬（天保三〈一八三二〉年十二月二日生まれ）の長野県吏の経歴については、つぎのような「甲戌《きのえいぬ》」（一八七四〈明治七〉年五月二日　満四十一歳）以降の自筆履歴書がある（『明治十三年迄　転免病死之者履歴簿』旧長野県庁文書。干支に明治七、八、九、十をおぎなったのは上條）。

横田数馬履歴書

甲戌（明治七）年五月二日
補長野県十二等出仕　上等月給下賜候事　庶務課中付候事

同年八月九日長野県達
当官ヲ以テ当分十三大区々長申付候事
同年六月三十日同断
学校兼務申付候事
乙亥（明治八）年九月廿三日同断
第十三大区内事務示教トシテ当分出張申付候事
丙子（明治九）年一月廿三日長野県達
任四等警部
丁丑（明治十）年一月廿二日
今般太政官第六号達ニ依リ判任官幷等外吏一同本官出仕ヲ免シ候事
丁丑年一月廿三日
任長野県八等属　但分課職務如故
任長野県八等警部
同年二月廿六日長野県達
上田警察署詰申付候事
同年六月廿七日
任七等警部

同年九月廿八日
　監獄掛兼務申付候事
十一年十二月二十三日
　郡区改正ニ付御用都合有之候間辞表可差出候事
同年同月同日
　依願免本官　満四年奉職ニ付金五拾円下賜候事
同年同月同日
　当県御用掛申付候事　判任十四等月給下賜
十二年一月四日
　任埴科郡々長　月俸金三拾円支給候事

この履歴書には、長野県戸籍区副戸長、戸籍区区長を歴任した時期は、書かれていない。丙子《ひのえね》の年であった一八七六（明治九）年一月からは長野県の警察行政にかかわり、一八七八年十一月改正の『長野県職員分課表』では、第四課の七等警部二人のひとりに横田数馬がいた。一八七九（明治十二）年に郡区町村編制法の施行により長野県に行政組織として郡がおかれると、松代町の属した埴科郡の郡長に就き、この就任二年目に数馬は死去した。享年四十七であった。

横田家は、恒常的な収入源をうしなった。子どもたちの教育費もあって、亀代はやりくりに苦しい家計を強いられる。

④筑摩県庁舎の火災につき、横田数馬が放火犯容疑者の捜査を長野県がわから担当

横田数馬が、長野県四等警部に就任していた一八七六（明治九）年六月十九日午前三時三十分過ぎに筑摩県庁の勧解裁判所と控所とのあいだあたりから出火、金庫と表門をのこすのみで、筑摩県庁舎の火災は午前六時に鎮火した。書類は七、八分出せたが、濠の水に浸され大かたいたみ、地租改正関係書類はすべて焼失した（上條宏之「長野県の成立と移庁の動き」古島敏雄監修『長野県政史第一巻』長野県　一九七一年。七〇～七一頁）。

信濃国を二分して支配していた長野県・筑摩県は、一八七六年八月二十一日の太政官布告第一一二号で、筑摩県管下の飛騨を岐阜県に分けて、長野県一県に統合された。この筑摩県廃止、長野県への統合が取りざたされていた時期の筑摩県庁舎の火災は、長野県への統合とむすびつける見方を生み、統合が火災の要因ともみられた。事実、旧長野県がわからの筑摩県庁舎放火説が浮かび上がり、容疑者が検挙されたのであった。

筑摩県は、県庁舎が焼失すると、開智学校と開産社の建物（旧松本藩預所の建物）を仮庁舎として県政事務をおこなうかたわら、県庁舎失火の原因を追及した。太政官宛に、六月十九日に「県庁焼失之儀ニ付御届」をおこない、六月二十二日には「県庁焼失ニ付裁判事務等取扱之儀上申」をおこなった。六月十九日の「御届」につぐ六月二十二日の筑摩県参事高木惟矩の上申は、火元

を吟味したが、出火の前日の十八日は休庁で、管内村吏や人民がおとずれたが、怪しい節はなかったと報告した。『信飛新聞』（明治九年六月二十四日）は、十八日に控所の屋根替えをした北深志町の職人四人をとくに取りしらべたが、「四人の者何れも烟草を喫せず、性来嫌ひ」で、四人ともに「該宅を改められしが全く烟草を喫せざりし」ため無罪となった、と報じた。

しかし、七月六日にまた不審火があり、それを調べたところ、上田藩士族が府県統合の動きに眼をつけ、筑摩県庁舎が焼失すれば上田町に庁舎をおく県ができると考え、もと筑摩県庁の「小使い」であった赤堀重一（筑摩郡深志村平民、新聞紙上の氏名。本名は梅吉）をつかって放火した疑いがでてきた。高木筑摩県参事は、七月八日に「県庁放火ノ罪犯捕縛ニ付上申」と「長野県下上田町士族小林政精及ビ当県下筑摩郡深志村平民赤穂梅吉捕縛ニ付上申」を同時におこない、放火容疑者を具体的にあきらかにした。しかし、つぎにみる、この問題に長野県がわから捜査にかかわった横田数馬の日記によれば、八月四日には、「小林政精々之義一件喰違ノ廉取調方依頼云々」とあり、筑摩県の加沼良恭警部が上田に八月三十一日から出張して、小林政精以外の三人の言動と符合しなかった問題を取り調べた結果、喰い違いの理由がわかり、八月四日の「内談」となった。

筑摩県が廃止され、統合長野県に合併するまえ、長野県から横田数馬四等警部が松本に出張し、筑摩県庁舎放火犯被告の「懸ケ合出張」（合同捜査）にあたったことが、横田数馬の一八七六（明治九）年の七月二十九日から八月四日までの日記でわかるのである。筑摩県庁舎焼失で、仮庁舎は開智学校と開産社にあったので、横田は仮庁舎で筑摩県正権参事に面謁したのち、松本に滞在し、筑

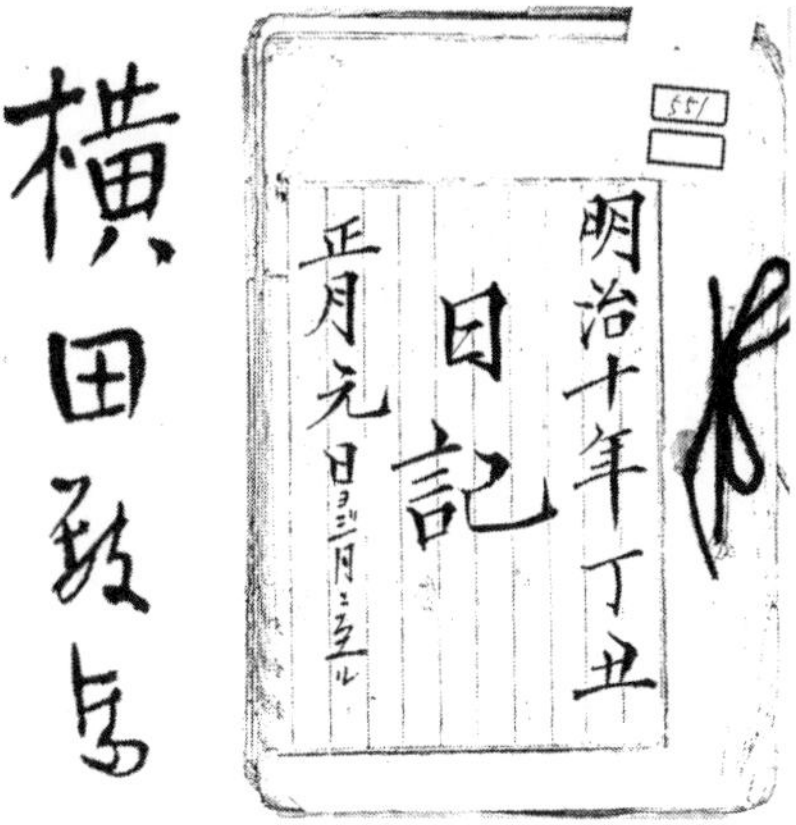

横田数馬のサインと日記

摩県の警察・監獄などを担当する第四課の三等警部斎藤秋夫、加沼良恭警部、高橋定一警部、松木敬基五等警部らと合同調査にあたった。放火容疑者の取り調べについて経過を聞き、八月一日には、斎藤警部から上田藩士族小林政精の供述と筑摩県庁小使赤堀重一の口述が一致したこと、ただしほかの三人の容疑者の口述とは符合せず、加沼警部を上田表出張所に派遣して取りしらべたこと、最終的には、八月四日に第四課へ行き、正午まで「小林政精之義一件喰違ノ廉取調方依頼」をしている。

松本滞在中、横田数馬は山辺温泉に二度ほど入湯している。第四課の警部たちと面談するかたわら、一八七九（明治十二）年一月に郡区町村編制法で置かれる郡役所で、横田の埴科郡長とともに、南安曇郡長に就く関口侯彦（東京府士族、筑摩県十二等出仕から長野県十二等出仕、長野県筑摩出張所勤務）とも、しばしば意見を交換したことが、つぎの日記にみえる。

『横田数馬日記』（明治九年七月二十九日～八月六日の分を抜粋　文中の「ゟ」はヨリに統一）

（明治九年七月）廿九日　快晴　正九四　　ア七八（注：朝の華氏温度）

寺沢大ノ進・長命茂馬・斉藤栄次郎・斎藤孝作・宮沢繁治・小林角左衛門・寺内定臣・岸田総雄・大塚広・田沢廉助・草川一成・岩太郎・蔦善除助・宮本伝吉・後藤虎吉有例（注：酒宴をする）。午後八時出発、松代表人力車ニテ着ス。**正午十二時、此ノ出張ハ筑摩県へ懸ケ合出張ノ件ヲコル**。下婢サト越後国下町村ヨリ帰ル。

卅日　快晴　　八？

松代表午前第八時出発、人力車ニテ十時稲荷山村ニ着。夫ヨリ桑原村至ル。猿ケ馬場峠ニ登ル。力餅店ニ暫ク休足。十二時過麻績駅ニ着。夫ヨリ駅ニ経テ立ケ峠ニ掛リ、午後七時会田駅亀屋義兵衛方着・止宿。大家作中ニシテ旅客稀。

卅一日　快晴　無風　　正九三　　八二

会田駅ヲ午前八時出発。苅谷原峠ヲ越シテ岡田駅ニ着。夫ヨリ松本安原町ニ入ル。筑摩県下第二大区六小区南深志町四番町壱ツ橋小路渡邊三次郎方へ着ス。時ニ午前十時。昼餉ヲ仕回。**夫ヨリ筑摩県仮庁へ出頭ノ所、案内ヲ以テ開産社へ行ク。筑摩県三等警部斎藤秋夫ニ面会。夫ヨリ尚仮庁ニ於テ正権参事ニ面謁ス。諸向申延（述カ）退庁ス、時ニ午後第二時ナリ。關口侯彦ニ庁中ニ而《テ》話ス。四課ニ於テ、斎藤秋夫ヨリ内話ニ者《ハ》、小林清政（政精カ）ナル者ノ口供ハ賊首赤堀重一ノ口供ノ通リ、数度取糺ノ所符合。外三名ハ更ニ不㆓符合㆒、右関係ノ義有㆑之。上田表出張所へ、警部壱名加沼良恭出張ノ旨ヲ話ス。**

夜時計師安太郎来ル。

八月一日　快晴　八一
筑摩県第四課へ出頭、斎藤秋夫・高橋定一ト申談ジ、十二時帰宿。引取シ深志町近藤隠岐二郎宅へ立寄ル。稲村用掛リ某来話ス。夜、千歳橋角通船会社、時計師折井安太郎招キニ応ジ納涼ニ行ク。二階ニテ有例。十一時帰宿。
二日　快晴　八七
出頭見合、午後一時ヨリ山辺温泉へ行ク。人力車ニテ同所梅林ニ休ス。貴賎大集合ス。松本町壱ツ橋丸茂夫妻之間ニ合ス。大ニ厄介ニ相成、午後八時出発九時帰宿。
關口侯彦来ル。警部斎藤秋夫・高橋定一ヨリ出頭無レ之ニ付云々ヲ以テ、手簡来ル。警部課事務章程ヲ典ス。
夜市中遊歩ス。夕小雨降ル。
三日　快晴　炎暑　八七
第四課へ出頭、加沼良恭上田表ヨリ一日帰。諸向申談ジ之上、弥々合済ニ而《テ》十一時帰宿。然ル所、斎藤秋夫・高橋定一・松木警部・加沼警部旅宿来次第、山辺温泉江行ク。
加藤幸久ニ逢、松本旧藩士ナリ。囲碁師東京林周甫ニ面会、酒盤ヲ開ク。夕八時壱橋へ帰宿ス。
折井安太郎夜来ル。
四日　快晴　八三
關口侯彦へ行キ、夫々所々回行、帰宿之所斎藤秋夫・加沼良恭来リ、内談ノ義ニ付則第四課へ

出頭、小林政精之義一件喰違ノ廉取調方依頼云々。十二時帰宿。
夫ヨリ山辺温泉へ入湯。八時帰宿。夫ヨリ松本出立、岡田駅ニ着ス。亀屋半兵衛方ニ宿ス。満月昭々トシテ小齋ニ入。
五日　快晴　九十四
午前第六時、岡田駅ヲ発シテ保福寺村ニ至リ、夫ヨリ保福寺峠へ掛リ、八時市ノ川村ニ着、峠茶店憩ス。浦野ニ着、人力車ニテ午後二時上田出張所ニ着。池田寿澄等ニ面話ス、申談済入湯。夫ヨリ青柳方ニ有例。茶店ニ休ス。戸祭某ニ有例、帰出張所。
六日　快晴　九十三
第五時上田人力車ニ而出発、榊宿《(坂木カ)》朝飯ス。拾一時帰宅。海沼龍平・久保周蔵・寺内定臣・山中警部・岸田総雄・草川一成・大塚広・宮本政吉・伝吉・雪平・弗吉・夏八有例。

横田が松本を発ち、上田に向かったのは八月四日、山辺温泉に入湯し、午後八時に寄宿してから出立、満月のなか岡田の亀屋に泊。五日に岡田・保福寺峠・浦野をへて、人力車で午後二時上田出張所に着いている。

小林政精らの放火犯容疑は、筑摩県が長野県に合併したのちのさらなる調査で、県庁舎放火がなかったとの結論となった（『公文録　明治十年自三月至五月　府県之部　全』）。

この横田数馬の松本出張は、英が富岡から帰り、西條村製糸場で働いていた時期にあった。

3　横田秀雄の帝国大学生のときの松代近代化構想

横田秀雄は、維新変革による武士階級の没落にともなう横田家の危機をどう克服するかを、信濃国でもっとも石高のおおかった真田松代領をどのように近代化したらよいか、といった課題とかさねて考えようとした。

秀雄自身は、みずからの立身出世により横田家を立てなおそうと考え、高等教育をうけ、結局、法曹界で身を立てる道をえらんでいく。

家の経済的事情から、学費のかからない司法省法学校への進学をきめたのは、中等教育をうけるために松本へ出て第十八番中学校の英学専門生となったときではなかったかと、わたしは推測する。松本裁判所で裁判官をつとめていた加藤祖一の書生をしながら、中学校で学んでいた（前掲、上條宏之「横田秀雄　「国民のための法」を目ざした名裁判官」）。

一八八〇（明治十三）年五月七日、秀雄は司法省試験の学術試験をうけた（父数馬への手紙。前掲『家の手紙』一五〇〜一五二頁）。このころ、秀雄は、和田盛治の家で家族同様のあつかいをうけていた。秀雄は「法律専門に志し居り候得共、目下法律を教授する善良なる学舎は乏しく」司法省法学校を落第しても、志は変えないと考えていた。

法学校の試験科目は、『孟子』の弁書と『外史』の延書で、秀雄にとっては「可なり易き試験」であった。受験志願者は七二五人のうち五〇人が、五月三十一日に発表され、合格・不合格がきまることとなっていた。すでに、四月二十七日から一日八〇人ずつ体格試験があり、五月十日にすんでいた。秀雄は健康が心配であったが、それは合格していた。謙次郎は、宮本孟の紹介で五月十一日に慶應義塾にはいり、英学修業にとりくむこととなった。慶應義塾の月謝・食料・湯銭・油（ランプ用とおもわれる）などで六円五〇銭前後から七円くらいかかるので、七円五〇銭は必要。いま五月末までののこりから謙次郎へ六円をわけ、秀雄自身は五円とし、数馬から送ってもらった一〇円を半分ずつわければ、五月中の入費には間に合うと、数馬に手紙でつたえている。ただ、和田家は家族四人で秀雄まで五人、和田盛治がこのたび陸軍中尉に昇進、「欣喜の至り」であるが「随分財政は困難」にみえるとしている。盛治の弟義章は、松代出身の司法大書記官渡辺驥《わたなべき》（一八三〇～九六）の手引きで五月中に判事補に拝命できるかとおもうと、父宛手紙に書いている。

秀雄は法学校に合格、一八八〇年六月七日にはいった。秀雄は、第二十七番室に四人ではいり、ランプ・テーブルなど渡された。寝室はべつにあり、「ケットウ」（毛布）二枚、布団一枚で「随分相応」であった。食物もたいへんよく、不自由なことはないが、体調不良なので、養生の費用が月三円かかるので送ってくださるようにお願いしたい、と六月八日夜、秀雄は手紙を数馬に書いている（前掲『家の手紙』一五三、一五四頁）。

この二か月後に、埴科郡長であった横田数馬が急逝する。横田家にとって、大きな試練がはじまることになった。

秀雄は、司法省法学校に「八百人の受験者中五十三番で入学した。此学校は予科四年で仏語、本科四年で法律を學問する所であるから勉強次第では東京大学と違はない実力を得られるが何か物足らぬので及第が嬉しくなかつた。在学中に此学校は東京大学に合併されることになり、図らずも東京大学卒業の目的を達するに至つた」（昭和二年八月　法律新聞）と回想しているが（前掲、横田正俊『父を語る』五五頁）、「八百人の受験者中五十三番で入学」というのは、記憶違いであろう、七二五人から五〇人（実際は五三人か）をえらんだとする当時の秀雄の手紙から、もし五三番で入学したとすれば最下位の合格者といってもよい。

司法省法学校には、一八七六（明治九）年九月に原敬が第二位で合格し、横田秀雄が入学する前年三月に法学校賄征伐に関係して退校処分になっている（原圭一郎・山本四郎編『原敬をめぐる人びと』日本放送出版協会　一九八一年。二〇頁）。原といっしょに陸羯南《くがかつなん》も入学し、河村譲三郎・桜井一久・国分青厓・福本日南など学生は二〇人で（森銑三『明治人物閑話』中公文庫　一四七～一五一頁）、福本・国分・加藤恒忠などが食堂の賄い方と衝突し退学となったので、原・陸が代表となり、退学処分になった学生の退学撤回をもとめ、大木喬任司法卿にまで陳情運動をして、これまた退学処分をうけたという（「司法省法学校生徒退学事件」前掲『明治時代史大辞典　2』一七七頁）。

この事件をへた翌年、司法省法学校の学生数などが変わってから、横田秀雄たちは入学したことになる。一八八五（明治十八）年八月、予科が分離され東京大学予備門に合併され、同年九月、本科も東京大学法学部に法学部二科として合併された。八六年三月、帝国大学法科大学では、フランス法を主とする法律学第二科は存続されたが、フランス人お雇い教師などの退職もあって廃止された（「司法省法学校」前掲『明治時代史大辞典　2』一七七頁）。

横田秀雄は、司法省法学校から帝国大学法科大学にすすむと、『松代青年会雑誌』の編集にたずさわり、松代の近代化の方向について真剣に考え、それを文章化した（上條宏之「松代地域における近代化にかかわる諸相―維新期から大日本帝国憲法成立期まで、横田家の人びとの動きを辿りながら」『市誌研究ながの』第一八号　長野市公文書館　二〇一一〈平成二十三〉年二月）。

とくに横田秀雄は、『松代青年会雑誌』の創刊号（明治二十年三月廿五日発兌）から第七号（明治二十一年三月三十日発行）に、「革弊私議」を連載し、近代松代の発展の方策を考え、披歴した。懐郷居士というペンネームであった。いわば、郷土を懐かしみ愛する考察と、みずから表明した取組であった。

「革弊私議」は、「緒論」が創刊号、第二号、第四号に書かれ、第六号と第七号に「本論」がのった。「緒論」で、松代にある「弊風」をきびしく指摘した秀雄は、この「本論」で「興郷ノ針路」として、つぎのふたつをあげた。

第一　交通ノ路ヲ開キ以テ人民快豁ノ気風ヲ養成ス
第二　殖産事業ヲ興シ以テ人民生計ノ度ヲ進ム

「交通ノ路ヲ開ク」とは、天然の交通というべき陸路水運の疎通とはちがい、「彼（注：松代）

ノ教育ヲ盛ニシ、展覧会ヲ開キ新聞ヲ購読スルガ如キ、人工ヲ以テ人智ノ開発ヲ誘導スル」ことだとした。この針路が重要であるのは、松代が「今ヤ官衙設置ニヨリテ生ズ可キ利益ヲ失ヒ」＝祖父機応たちが長野県庁舎の松代への誘致に失敗したこと、さらにその後に中山道鉄道の通路外に松代が置かれたことをあげ、第一、第二と具体的にあげた二つの方針に基本的に依拠する以外に、松代の街づくり＝「松代ノ殷富ヲ来ス可キ積極」策はないと主張したのであった。

この横田秀雄が松代近代化の方向を理論的に整理し、殖産興業をめざすべきだとしたのは、横田家が維新期に取組んできた英の祖父機応、伯父九郎左衛門からの取組の正しさを再確認したことを意味したといってよいだろう。

その殖産興業の最良の具体的事業として、秀雄があげたのは、つぎの四点であった。

第一　製糸・織物等ノ事業ヲ以テ興郷ノ基トス可シ
第二　養蚕・養魚ヲ盛大ニス
第三　牧畜ノ事業ニ注目ス可シ
第四　労力社会ヲ設立ス可シ

この事業の中心的担い手は女性であり、松代地域の「女子ノ職業」は「坐繰製糸、其他養蚕事業ニ従事」すること。「此末我郷ノ婦女子ハ尽ク工女ナリト申得可キ時代ヲ見ルニ至ラント信ジ候」

と、横田秀雄は断言した。この断言の根拠に、「日本国中ニテ生糸ノ上等ト中セバ、我六工社ノ右ニ出テ候者ハ嘗テ無之。次ハ諏訪地方ト被存候」と、秀雄は書いている（懐郷居士「革弊私議本論　第二章　女子ニ関スルノ意見」『松代青年会雑誌』第七号　明治二十一年三月三十日発行）。亀代・英の取組んできた働きを評価したものであった。

これは、大学生になった横田秀雄の見解であったが、維新期以降の横田家の人びとの殖産興業への取組が間違っていなかったという想いの理論的整理といってよかった。

四　横田英が結婚することとなる和田盛治の家族と履歴

1　和田家と佐久間象山との接点

①佐久間象山の姉北林蕙《けい》の娘りうが和田盛治の母となる

横田英が明治五（一八七二）年に婚約し、一八八〇（明治十三）年に結婚する相手の和田盛治（数雄から改名）は、松代清須町六番屋敷に住居のある士族であった。父盛業（隼之助から喜をへて盛業と改名）は、明治五年六月十七日に五十九歳で死亡し、盛治が和田家をついだ。

幕末（年不詳）の『松代藩御家中記』では、「清須町北側東ヨリ西江」の最初に「百石　和田隼之助」とある。明治二年の給禄節減では、旧高一〇〇石・現米一五石五斗七升五合一勺に「和田芳太郎」とあるのが和田家とおもわれる。

和田喜の妻りうは、文政十一(一八二八)年十月生まれ。佐久間象山が十五歳のとき、三つ年上の姉蕙《けい》が松代藩医北山林翁と結婚してできた娘であった。

象山の姉北林蕙には、長男安世、二男藤三郎があった。北山林翁が早く亡くなったためもあり、象山が安世の後見人のような立場で、安世の幼いころからその教育に力を注いだ。吉田松陰が伊豆下田から海外逃亡をくわだてたことから、象山が安政元(一八五四)年四月江戸伝馬町の獄に入れられ、同年九月から蟄居を命ぜられて松代に帰り、文久二(一八六二)年十二月蟄居放免になるまでの謹慎処分の期間には、安世は試練にさらされた。吉田松陰が萩の野山獄に入れられ江戸へ護送される直前の安政六(一八五九)年四月十九日夜半、萩に来た安世が獄中の松陰に逢い、松代に蟄居していた象山とのあいだの仲介をしたという。

この安世に言動の異常がみられるようになったのは、安政二年十月の江戸大地震のころからで、翌年象山は安世の放縦に心を悩まし、象山一家が幽囚の日々をすごさざるを得なくなってからは、安世の異常な言動が目立つようになった。井出孫六は、安世の乱心の助長に「男まさりの気丈な母親蕙との確執」があったにちがいない、とみている(大平喜間多『人物叢書　佐久間象山』吉川弘文館　一九五九年。井出孫六『〈小説　佐久間象山〉杏花爛漫　下巻』朝日新聞社　一九八三年。一二四〜一三八頁)。

佐久間象山は、元治元(一八六四)年七月十一日午後五時ころ、京都三条上ル木屋町にさしかかったところを、刺客の待ち伏せにあい、身に一三か所の刀疵をおい倒れた。この場に、京都にいた横田数馬が赴いたというが、この象山の横死と松代藩の処理により、甥の安世は決定的ともいうべき影響をうけた。

②佐久間象山暗殺が佐久間家におよぼした影響と和田家

象山の死をきっかけに、松代藩は、わざわいが藩におよぶことをおそれ、象山が「うしろきず」をうけて死んだのは武士にあるまじき醜態であると、元治元年七月十四日知行・屋敷地を召しあげ、一子恪二郎には蟄居を命じた（前掲、大平喜間多『人物叢書　佐久間象山』一九六〜二〇〇頁）。

松代藩の処置は、つぎのようなものであった。

亡　佐久間修理親類

佐久間修理、此度切害致され候始末、重々不応思召候に付、御知行並に屋敷共被召上之。

明治三（一八七〇）年二月二十三日、佐久間恪二郎は特別の寛典で給人として家名再興と知行七〇石の適宜籾五二俵一斗三升五合差し遣わしとなるが、それまでは、のちの佐久間象山評価とは対極ともいうべき厳しい扱いとなった。

象山死後の佐久間家の動きをみると、明治五年正月には、松代清須町二番地所の借宅に住んでいた。つぎのような家族構成であった。

信濃国埴科郡松代清須町二番地所借宅
士族　恪　東京ニ於改メ届無之
父修理亡　佐久間恪二郎
自明治四年辛未五月英学修業ニ付　壬申年二十五
東京府下三田二丁目福沢諭吉方江寄留
母　じゅん
駿河国静岡県士族勝安芳妹　年三十七
元治元年甲子六月ヨリ同人方江寄留　静枝　改
妻　萬　寿
（後筆）明治六年二月娵　三月加籍　六年三十
東京第二大区小六区三田二丁目六番地内借地商
本田良伯母
父修理亡妾　てふ
東京府下久保町商田中安兵衛亡次女　年四十一
嘉永元戊申年二月貰請附籍

佐久間恪二郎

寺同国同郡松代御安町法華宗蓮乗寺

氏神当国埴科郡西條村白鳥社

この戸籍の住所は、「明治五年壬申九月自代官町五十五番地同居移住入籍」と、清須町借宅から代官町五十五番地同居に変更している。明治五年正月の佐久間家では、修理佐久間象山の妻じゅんが、象山が暗殺される一か月ほど前に静岡の兄勝海舟方へ寄留したままになっている。

象山は、嘉永五（一八五二）年十二月九日、門人であった勝安芳の妹じゅん（順）を正室にむかえた。象山四十二歳、じゅん十七歳のときであった。じゅんをむかえる以前、象山には、弘化二（一八四五）年五月に長女菖蒲、翌三年七月に長男恭太郎が、妾お蝶とのあいだに生まれていた。だが、いずれも夭折し、嘉永元（一八四八）年十一月に妾菊とのあいだに二男恪二郎、嘉永三年十一月にお蝶とのあいだに惇三郎が生まれたが、恪二郎以外は、みな夭逝《わかじに》した。じゅんとのあいだには、子どもができなかった（前掲、大平喜間多『佐久間象山』略年譜）。

恪二郎は、明治四年から東京に出て福沢諭吉方へ寄留し、一八七三年二月に福沢諭吉の住所の近く、三田二丁目の商人で恪より三歳ほど年長の本田萬寿（静枝と改名）と結婚していた。結局、松代の佐久間家には、恪二郎の「父修理亡妾」てふ（象山とのあいだに一女・二男を生んだお蝶）が、ひとり住まいであったことになる。「てふ」は、象山が「じゅん」を正室にむかえた五年近く前の嘉永元年二月、佐久間家に「貰請」けられていた江戸の商人田中安兵衛の二女であった。

象山の二男恪二郎は、一八七三（明治六）年司法省に出仕し、このとき名も恪《いそし》と改め、愛媛県判事に就いた。しかし、同年二月六日に急死する。享年二十九、伊予国鷺谷に葬られた（前掲、大平喜間多『佐久間象山』二二四頁）。

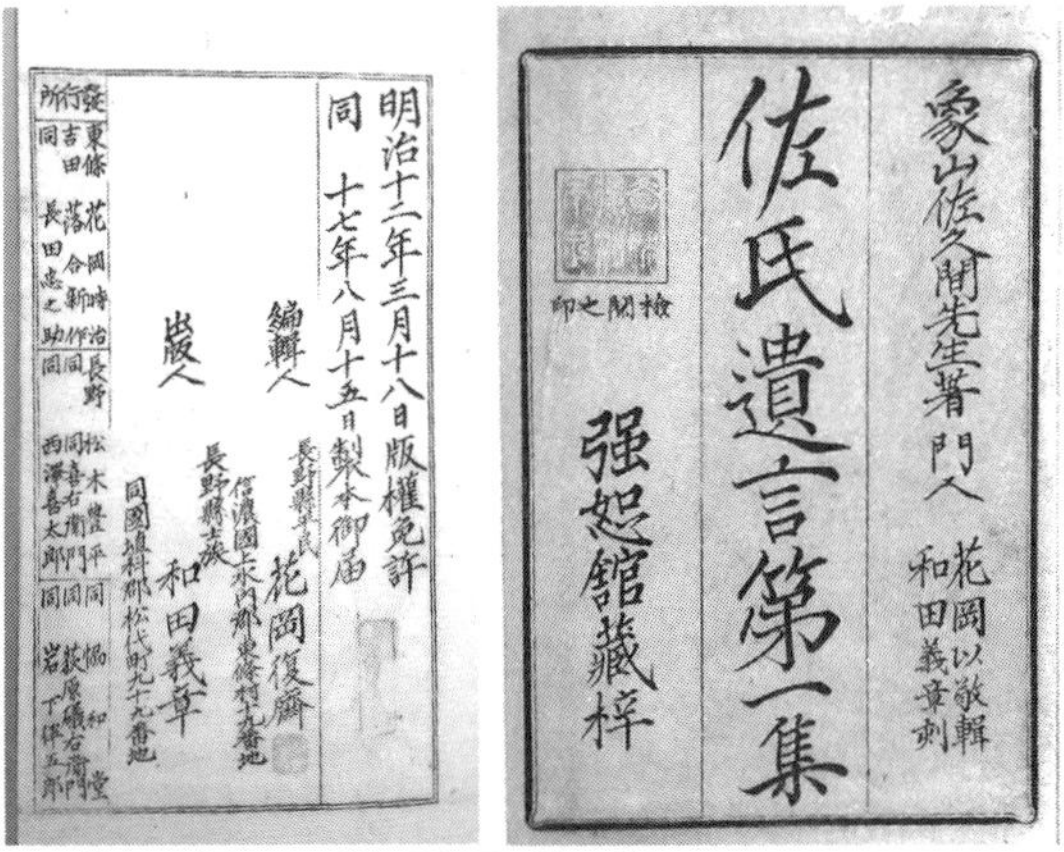

和田義章が出版した『佐氏遺言　第一集』

③和田盛治の弟義章が佐久間象山の文章を『佐氏遺言』として出版

いったん知行・屋敷を召しあげられた佐久間家であったが、松代町では象山を外祖父とする和田盛治の弟和田義章（信濃国埴科郡松代町九十九番地）が、一八七九（明治十二）年三月十八日版権免許、一八八四（明治十七）年八月十五日製本御届で、長野県平民花岡復斎（信濃国上水内郡東條村十九番地）を編輯人とする『佐氏遺言　第一集』（強恕舘蔵梓）を自家版として出版し、再評価のこころみに取組んだ。花岡復斎編輯『佐氏遺言　第二集』も同日製本御届で、和田義章により出版された。

花岡以敬＝花岡敬蔵は。埴科郡東條村の農民で象山の門人であった。象山が幕府の命をうけて、元治元（一八六四）年三月十七日、松代を発って京都にむかったとき、松代藩に象山が「不慮の狼藉」にそなえ「門弟ならびに譜代の家来」の同行を申し入れたが、藩から許可がでなかった。そのため、花岡は秘書役を兼て「刀筒」持ちとなり、象山の子息恪二郎、門人で松本藩士高麗津《こまつ》左右輔《そうすけ》と交代で、出発のときからの日録『公務日記』をしるしながら、京都に同行している（前掲、井出孫六『〈小説　佐久間象山〉杏花爛漫　下巻』二三八、二三九頁）。

『佐氏遺言』第一集は、花岡以敬（復斎）が、「明治十二年一月上澣」した内容で、「天保十三年、十一月、藩主、侍従真田侯へ、建言セラレシ第一書」を掲載した。花岡が複写本を所蔵したほか、花岡の同郷人鈴木長兵衛、松代人高橋某がそれぞれ所蔵しているとある。ほかに、天保七年九月、藩主真田侯より象山にあたえられた文の跋なども載った。

第一集の冒頭には、勝海舟の書が載せられた。象山のつぎの文の書であった。

集大塊所有之學　　大塊《たいかい》（天地）に有るところの學問を集め

以立大塊所無之言　　以て大塊（この場合日本）に無いところの言を立てる

明治十一年初冬以㆓象山佐久間翁語㆒為㆓題辞㆒

海舟散人印

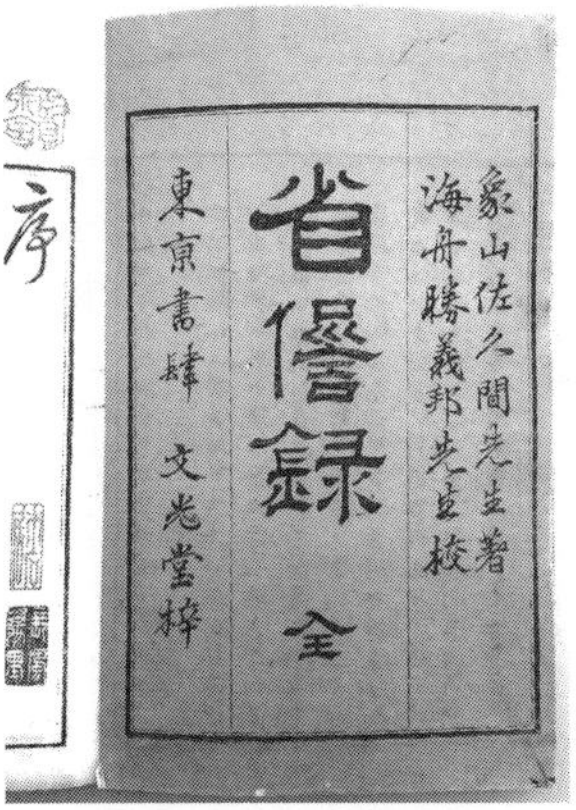

東京書肆文光堂から 1892(明治 25)年に出版された『省諐録』

なお、勝海舟は明治四年晩冬に序を書き、妹で象山の妻じゅんが清書し、象山から海舟宛に直接送られた万葉仮名による短歌一六一首を巻末の附録下につけた『省諐録』を公刊するため、みずから校訂して出版をこころざした。省諐録五七条に、附録上として、省諐賦・読孟子・兵要・孫子説二則など八文、獄中で詠んだ漢詩など一二首を収録していた。この海舟校訂の『省諐録』は、いくつかの書肆から和本で出版された。

『佐氏遺言』の編者花岡以敬（復斎）は、日本の学問は和漢を合わせた学であった、しかし和漢の学を修め習うかたわら洋書を読んだ象山が、「深く宇内之形勢を察し、その天文・地理・測量・兵法・器械・医薬・済生之方の理を精究しなくてはならない」と指摘し、象山が洋学を入れて立てた言が、アメリカ合衆国が日本に開国を迫ったことであきらかになったと解説している。

また、象山の文章の前には「刻者（和田義章）識」による「佐久間象山先生履歴書増補案文」が載った。「案文」の最後に象山の刻者が増補し案文とした履歴書について、つぎのようにある。

右、嚮ニ旧藩門人等、三名ヨリ、内務省へ、上申ノ履歴書ヲ、増補シ、以テ此一書ヲナス、乃チ旧藩主ヨリ、東京府へ上申ノ履歴書、及ヒ其在京中ノ公務日記、他親戚、故旧、朋友、門人等、蔵スル所ノ文書、及ヒ伝説ヲ、取捨折衷セルナリ、敢テ尽スト謂フニハアラス、固ヨリ已ヲ得サルニ出ルノミ、読モノ幸ヒニ諒セヨ、

明治十二年三月中澣　　刻者識

履歴の構成は、つぎのとおりで、とくに「行状」がくわしい。（　）内は二行割で書かれた注である。

松代藩士

佐久間脩理

名啓　字子明　一名大星

号象山　幼名啓之助

一　本人　郷貫、族籍、

信濃国、埴科郡、松代、裏町住、士族、食禄百石、

一　仝　在職履歴、

藩主近習役、郡中横目附役、学問所頭取（但、家督上席）、藩校督学（但、用人上席）、

嘉永六年、七月、米国使節渡来ニ付、横浜警衛軍議役、

元治元年、三月、幕命上京（但、上京、藩ノ方、六百石格）、

同年、四月、幕命滞京、海陸御備向掛リ手附御雇（但、雇中、二十人扶持、手当金、十五両、後

四十人扶持、御礼廻勤ニ及ハサル旨、沙汰之レアリ、尋テ御目見ノヿ《コト》アリ）、

一　仝　性質、行状、

為人、英邁而《ニシテ》高行、倜儻而《ニシテ》大志アリ、常ニ以テ二国事ヲ一、為ス二己任《オノレカ》ト一、身ノ長ケ五尺七寸許リ、躯幹雄偉、眉目清秀、重瞼深眼、瞳光人ヲ射ル、然ルモ人ヲ待スル、亦和気アリ、濶額ニシテ豊頤、頭髪亦濃黒ニシテ、歳五十ヲ踰キ、未タ一莖ノ霜毛ヲ見ス、而シテ中年以後、凡テ鬚髪ヲ剃除セス、体質皙麗ニシテ、音吐瀏亮、聲ヱ金石ヨリ出ルカ如シ、被服、亦華ナラスシテ飾フ、常ニ好ンテ、白紫靶装ノ刀ヲ佩フ、曾テ米使彼理、之レニ途ニ遇ヒ、揖ヲナスノヿ《コト》アリ、当時幕吏、川路聖謨、此事ヲ評シ、同人ニ謂ヒ曰ク、彼理ノ揖ヲ得ル、独リ足下ノミト、其儀容モ、亦概シテ想フヘシ、且其正面ニシテ、両耳ヲ見サル等ノ異アリ、幼孩、能ク字ヲ識リ、齠齔、能ク詩ヲ賦ス、亦流俗ニ因ラス、一ニ義理ヲ以テス、若冠ニシテ父ヲ喪ス、喪禮情ヲ盡セリ、母ニ事ル孝、愛敬兼至ル、喪ニ居ル亦禮アリ、父ノ業ヲ襲キ、文学刀槍ノ師トナル、此間、砲術ヲ、同藩士、藤岡忠篤ニ、算術ヲ、同藩士、町田源左衛門ニ學フノヿ《コト》アリ、又泅術ヲ同藩士、河野左守ニ學フノヿ《コト》アリ、故アリテ師トナラス、

天保十三年、十一月、始テ海防策ヲ、藩主、侍従眞田侯ニ上書ス、

嘉永三年、三月、防海、及ヒ荷蘭語彙、上木ノ事件ニ因リ、福山藩主、侍従阿部侯ニ上書ス、

同年四月、再ヒ上書セントスル故アリ、遂ニ果サス、

六年七月、米国使節、渡来事件ニ因リ、又同侯ニ上書ス、
安政元年、四月、門人、長州吉田寅次郎、渡洋ノ事件ニ因リ、獄ニ下ル、
同年七月、獄中ヨリ、国事ヲ、上書センヲ乞フ、幕吏聴サルヲ以テ、遂ニ果サス、（但、其旨趣、世上有志ノ徒ニ傳播シ、以テ口實トナサシム、）
安政五年、正月、大ヒニ時事ヲ忼慨シ、書ヲ作リ、関白九條公ニ、呈スルノヿ《コト》アリ、
同年四月、勅問ノ事アルニ因リ、禁錮ノ身ヲ顧ミス、久シク貯フル所ノ画策、及ヒ其事議、藩主ニ因リ、幕府ヲ経、奏上スルノヿ《コト》アリ、
文久二年、十二月、勅問ニ因リ、幕府ノ問アリ、又禁錮ノ身ナカラ、当時ノ所見、藩主ニヨリ、幕府へ建言セリ、
元治元年、四月、京洛ニ在リ、天下大計ノ事件、一ッ橋卿ノ召ニ因リ、屢建言セリ、又山階、中川、両王ノ召ニ因リ、屢国事ノ顧問ニ、答へ奉ルノヿ《コト》アリ、此間、又関白二條公ノ召ニ因リ、屢国事ヲ上言スルノヿ《コト》アリ、
是ヨリ先、文久二年、三月、同人所作ノ櫻賦、正親町三條卿ヲ経、（但、後又同卿ヲ経テ、櫻賦ノ註ヲ献スルノヿ《コト》アリ、）天覧ヲ賜ヒ、遂ニ徴命ヲ辱フスルノヿ《コト》アリ、（但、同年八月ノ事変ニ因リ、其事遂ニ止ムト、）他国家、関係ノ事件、前後、藩主ニ建言スルモノ、亦枚挙スルニ遑アラス、
初父一學ニ、刀槍ノ術ヲ傳リ、傍ラ句読ヲ受ケ、粗文義ニ通ス、稍長シ、易及ヒ数学ヲ、

同藩士、竹内錫命ニ、詩及文学ヲ、同藩執政、鎌原桐山ニ質ス、然ルニ既ニ、当時、出藍ノ誉レアリ、此間、又琴ヲ、幕人、仁木三岳ニ、唐音ヲ、僧活紋ニ學フノヿ《コト》アリ、且夫レ始メ、學ニ林家ノ門ニ入ルヤ、概ムネ、幕儒、佐藤一斎ニ就キ、閩洛ノ學ヲ講シ、兼テ文章ヲ學フ、然ルニ、其學風ニ於テハ、独リ専ラ、新井白石氏ヲ私淑シ、毎事禮ニ據リ、以テ去就進退ヲナス、而シテ経義更ニ精微、詩文益巧緻ニシテ、尤モ文章ニ長シ、兼テ賦ヲ善セリ、

　著書、四書経傍註、象山文浄藁、喪禮私説、琴録、皇国同文鑑、春秋占筮書補正、礮學図編、増訂荷蘭語彙、省諐録、洪範今解等ナリ、詩故アリ多ク稿ヲ留メス、

是ヨリ先、天保年間、幕吏、江川太郎左衛門ニ就キ、始メテ西洋礮術ヲ學フ、然ルニ一旦所見アリ、議論偕ハス、遂ニ其門ヲ去ル、此間、幕人、下曽根金三郎ニ就キ、同シク西洋礮ヲ學フノヿ《コト》アリ、而シテ忽然、別ニ大ニ観ル所アリ、当時ノ蘭学、坪井信道、宇田川榕庵、箕作阮甫、杉田成卿、川本幸民等ニ交リ、洋書ヲ読ミ、始メ荷蘭ヨリ入ルモ、遂ニ進ンテ、英、仏、及ヒ羅甸ニ移ル、此間、又幕医、伊藤玄朴、幕人、戸塚静海等ニ交ルノヿ《コト》アリ、而シテ又嘗テ、広ク天下ノ名士、渡邊崋山、梁川星巌、大槻磐溪等ニ、交ルノヿ《コト》アリ、於テレ是乎、海外、各国ノ形勢情実ヲ詳カニシ、国体ヲ汚サス、我ヨリ彼ヲ制スルノ説、以テ各国併立ノ論ヲ立ツ、又火技ノ真法ヲ、洋書ニ得、以テ諸藩有志ノ徒ニ傳フ、或ハ自他藩備ノ為ニ、巨礮ヲ鋳、自カラ火技ヲ発明シ、或ハ自カラ、一銃当三ノ小銃ヲ作リ、目

ノ迅發撃銃ト云ヒ、或ハ瓦児波ノ器ヲ創シ、以テ病者ヲ医シ、或ハ種痘ノ方ヲ傳ヘ、或ハ刺絡ノ治ヲ施シ、或ハ地震計ヲ造リ、或ハ写真ノ法ヲ講シ、或ハ礦山ノ學ヲ唱ヒ、或ハ舎密ノ術ヲ行ヒ、或ハ硝礦ヲ採リ、以テ国家ノ用ニ供シ、或ハ洋法調馬ヲ試ミ、以テ蹄鉄ヲ製スル等、凡テ事三十年外ニアリ、

他天文、地理、測量、兵法、和歌、及ヒ一切ノ雅楽、書、画、篆、隷、鉄筆等ノ技ニ至リ、一トシテ善クセサルハナシ、天下其門ニ入リ學フモノ、蓋シ又枚挙スルニ遑アラス、

一 仝 幽囚、或ハ死節ノ事由、

安政元年、四月、門人、吉田寅次郎、渡洋ノ事件ニ坐シ、幕府ノ獄ニ下ルヿ《コト》、凡テ七ヶ月、後松代ニ、禁錮セラルヽヿ《コト》、殆ント九ヶ年、（但、当時、幕吏罪状言渡シノ文書アリ、事由詳ラカナリ）、

文久二年、十二月、解ク、

元治元年、在京奉職中、七月、十一日、山階王府ヨリ帰途、三條通、木屋町、上ル所ニ於テ、難ニ罹ル、享年五十四歳、（但、在京中、諸藩士、或ハ浪士等、数多来訪シ、国事ヲ、激論セシモノアリシモ、三條橋掲書ノ外、事由詳カナラス、）

一 仝 墳墓所在ノ地名、

洛西花園、妙心寺塔中、大法院、

一 仝 父、母、妻、児ノ存亡、

父一學、母荒井氏、亡ス、妻勝氏、存ス、一男、二女、共ニ夭ス、而シテ次男恪嗣キ、亦既ニ亡ス、婦松平氏、孫繼述、共ニ存ス、一男、二女ノ生母、妾蝶存ス、次男ノ生母、妾菊、存亡未タ詳ラカナラス、

「父、母、妻、児ノ存亡」では、恪《いそし》の「婦松平氏」とあり、さきにみた戸籍の「本田萬寿(静枝と改名)」の本田姓とちがっている。

第二集には、望嶽賦とこの賦に言及した立田玄道楽水(号は静山)への手紙二通、詠獄詩七絶一首と短牘、「西洋道徳東洋芸」の詩、文久二年十二月二十四日の幕府への上書、安政五年の上書、立田静山への書簡・詩・歌を収録した。第二集には、和田義章の文はない。

この和田義章の『佐氏遺言』上梓の仕事について、一八八四(明治十七)年八月二日付の和田英が母横田亀代に宛てた手紙は、姉寿からの手紙を読んで、「義章様の事に付、姉上様の御亭主(注:真田稔)くれぐれ感心致し、末頼もしく存じ候」と書いている。「末頼もしい」和田義章の仕事とは、この『佐氏遺言』の上梓のことを指しているとおもわれる(前掲『家の手紙』一〇六頁)。

横田家、その親類真田家でも、佐久間象山の顕彰には関心が深かったのである。なお、英に和田義章の仕事をほめた夫のようすをつたえた姉ひさは、すでにみたように、明治四年に松代藩士で、町四番居住の士族真田稔(二十六歳)と十六歳で結婚していた。真田家は、一二〇〇石の松代藩士で、明治二年の改訂現米一八石七斗二升五合二勺、藩士七二一戸の士族五十番目の石高であった。稔

の父は収（明治四年　五十六歳）、母はゆふ（四十五歳、横田機応長女）で、稔とひさは、いとこ同士であった。稔には、弟の助次郎（十七歳）、桃三郎（十四歳）、安四郎（七歳）、姉ゆき（二十二歳）、妹みや（十歳）がいた。氏神は西條村白鳥社、寺は西條村禅宗乾徳寺である。

④横田家と佐久間象山とのかかわり

横田家と佐久間象山とのかかわりは、機応と象山の交流からはじまった。

英の弟横田秀雄（文久二〈一八六二〉年八月十九日生〜一九三八〈昭和十三〉年十一月十六日歿　享年七十七）は、七十五歳から七十七歳にかけての最晩年に、象山神社の建設に中心になって尽力した。象山神社の鎮座の祭りは一九三八（昭和十三）年十一月三日で、秀雄は最期をむかえる病床にあった。

秀雄は、祖父機応と象山の交流から、横田家がこぞって象山を「崇拝」していたと、一九三六年八月八日、雑誌『文芸春秋』に投稿した「象山先生と我が伯父」と題したエッセイに、つぎのように書いている（横田正俊『父を語る　横田秀雄小傳』巌正堂書店　一九四二年。二一〜四頁）。

私の家は先生と至つて懇親な間柄で、私の祖父の甚五左衛門（後に機応と呼んだ）と交際があり、其の間私の家を屡々訪ねて来られたのである。元来、先生は医者をおやりになつて居て、私の家は其の病家であつて、現在でも其の処方箋が残つて居る。私が三歳の時、種痘を先生から松代でやつて貰つたことがある。先日も日日の新聞記者が訊きに来たので話したことであるが、私の腕には未だに其の痕が残つてゐる。何といつても先生は当時の一大新知識であつて率先松代に於て種痘術を輸入せられたので、私も三歳の時いち早く種痘をして貰ふことが出来たのである。祖父は先生より十二歳年長であつたが、非常に親しい間柄であつた。

祖父の甚五左衛門は山鹿流軍学の免許皆伝を持つて居た。その故もあらうが、明治維新前の国防問題について多少の意見を持ち、論議する資格を備へて居た。先生は度々来訪されて祖父と意見の交換をし、議論をしておいでゞあつた。先生は外国の事情に精通しておいでゞあり、祖父は其の知識が殆んどないのであるから意見は必ずしも一致せず劇しい議論を戦はしたのである。先生は極めて自信の強い御方であつたが、十二歳年長の私の祖父に対して少しも遠慮する所無く、議論が熱して来ると『貴君のいふ事はなつてゐない、三歳の童児の意見にも劣る意見だ』と、ずけずけいはれるので、祖父も憤激してゐたといふことである。

象山が、横田家の主治医のような存在であったことは、甚五左衛門の医療相談に応えたつぎの手紙にもうかがえる（『増訂　象山全集』第三巻　信濃毎日新聞社　一九三四年。書簡三六二　六六四頁）。

御紙表之趣、委細承知仕候。明朝ゟキナ御用被レ成可レ然候。大抵、日ニ五貼位づゝ酒にて御用可レ被レ成候。酒の温冷は御勝手次第と申内、あたゝかる方可レ然候。夕方御用の御酒量も、五勺位苦しかるまじく候。尤も、御過飲は不レ宜候。

其上申かね候へども、夜事は御慎可レ被レ成候。乍レ去御忍び被レ成かね候程の事御座候節は、苦からず候。是は、薬気の応じ候証に御座候。

尚又、其内御様子承べく候。以上

啓　拝復

三十日夜

横田君　足下

手紙の書かれたのは安政三年ころかとおもわれるが、正確な年月はわからない。薬のキナ（キニーネの塩酸塩　解熱剤）の服用について、薬の包（貼《てん》という）を五つほど、あたためた酒五勺ほどで飲むこと、酒の過飲はよくないこと、夜事（夫婦のまじわり）は慎み、どうしてもというときは、薬の効果が出たあかしであるからよい、と具体的に指示している。

また、横田家と象山復権・顕彰とのかかわりをみると、横田秀雄編輯・小松謙次郎持主兼印刷人で一八八七（明治二十）年三月二十五日に創刊された『松代青年会雑誌』が、「故侍従真田公墓誌銘　臣佐久間啓謹撰並書」を載せた。第二号（一八八七年五月二十二日刊）には、日米和親条約締結にかかわる各藩の意見を諮問したさいの「御上書草案　佐久間修理撰述」を載せ、会告で小松謙次郎・宮本叔など役員が「佐久間象山先生櫻賦石版摺」（版元太盛堂〈宇敷氏〉）を元価の半値で販売することを通知している。そののちも『松代青年会雑誌』は、継続して象山の再評価をすすめていく。

秀雄・謙次郎が編輯・発行した第八号（一八八八〈明治二十一〉年五月三十一日発行）までに掲載されたものは、つぎのとおりであった。

第三号（明治二十年七月　日）
御上書草案（前号の続き）　佐久間脩理撰述
第四号（明治二十年九月三十日）
左ハ佐久間先生閉居中に家老に差出されたる書簡の写なり　会員矢澤造酒君より寄送されたるを以て茲に掲載す
佐久間先生の書簡　主旨：幕府はすでに咎めは済みとしたのに、真田家は閑居させたままにしていることを議論して（解放して）ほしいとする内容
第五号（明治二十一年一月三十一日）
永思賦　天保十三年冬十月　佐久間象山

のちに横田秀雄が、象山神社の設立に指導的役割をはたすことは、すでに触れた。

長野県内では、自由民権期に、たとえば松本の高美甚左衛門書店から、清水義寿編輯『佐久間象山大志伝』（一八八二年八月　二冊）が出版された。市川量造など初期自由民権家たちのコメント

を添えており、佐久間象山への関心は高まっていた（上條宏之『長野県近代出版文化の成立』柳沢書苑一九八六年および『松代青年会雑誌』）。

一八八九（明治二十二）年二月十一日には、明治天皇により象山に正四位が贈られ、佐久間象山が、明治国家の公認により、はっきり復権することとなる。

⑤佐久間象山の甥北山安世による母刺殺と和田盛治の検視

長崎で医学を修めたといわれ（前掲、井出孫六『小説　佐久間象山』は長崎留学に疑問を呈した）、松代藩御番医となった象山の甥北山安世は、松代藩廃止をふくむ大きな変革期にあって、身の不遇もあって酒におぼれ、精神的に錯乱をおこし、明治四（一八七一）年八月十三日、母蕙を刺し殺す悲劇的事件をおこした。この蕙の死体の検視に、象山の外孫にあたる和田数雄がかかわった。つぎのような史料がある（仁科叔子「松代藩の御一新　明暗を分けた人々」『松代　真田の歴史と文化　第六号　横田邸復元特集』一三〇頁　一部歴史的仮名遣いに修正）。

明治四年八月十三日

北山安世親類

和　田　数　雄

北山安世、親類へ預け申付候事。

北山安世母変死に付、同役申し合はせ主簿召連れ同人宅へ罷越、疵所見届け親類和田数雄・荒井弥平立ち会はせ、疵書へ添書き致し、権大事に差し出す。

北山安世母疵所左の通り

一　左乳房の上面一ヶ所
　但経リ一寸　深サ二寸五分突疵

一　左外股一ヶ所
　但疵大サ前同断突疵

以上

当県貫属北山安世母義、重傷を負ひ殊に余病加はり絶命に及び候に付、検使に行き、立合は親類和田数雄・荒井弥平、疵所黙検に及び候。

北山安世は、母を刺した一か月余ののち、座敷牢での生活中、同年九月二十四日から腹痛痙攣の症を起こし、二十五日暁に死去した。この見届けにも、和田数雄は、依田忠之進と親類として立ち会い、病死であることを確認している。

なお、安世の弟藤三郎は、武芸を好み医業につかず、のちに皇軍警察官になったという。

2　和田盛治が戸主となった和田家の人びととの動静

①壬申戸籍にみる和田家の人びと

明治五年正月の和田家戸籍は、和田数雄を戸主とし、つぎのようになっていた（『明治五壬申年正月改　松代庁所部第一区戸籍之二　信濃国埴科郡清須町』）。

信濃国埴科郡松代清須町
　六番屋敷居住
　士族　（盛治）
明治六年五月より東京本八丁堀日比谷町　和田数雄
三番地借宅寄留司法省十三等出仕星野　壬申年二十三
兼賀方へ寄留
　父　隠居　（盛業）
明治五年壬申六月十七日死亡除　和田喜
　年五十九
　母
故松代藩士族医北山林翁亡長女　りう

年四十九

明治七年十月廿八日水内郡宮野尻村　父喜　次男　（義　章）

萬綏学校へ寄留　弟　和　田　寅治郎

年　十九

同人　三男

弟　和　田　馬之助

年　十五

同人　長女

姉　はつ

年二十五

〆六人内男四人　四十以上一人

二十一以上一人

十五以上二人

女二人　四十以上一人

十五以上一人

氏神当国埴科郡松代諏訪宮祝神社

寺同国同郡松代御安町法華宗蓮乗寺（盛　治）

和　田　數　雄㊞

二男寅治郎（義章と改名）は教員となっている。「水内郡宮野尻村」の「萬綏《ばんすい》学校」に寄留とあるが、一八七四年には長野県二十六大区六小区野尻村（いまの上水内郡信濃町）はあるが宮野尻村はなく、野尻村には野尻学校があるが萬綏学校はない。この記載がなぜあるのか、いまのわたしには理解できていない。英をめぐる家族・親類の生活史をたどると、和田義章の教員勤務はつづかなかったことがうかがえる。

壬申戸籍には、横田家とおなじく和田家家族の生年月が記載されていないが、『明治七年十一月　長野県管轄第拾三大区戸籍之九　清須町』にみられる和田家戸籍では、家族の生年月がわかり、つぎのようになっている。母りうは、文政十一（一八二八）年十月生まれであるから、一八七四年十一月には四十六歳のはずであるが、年齢五十年二月となるなど、つぎのようになっている。

明治七年十一月　長野県管轄第拾三大区戸籍之九　清須町

（九十五）

五番屋敷居住

明治六年五月ヨリ東京第一大区
九小区竹川町二十一番地江寄留

士族　父盛業亡
和　田　盛　治
嘉永三戌年十月

（明治）七年十一月　二十四年二月

母
故松代藩士族医北山林翁亡長女
り　う
文政十一子年十月　五十年二月

（後筆）
明治十三年七月十三日死亡

同人亡長女
姉　は　つ
嘉永元申年十二月　二十六年

（後筆）
十五年十月廿五日同町四百六番地
同居平民雑業永井豊作へ嫁ス

（後筆）
当郡同町横田秀雄姉
妻　ゑ　い

十三年七月十五日入籍　　安政三辰年七月

（以下すべて後筆）

同　居

雑　業

父平八郎亡

永　井　豊　作

十五年十月十六日上水内郡　　嘉永五子年九月廿九日

鶴賀村平民永井平八郎弟　分籍

妻　はつ

十五年十月廿五日　　嘉永元申年十二月十二日

同県士族和田盛治姉

長女　けさ

明治十六年五月十四日

長男　永　井　豊太郎

明治十九年十一月十九日

後筆の「ゑい」の入籍と生年月の「七月」は、ともに誤記で、入籍は「明治十三年九月十五日」、生年月日は「安政三年八月十八日」であった。はつは、一八八二（明治十五）年十月に永井豊作と結婚、和田家に同居した。八三年に長女、八六年に長男が生まれている。

なお、和田盛治は、明治三十二年十月十二日の裁判によって同年十月二十三日、生年月日を嘉永三年十月十三日から嘉永五（一八五二）年十一月十三日に、英は、明治三十二年十一月十九日の裁判により同年十一月十日、生年月日を安政三年八月十八日から安政四（一八五七）年八月二十一日に、それぞれ登記変更してみとめられた（上條宏之編『富岡日記　富岡入場略記・六工社創立記』東京法令出版株式会社　一九六五年。一八九頁）。

一八七四（明治七）年十一月の第十三大区の和田家戸籍では、清須町の戸番が五番屋敷から九十五番屋敷に変更になっている。盛治の二人の弟が戸籍から抜けている。盛治の姉はつは、後筆にあるように一八八二（明治十五）年十月二十五日に清須町四〇六番地同居の永井豊作と結婚した。

盛治の母りう（佐久間象山の姉蕙の娘）は、一八八〇年七月十三日に死亡し、横田英が結婚したことが、後筆でしめされている。この戸籍では、英が結婚した年月日はわからないが、盛治の母が死去したので、盛治の希望で製糸業指導者（教婦）をやめて、一八八〇年九月十五日に和田盛治と結婚した。盛治が二十七歳、英が二十三歳のときであった（べつに詳述）。

和田盛治（一八五二〜一九一二）は、英たちが富岡製糸場へ入場したとき富岡まで同行し、その足で東京に出て、一八七三（明治六）年五月から東京本八丁堀日比谷町三番地（大区小区制で東京第一大区九小区竹川町廿二番地に改称）借宅寄留司法省十三等出仕星野兼賀方へ寄留し、職業軍人になる道を歩きはじめた。

②和田盛治の職業軍人としての歩み

和田盛治の軍人への道にかかわる年譜（和田家提供の年譜を一部修正）は、つぎのようになっている。

信濃国埴科郡松代清須町九十七番地　和田喜長男

士族　和　田　盛　治

嘉永五年十一月十三日生

元服までに弓・馬・槍・剣・銃創などの武術の免許を授けられる

慶応元年十一月十五日　家督相続

明治元年　官軍として初め甲州口　のち転じて越後口に向い長岡藩と激戦の功により賞典二十石加増

明治二年　東京に出て慶応義塾に学ぶ（学費不足のために同五年に退学）。

明治四年八月十三日　母りうの実母北山蕙、長男北山安世に刺殺された。外祖母蕙の遺体の見分を盛治おこなう。

同　年九月二十五日　北山安世の病死体の見分にも盛治があたる。

明治六年五月　東京本八丁堀日比谷町三番地借宅寄留司法省十三等出仕星野兼賀方寄留
明治七年十月三日　陸軍兵学寮（陸軍士官学校）入寮
同　九年三月八日　陸軍少尉試補
同　年四月二十日　東京鎮台歩兵第二聯隊
明治十年二月二十八日　西南ノ役に出征
同　年五月二日　陸軍歩兵少尉
同十三年五月六日　陸軍歩兵中尉
同　年十二月十一日　長野県士族横田数馬・亀代の二女英を妻に入籍（九月十五日結婚）
同十七年六月二日　陸軍歩兵第十八聯隊
同十八年六月三十日　金沢衛戍副官
同廿一年一月廿七日　陸軍歩兵第七聯隊
同廿二年　馬場一輔（英の妹つやの子）を養子とする　小学校卒業後に一輔を盛一と改名
同廿四年一月廿一日　陸軍歩兵大尉
同廿七年〜廿八年　日清戦争に従軍　功五級金鵄勲章
同三十二年四月十二日　陸軍歩兵少佐　近衛歩兵第一聯隊
同　年十一月廿八日　第一師管軍法会議判士長

同三十三年四月十六日　予備役編入
同　年五月三十日　正六位
同三十七年十月廿八日　後尾歩兵第四十三聯隊に属し日露戦争に出征
同三十八年四月五日　日露戦争参戦による胸部貫通銃創により善通寺予備病院病室長に
同　年四月廿六日　第十師管臨時国民歩兵第一大隊長
同三十九年三月六日　陸軍歩兵中佐
同　年四月一日　功四級金鵄勲章
同四十二年十一月十六日　東京府豊多摩郡渋谷町大字下渋谷千二百八番地へ長野県埴科郡松代
　　町七拾三番地から転籍
大正元年秋　胸部貫通銃創の病状が悪化す。
大正二年一月廿日　東京府豊多摩郡下渋谷村一二〇八番地宅にて死去　享年六十三
　　東京府品川海晏寺に葬る。

英は、富岡製糸場に入場する前には、すでに和田盛治と婚約していたので、和田盛治・はつの母りうを、姑と意識していた。『富岡入場記』には、「その前年当家（注：和田家）へ縁組致しますす約束だけ致してありましたから、当家へも右の次第（注：富岡製糸場へ入場すること）を話しますと、幸い主人（注：結婚前の和田盛治）も東京へ一、二ヶ月内に学文しゅ行に参る心組みの所でありましたから、承知してくれました」とある。明治五年に婚約したことがわかる。この英の回想によれば、和田盛治の東京行きは学問修業のためで、軍人になることはきまっていなかったようにみえるが、翌年陸軍士官学校にはいっているから、軍人になる「学文しゅ行」に東京にでたと、わたしは理解している。

盛治が入寮した陸軍兵学寮（明治五年に士官学校・幼年学校・教導団の三校組織となる）についてみると、一八七四（明治七）年十一月、陸軍士官学校条例により陸軍士官学校は陸軍兵学寮から独立し、陸軍大臣が管轄して東京市ヶ谷に校舎をもうけた。生徒は各兵科から士官候補生をつのり、歩騎兵は就学期間二年であった（長谷川怜「陸軍士官学校」宮地正人・佐藤能丸・櫻井良樹編『明治時代史大辞典3』吉川弘文館　二〇一三年）。

盛治は、陸軍士官学校が独立した東京市ヶ谷にあった校舎で学んだとおもわれる。英が盛治と結婚したのは、盛治が東京鎮台歩兵第二聯隊勤務の陸軍歩兵中尉のときであった。

佐久間象山の姉蕙の娘、盛治の母りう（文政十一〈一八二八〉年十月生まれ、一八八〇年七月十三日死す）は、すでにみたように英が結婚して和田家へはいった二か月前に死去する。享年五十二であった。

盛治の軍人としての歩みはじめたころの生活の一端は、英より先、一八七八（明治十一）年十一月末に東京に出、いったん帰郷したのちに法曹界をめざして一八八〇年に東京に出て、司法省法学校に入学する前、東京の和田盛治家に同居した秀雄によって横田家につたえられた。

一八七八年五月、横田秀雄が、前年末からの最初の在京中、大久保利通が刺殺された五月十四日に母亀代に宛てた手紙は、海軍製造課の雇であった山越清十郎（横田家の「僕」小三太の兄）にあい、帰国して酒類の商法をすることにしたと聞いたことといっしょに、つぎのような、和田盛治の不都合なことを聞いたと書いている（前掲『家の手紙』一四九頁）。

和田君少尉補ニ拝命ノ後、放蕩ニシテ一夜ノ下宿ニ留ル事ナク、夜々娼妓屋ノ如キ処ニ行キテ締無キ故、清十郎度々之ヲ諌メ候由、然レドモ謹慎ノ様子モ深ク無之ニ付、度々御母上様方へ清十郎ヨリ絶縁之事、御勧メ申度之処、取込中故、終ニ申上ゲズ候由、且御意モ有之由、確トハ承ラズ候ヘ共、右様之次第、能々両御姉上様ト相談被下度、且和田君ノ頸ノ廻リニ腫物出来居リ候。シカシ此腫物ハ、何者ニ候哉、証トハ為スニ足ラズト雖モ、山越氏能々申聞ケ呉レ候ニ付、一寸物語ニ及ビ候

この話は、英の結婚を遅らせ、しばらく富岡製糸場での伝習継続と帰郷後の製糸業教婦として英が働きをつづけることをうながした、とわたしにはおもわれる。盛治も英も、年齢でみれば、通常みられた結婚より遅かったことが、双方に生活上の変化をもたらせたのであった。

その後、和田盛治は落ち着きをとりもどし、東京に弟義章ら家族四人で住んだ。秀雄が、司法省法学校の受験のため二度目に東京に出た一八八〇（明治十三）年には、この和田家に家族同様にあつかってもらい、司法省法学校の入学試験に臨んでいる。

一八八〇年五月十一日、秀雄が父数馬に宛てた手紙には、泊めてもらった和田家への謝礼をどうしたらよいか、「同家にては、全く一家同様の御取扱へ故、御礼差上候も、却て不都合の様ニも存じ候間、御尋での節、御指教奉願候」とある。また「和田兄君も此度陸軍中尉ニ昇進セラれ、欣喜の至りに候。右ニ付、兄君よりも宜しく御承知有之度由、御伝言有之候」と書いている。

この二か月後に、盛治の母りうが死去、英が結婚して東京に出ることとなった。

第四章　長野県内からの富岡製糸場伝習工女の入場

一　富岡製糸場への伝習工女の募集と工女の諸条件

富岡製糸場が繰糸工女を雇い入れるにあたって、長野県は、明治五（一八七二）年三月十七日に「1富岡製糸場工女雇入につき県達」をだした。これは、募集工女の条件に十五歳から二十五歳までの年齢制限をつけ、有志の名前・年齢を村ごとに取り調べ、直接富岡製糸場に申し立てるよう指示した。

和田英の回想録には、工女募集は「十三歳より二十五歳迄」、「一区につき十六人」とあったとしている。しかし長野県達には、つぎにしめすように、「十五歳より廿五歳迄を限」とある。英と同行した河原鶴が十三歳（実際は十一歳）、最年長の和田はつを二十五歳と公称したことから、英が事実をもとに「十三歳より二十五歳」としたことが推察される（くわしくは後述）。

1　富岡製糸場繰糸工女雇入につき長野県達―伝習工女の募集

今般上州《じょうしゅう》（注：上野国、群馬県のこと）富岡製糸場ニおゐて、繰糸工女雇入相成候間《あいなりそうろう》、有志之者ハ名前・年齢取調富岡製糸場へ可申立候《もうしたつべく》。猶《なお》、委細之義《いさいのぎ》は右掛《かかり》より承知可致候事《いたすべく》。

但《ただし》、年齢は十五歳より廿五歳迄を限《かぎり》候也。

右之通相触《あいふれ》候条、得其意《そのいをえ》小前《こまえ》（注：庶民のこと）末々迄無漏《もれなく》相達し、留村《とめむら》（注：最後に達しが行った村）より可相返《あいかえすべき》者也。

壬申《みずのえさる》（注：じんしん。明治五年のこと）三月十七日

長野県庁　印

つづいて、六か月後の明治五年九月、富岡製糸場は、近県や東北諸県に「2　富岡製糸場の勧奨状及び富岡製糸伝習工女雇入方心得書」をだした。これには、「上州ノ富岡へ盛大ノ製糸場御建設」の主旨がうたわれた。また、この勧奨状につけた「繰糸伝習工女雇入方心得書」の第一項には、年齢十五歳より三十歳まで、一つの地域から人員一〇人より一五人までに限る、とされた。派遣された松代伝習工女の年齢は、満年齢で十三歳から二十四歳、人数は一六人。年齢・人数いずれも明治五年九月の富岡製糸場の勧奨状のきまりを超えていた。心得書のままでは、伝習工女数を確保できなかったため、このメンバーでも富岡製糸場は受け入れたのであろう。

「別紙」には、年齢・人数以外に、富岡製糸場での待遇の基本が五項しめされた。

工女の給料は三等級の年給が書かれ、つぎのような金額がきめられていた（富岡製糸場誌編さん委員会編『富岡製糸場誌　上』富岡市教育委員会　一九七七年。一五四、一五五頁）。

一等　金二十五円　　二等　金十八円　　三等　金十二円　　等外　金九円

月賦ヲ以テ之ヲ給ス。

別ニ毎人金五円、夏冬ノ服料トシテ給ス。

賄料一日毎人七銭一厘有。寄後改メテ九厘トス。

2　明治五年九月　富岡製糸場の勧奨状及び富岡製糸場繰糸伝習工女雇入方心得書

勧奨状《かんしょうじょう》

御国内製糸良好ノ品出来《しゅったい》候為《た》メ、今般上州富岡へ盛大ノ製糸場御建築相成、此程（注：明治五年十月四日）ヨリ製糸開業相成、仏蘭西《フランス》男女教師御雇入ニテ夫々《それぞれ》御国内婦女子へモ伝習為致候《いたさせ》処、其《その》管内ニ於テモ従来製糸等営来《いとなみきた》リ、業前《わざまえ》（注：技能のこと）未熟ノ者ハ、別紙工女雇入心得書ニ照準シ、人選ノ上名前取調べ差出可申《もうすべし》。尤《もつと》モ、追テハ養蚕多分有之《これある》地方へハ製糸場モ施設致度《いたしたく》、其節ハ繰糸ノ教師ニモ可相成《あいなるべき》人物ノ儀ニ付、夫是差含人撰《それこれさしふくむじんせん》方針取計《とりはからい》、来《きたる》十一月廿九日迄ニ当人製糸場へ差出可申《もうすべき》事。

（別紙）富岡製糸場繰糸伝習工女雇入方心得書

一　年齢十五歳より三十歳まで、人員十人より十五人までを限り候事。

一　上州富岡迄の旅費の儀は自分賄《じぶんまかない》（注：自己負担とすること）の事。

一　御雇中居所の儀、繰糸場中に為取締《とりしまりのため》一構《ひとかまえ》の寄宿所設置、三人を一部屋として御賄（注：食事がつくこと）被下《くだされ》、夜具其他都《すべて》而御貸渡し、五部屋に付小使女一人附被下《つけくだされ》、且《かつ》日日入湯為致《いたさせ》候事。

一　一等工女年給金弐拾五両、二等工女年給金拾八両、三等工女年給金拾二両づつ被下《くだされ》候事。
但、製糸場着の上、一ケ月間、業前《わざまえ》・工体《こうたい》（注：繰糸の技能や蒸気器械製糸の生産工程）馴不馴《なれふなれ》等相正《あいただ》し、本文一等より三等迄の等級相定《あいさだめ》候事。

一　天長節《てんちょうせつ》（注：天皇誕生の祝日で、明治元年に太政官布告で九月二十二日と制定。明治六年太陽暦採用で十一月三日に変更）並《ならびに》七節（注：明治六年の太政官布告第三四四号で天長節＜十一月三日＞のほかの「年中祭日・祝日等の休暇」をきめた。これは、その前年の心得書である。）其外月々日曜日（注：わが国の日曜日休日制は、明治九年三月十二日付の太政官達第二七号により全国的に開始。それ以前は、一、六休暇＜一と六のつく日を休暇＞がおこなわれていたが、フランス人のいた富岡製糸場は日曜休日制を早く導入した。）休暇の事。

一　工女取締向の儀は、日々繰糸業始め休暇・遊歩（注：のちの遠足に相当するもよおし。英の記述には「小幡城跡」「一ノ宮へお花見」などを行ったことが見える。）等に至迄《いたるまで》、一定の規則設置致置《いたしおき》、婦道（注：女の守るべき道）に背戻《はいれい》（注：そむきもとること）候所業《しょぎょう》等は聊《いささ》かも無之様《これなきよう》、掛官員始め工女取締役老女に進退《しんたい》（注：職務上の役割）為致《いたさせ》候事。

休暇を規定した第五項の七節とは、一八七三（明治六）年の太政官布告第三四四号で天長節（十一月三日）がきまり、「年中祭日・祝日等の休暇」として、元始祭（一月三日）、新年宴会（一月五日）、孝明天皇祭（一月三十日）、紀元節（二月十一日）、神武天皇祭（四月三日）、神嘗祭（九月十七日）、新嘗祭（十一月二十三日）の皇室行事中心にシフトした七つを祭日・祝日ときめた。この心得書はその前年であるので、「七節」と明記されていないが、具体的には、ほぼおなじとおもわれる。

また、富岡製糸場の日曜日規定は、わが国の日曜日休日制が、一八七六（明治九）年三月十二日付の太政官達第二七号によって全国的に開始されるよりはやい。日曜日休日制以前は、一、六休暇（一と六のつく日に休む）がおこなわれていた。フランス人の主導した富岡製糸場は、日曜休日制を全国より早く導入したことがわかる。

この「勧奨状」で、富岡製糸場雇入れの繰糸工女は、今後、養蚕のさかんな日本各地にもうけられる蒸気器械製糸場で「繰糸ノ教師」をつとめる人材となるとしている。富岡式蒸気製糸技術を習得する「伝習工女」の、技術習得後の目的がしめされた。

また、伝習工女が富岡製糸場へはいるための旅費などは自己負担とする、入場すれば寄宿所にはいる、三等級の年給が支給される、休日やレクリエーション（遊歩）の機会がある、若い女性が身をもち崩さないよう官員・工女取締の「老女」をおくなど良好な環境である、などの製糸場における工女たちの生活諸条件を具体的にしめしていた。

横田英たち松代工女は、地元に埴科郡西條村製糸場（六工社）が設立されたとき、さらには長野県営製糸場を建設したときの指導的工女となる目的をしめされ、富岡製糸場で蒸気器械製糸技術を伝習することになった。

二　富岡製糸場の工女募集をめぐる「うわさ」と初期入場工女

英は、富岡伝習工女の募集に、「血をとられるのあぶらをしぼられるのと大評判に成り」、応募者がすくなかったと記述している。この噂《うわさ》は当時広く流布していた。

フランス人が赤ワインを飲むことからきた誤報で、明治五年五月に富岡製糸場を管轄していた大蔵省勧農寮が出した「告諭書」には、富岡製糸場に雇われた「外国人」によって「生血ヲ取ラルル抔《など》ト妄言ヲ唱《とな》ヒ、人ヲ威《おど》シ候者モコレアル由、以《もっ》テノ外《ほか》ノ事」とある。

長野県が、明治五年五月四日、「告諭書」をうけて県内に「3　富岡製糸場繭買入幷繰糸工女募集告諭書」（長野県編『長野県史　近代史料編　第五巻（三）蚕糸業』長野県史刊行会　一九八〇年。〈以下『長野県史　蚕糸業』と略す〉八一三、八一四頁）を達した。

この佐久出張所から戸籍区戸長宛にだされた告諭書は、富岡製糸場のすぐれた特色として、原料の生繭買入、座繰生糸より二、三割高値で世界に売れる生糸を生産できるとし、富岡製糸場を「御場所」とよんだ。官営模範製糸場は、明治五年五月十日から創業するので、四〇〇人の工女を募集する、工女たちの住居・給料もととのえ、健全な環境であるので応募するようにうながしていた。

1　富岡製糸場繭買入幷繰糸工女募集告諭書県達―富岡製糸場開業直前

壬申《みずのえさる》五月四日達

先般相達《あいたつし》候上州富岡製糸場ニおゐて、生繭《なままゆ》（注：養蚕農家で出来たてで蛹《さなぎ》を処理しない繭を原料として購入、工場内で蛹を蒸気で殺した）買入幷《ならびに》繰糸工女傭之儀《やといのぎ》ニ付、右掛り管（官）員巡廻、便宜之地ニ者滞留致し、事務取扱候条相心得《あいこころえ》、諸事用向《ようむき》申談ジ候節者、指図《さしず》次第《しだい》取計《とりはからい》、差支無之《さしつかえこれなき》様可致事。

壬申四月

（別紙）　告諭書

今般富岡表へ製糸場御取開相成、仏蘭西《フランス》ブリュナ（注：お雇いフランス人首長ポール・ブリュナ）其外《そのほか》男女十人余御雇入、蒸気汽灌（罐）（注：ボイラーの蒸気）をもって繭を蒸《む》し、車を以《もって》糸を引き、まゆに有丈の糸を残さず操出《くりだ》し、いとの光沢《こうたく》よく中端揃《そろ》ふやうに出来《しゅったい》せバ、西洋におゐて是迄《これまで》より直段《ねだん》二、三割も高く買取候事者いふまでもなく、器械にて（注：日本で普及していた座繰製糸の道具を「蒸気器械製糸の器械」に変える）糸をとれバ多分の人手間《ひとでま》をも省《はぶ》き御国の利益少なからず、もはや追々御場所（注：富岡製糸場）も出来《しゅったい》（注：明治四年三月十三日に着工した主要建物は明治五年七月にほぼ完成する）致し、来五月十日頃より新まゆ御買取相成、右器械ニて糸とり相始り候ニ付（注：明治五年十月四日に操業開始）、糸取手馴《てなれ》たる婦女子四百人余御入相成候間、心懸《こころがけ》ケ（注：糸取の心得）これある者ハ来ル五月晦日《みそか》迄ニ製糸場へ名前書届ケ出べし。

御雇ニ相成上者、住居所も不自由なきよふ（注：工女のため寮を完備していたこと）御仕向、御賄《まかなひ》にて給料も相応ニ御手当相成、尤《もつと》モ多人数集会いたし候得者、婦女子の義者別して猥《みだり》の事これなき様、御とり締りこれあるニ付、掛念《けねん》なく申出《もうしいづ》へく候。

扨《さて》、世間ニてハ西洋人ニ近付《ちかずけ》バ生血《いきち》をとらるる抔《など》、様々の妄説《もうせつ》（注：根拠のないまちがった説）もこれある様相聞《あいきこえ》候得共、全く左様之事者是《これ》なく、外国にても我国にても人情に替《かわ》りたる事ハ少もなく、われ（注：日本人）に人情をもってすれハ彼（注：フランス人）もまた人情を以て応ず。何も血をとるよふの仕業《しわざ》あるべきや。現在横浜・東京ニおゐて不断《ふだん》外国人ニ交《まじわ》り候而《て》も是迄右様の事者無之《これなく》、畢竟《ひつきよう》（注：結局は）開化ニうつる自然の道理を心得ざる人の説にて、訳もなき僻言《ひがごと》（注：まちがった言葉）なり。夫等《それら》の事ニ差搆《さしかまわ》す一日も早く大利益を得るの道を志《こころざ》し、新奇《しんき》の業《わざ》（注：富岡式蒸気器械の繰糸技術）を覚へ取るこそ肝要の事なれバ、此段説諭ニ及び候なり。

壬申四月

右之通相触候条、得其意《そのいをえ》、触元《ふれもと》ニおゐて写取《うつしとり》其区内小前末々迄不漏《もれざる》様相達《あいたつし》、本紙ハ早々隣区江《へ》順達、留《とま》り合可相返《あいかえすべき》もの也。

壬申五月　　佐久出張所

拾区戸長中

富岡製糸場は、フランス人の女性技師が繰糸などの指導にあたり、伝習工女はフランス人女性技師と心をかよわせた師弟関係をたもち、蒸気器械製糸技術を学ぶようにする、とまず人事構成上の特色をかかげている。ここでは、「世間ニてハ西洋人ニ近付《ちかずけ》バ生血《いきち》をとらるる抔《など》」というのは「妄説」だと否定した。同製糸場は、日本に出来たフランスの工場といったおもむきをもっていた。

伝習工女の雇入れ期間は一年以上三年迄ときめられていたが、退場後に地域に創設される蒸気器械製糸場で働く予定から、英たち松代工女たちは一年契約で入場した。

つぎにかかげた「4　工女寄宿所規則」によれば、寄宿所は工女二〇人につき、一等工女からえらんだ部屋長一人をおく、「割符」を保護者などにあらかじめ渡しておき、外部の人が寄宿所にはいることを極力制限する、正副取締役のもとに、部屋長は厳しく工女に規律を守らせる、とした。

松代伝習工女たちが入場したときの部屋長は、日曜日などに外出するさいの心得を細かく守らせ、寄宿所内の生活を静粛・清潔・健康維持などに留意させ、火災など危機管理にも気をくばった。また製糸場の労働時間・労働環境は、国営模範工場として重視し、整えられていた。

2　明治五年十月　富岡製糸場工女寄宿所規則

（1）工女日々事業ノ儀ハ、繰糸所掲示規則ノ通可相守《あいまもるべき》事。

（2）外国婦人ノ儀ハ、製糸伝習ノ為メ御雇ニ相成候儀ニ付、銘々《めいめい》師弟ト相心得、諸事指図ニ随ヒ本業可致精励《せいれいいたすべき》事。

（3）雇入工女、本日ヨリ一ヶ年以上三ヶ年迄、望次第差免候事。
但、期限中無拠訳合有之、暇相願度者ハ、身元並ニ邨《むら》役人証印、事情巨細相認《あいしたため》申出候ヘバ、詮議ノ上差免シ可申《もうすべく》候。私事都合等ノ儀ニテハ一切不相成《あいならず》候事。

（4）工女二十人ヲ一組トシ、組毎ニ部屋長一人ヅツ相定候事。
但、部屋長ノ儀ハ、一等工女ノ内ヨリ相選《あいえらび》候事。

（5）銘々身元ヘ割符《わりふ》相渡シ置、用事出来応対ニ来リ候者ハ右割符持参可申《もうすべし》。割符無之者《これなきもの》ハ親族タリトモ面会不相成《あいならず》候事。

（6）取締役正副ノ内、朝夕見廻リ人員検査ノ節ハ、部屋毎ニ銘々正座シ、部屋長ヨリ姓名可申立《もうしたつべき》事。期限中日曜日ノ外、門外ヘ立出候儀一切不相成《あいならず》候事。
但、日曜日遊歩等ニテ外出ノ砌《みぎり》、壱人ハ不相成、二人ヨリ以上勝手タルベキ事。

（7）外出ノ節ハ取締役ヘ相届ケ、銘々名簿申受門侯《もんこう》（注：門番）ヘ相渡シ置、入門ノ節受取取締役へ相届ケ可申《もうすべく》候事。

但、門限明六ツ時《あけむつどき》（注：卯の刻、いまの午前六時頃）夕暮六つ時《くれむつどき》（注：酉の刻、いまの午後六時頃）限リノ事。

（8）外出ノ節ハ不及申《もうすにおよばず》、部屋内タリトモ動容周旋《どうようしゅうせん》（注：動作と容儀と進退、たちいふるまい）、総テ《すべて》謹粛《きんしゅく》（注：つつしむこと）ニ致シ婦道ニ背戻ノ作業一切致シ間敷候事。
但、戯言《ざれごと》（注：ふざけたことば）、小謡《こうたい》（注：謡曲中の短い一節を抜き出して囃子＜はやし＞をともなわずに謡うもの）、高声《たかごえ》其外肌脱《はだぬぎ》等総テ非礼無之様心懸《こころがけ》可申《もうすべき》事。

（9）身体ハ勿論衣服等可成丈《なるべくだけ》清潔ニ可致《いたすべき》事。
但、衣服洗濯・梳粧《そしょう》（注：髪をくしけずり、化粧すること）ハ日曜日タルベキ事。

（10）病気等ニテ出勤致シ兼候節ハ、部屋長ヨリ取締役へ相届可申《もうすべき》事。
但、取締役病躰見届、其趣可申出《もうしいずべし》。尤《もっとも》、当病ハ承《うけたまわ》リ置可申《もうすべき》事。

（11）寄宿所内へ掛リ官員並ニ賄方《まかないかた》ノ外、男女共立入候儀一切不相成候事。

（12）医師、按摩、呉服、小間物商人、髪結人等公撰ノ上出入差免シ可申。尤、医師、按摩外婦人ニ限リ候事。
但、出入ノ節ハ取締役へ相届可申事。

（13）自費外来願出候者、都合ニ寄可差免。然ル上ハ総テ御雇工女同様、御規則可相守。尤、門外ノ儀ハ制外タルベキ事。

(14) 諸口鎖鑰《さやく》(注:じょうまえと、かぎ)ノ儀ハ取締所ヘ預ケ置キ、開閉ノ節ハ自身取扱可申候事。

(15) 出火其外非常ノ節ハ、取締役差図イタシ一纏《ひとまと》ヒニ相成、立退可申事。

右ノ条々相定候条、正副取締役ノ儀ハ、日々繰糸所ヘ出頭イタシ、工女一同ノ勤惰《きんだ》ヲ視察シ、休日ハ不及申《もうすにおよばず》、時々部屋内見廻リ、一切取締向ニ心ヲ尽シ、部屋長及ビ工女共規則ノ条々堅ク相守候様説示シ、若《もし》背戻致候者ハ直《ただちに》ニ督責シ、掲載ノ条々践行為致《せんこういたさせ》候儀、専務タルベキ事。

明治五年壬申十月

工女寄宿所には、こうした工女の生活面に配慮がある有意義な製糸場であると、富岡製糸場では、回をかさねて布達した。しかし、地元群馬県と尾高惇忠の郷里をふくむ埼玉県以外の府県からの入場工女はすくなかった。一八七三(明治六)年一月には、長野県出身工女数も一一人にとどまっていた。

一八七三年一月の「傭人寄宿婦女名簿」に登載された四〇四人の府県別工女数をみると、つぎのように、群馬県・埼玉県以外はすくない実情にあった(前掲『富岡製糸場誌　上』一五五頁)。

関東　群馬県　二二八人(五六・四%)　埼玉県　九八人(二四・三%)
　　　栃木県　五人　東京府　一人
信越　長野県　一一人(二・七%)

北陸	石川県	一人		
東海	静岡県	六人（一・五％）	浜松県	一二人（三・〇％）
東北	置賜県	一四人（三・五％）	宮城県	一五人（三・七％）
	酒田県	三人	水沢県	八人（二・〇％）
近畿	奈良県	二人		

地元群馬県と役職に就いた女性のおおかった埼玉県（入間県をふくむ）が三二六人と、八割を超えた。浜松・静岡は、旧幕府関係者の子女が中心であった。入場工女のあった府県には、かならずしも養蚕地域ではないところがあった。

長野県内からの富岡伝習工女で、一八七三（明治六）年一月までに富岡製糸場にはいっていた工女をみると、つぎのような人びとであった（「自明治五年至同二十二年　富岡製糸場長野県出身工女名簿」前掲『長野県史　蚕糸業』八一四頁）。

住所	保護者	続柄	等級	工女氏名	年齢	入場年月	出場年月
長窪古町	次郎三	娘	七	伊藤　多以	拾六年	五年九月入	七年九月出
同	蔵六	妹	一	城戸　政	拾八年	同	八年八月出
同	助次郎	姪		小平　いく	拾六年	五年十月入	六年七月出

同	源次郎	娘	三	篠原　とま	拾七年	同	七年九月出
野沢村	喜三郎	娘		村上　熊野	廿一年	六年一月入	六年五月出
原　村	五郎兵衛	娘	六	佐藤　琴	廿二年	同	同
春日村	佐　助	娘		伊藤　富久	拾九年	同	六年十二月出
平賀村	顕　斎	娘	一	上原　浪の	拾七年	同	八年七月出
同	同　人	娘	四	上原　まん	拾四年	同	同
同	惣右衛門	娘		内藤　基	拾六年	同	六年五月出
同	観　明	娘		高坂富士の	廿　年	同	同

ちょうど一一人である。小県郡長窪古町（いまの長和町長窪古町）四人、佐久郡の原村・野沢村・春日村各一人、平賀村四人（いずれもいまの佐久市）の内訳であった。

比較的群馬県に近い佐久地域か、中山道にそった小県郡内からの入場であった。

一一人のうち、三年任期を終えたのは、長窪古町の城戸政（一等工女）、平賀村の上原浪の（一等工女）・上原まん（四等工女）の三人だけであった。五か月で退場した工女が四人いた。

三　長野県埴科郡松代町から入場した富岡伝習工女の実像

1　松代富岡伝習工女の応募状況

松代伝習工女は、一八七三（明治六）年四月から翌年七月まで、当初の一年契約を尾高惇忠所長のもとめで延長し、富岡式蒸気器械製糸技術の伝習につとめる。

和田英の『富岡入場記』（『富岡日記』）には、いっしょに入場した一六人が働く場以外の各種生活の場面にも登場する。なお、河原つる・坂西《ばんざい》たきの二人が中途で退場する。

英は、富岡製糸場入場をゆるされて「一人喜び勇んで日々用意を致しておりますと、河原鶴子が、英が行くならと申し出、ついで英の許婚であった和田盛治の姉初が行くことになった。「さあこのようになりますとふしぎな物で、私の親類の人、又は友達、それを聞伝いて我も我もと相成りまして、都合十六人出来ました」（『富岡入場記』の本文「私の身元」）としるしている。

富岡製糸場に入場し、寄宿所のおなじ工女部屋に誰がはいるかをきめるとき、「河原鶴子・金井新子・和田初子・春日蝶子と私と五人一所に居ました。六畳敷に六尺の押入れ二カ所、中々込合いますから四人に致すようと申されましたが、いずれもはなすわけに参りません。皆いやだと

富岡に行った工女たち　前列　右から和田はつ、横田ゑい、金井しん　後列　右から河原つる　春日てふ

申しますからそのように申しましたら、それではそのままでよろしいと申されました」（『富岡入場記』の本文「道中のいろいろ」）とある。この記述をみると、すくなくとも、この五人は既知の親しかったメンバーであった。

　松代町で、河原つるは家老の娘で河原家は横田家と交流があった。金井しんは英の祖母むろの実家、和田はつは横田ゑいが婚約していた盛治の姉であった。五人のうちただ一人士族でなかった春日てふはゑいとおなじ代官町に住んでいた。春日てふは、ゑいとともに、富岡製糸場から松代の両親宛に手紙を書いている。商人の娘であり、みごとな文字を毛筆でしたためている（富岡市史編さん委員会編『富岡市史　近代・現代資料編（上）』富岡市　一九八八年）。

松代伝習工女は、富岡製糸場の工女名簿に、つぎのように記載された（前掲『長野県史　蚕糸業』八一四～八二三頁）。

『自明治五年至同二十二年　富岡製糸場長野県出身工女名簿』松代町

住所	保護者	続柄	等級	工女氏名	年齢	入場年月	出場年月
士族 松代	均	娘	六	河原 鶴	拾三年	六年四月入	七年二月出
同	数馬	娘	三	横田 英	拾七年	同	七年七月出
同	盛春	姉	三	和田 はつ	廿五年	同	同
同	石右衛門	娘	三	小林 多加	廿一年	同	同
同	同		三	小林 秋	拾六年	同	同
同	友次郎	妹	三	米山 志摩一	拾九年	同	同
同	慊雄	娘	三	金井 しん	拾四年	同	同
同	藤右衛門	娘	三	長谷川 浜一	拾三年	同	同
同	妙成	娘	三	酒井 民	拾七年	同	同
表柴町	長作	娘	四	塚田 栄	拾七年	同	同
代官町	喜作	娘	三	春日 蝶一	拾六年	同	七年九月出
四台町	亀治	娘	三	小林 岩	拾六年	六年四月入	七年七月出
御安町	友吉	娘	三	福井 亀一	拾八年	同	七年七月出
同	吉五郎	娘	三	東井 留	拾九年	同	七年七月出
士族	宜茂	娘		坂西 滝	拾五年	同	六年八月出
同	小十郎	妻	五	宮坂 品	拾四年	同	七年七月出

別雇清須町	友吉	娘	二	福井	亀二	廿年	十年一月入	十年五月出
同　松代町	喜作	二女	三	春日	蝶二	十八年	同	同
同士族松代	友次郎	妹	二	米山	島二	弐拾年	同	同
同同　同	藤右衛門	娘	三	長谷川	浜二	拾六年	同	同
別雇西条村	仙十郎	娘	三	八木沢	浪	廿四年	同	同
同士族松代	旗之助	五女	四	樋口	基	廿一年	同	同
同同　同	竹五郎	長女	四	窪田	園	拾八年	同	同

注：春日蝶の富岡製糸場からの出場年月は「七年九月」とあるが、正しくは「七年七月」であった。

一八七三（明治六）年四月入場の一六人のうち、すでにみたように、河原鶴・横田英・和田初・金井新は、ふだん付き合いのあった士族の娘たち。春日蝶は商人の娘であったが、英の近くに住んで交流があった。

いっぽう、坂西滝・酒井民・米山島・小林岩の四人は、松代四ツ屋町の松代代官町居住の士族藤岡伊織の所持地の借地居住の娘たちで、近所の知りあいがまとまって富岡に出かけたことがわかる。

松代工女には、工女の出入りがはげしく力のある工女がすくなかった富岡製糸場が、「別雇」という制度をつくって松代へも再入場を期待したので、一八七七（明治十）年一月～五月に入場した七人（氏名の下にある一、二は入場回数）がいた。

彼女たちをふくめて延べ二二人の松代伝習工女のうち、富岡製糸場での繰糸技術の等級をみると、二等工女二人、三等工女一四人、四等工女三人、五等工女一人、六等工女一人で、等級のつかなかったのは五か月で退場した坂西滝だけであった。のちにみるように、長野県内他地域からの伝習工女たちにくらべ、等級のついた工女がおおかった。この等級は、最初にしめされたものを改訂したのちのものであるが、技術習得に熱心であったあらわれが、等級を得たところにうかがえる（第五章で後述）。

2 松代からの富岡伝習工女の実像

一八七三（明治六）年四月に入場した松代伝習工女の身分は、士族一一人（うち卒族二人）、平民五人からなっていた。「未来の妻」一人（宮坂品）をふくむ未婚女性のみ一六人、戸籍筆頭者にたいして姉一人、妹一人、娘一三人の内訳であった。

富岡製糸場に入場した一八七三年四月一日現在の満年齢のわかるものは、河原鶴十一歳、横田英十五歳、和田初二十四歳、小林多加十九歳、小林秋十四歳、米山志摩十七歳、塚田栄十五歳、春日蝶十四歳、福井亀十六歳、東井留十九歳、宮坂品十二歳であった。金井新は十二歳、坂西滝は十三歳であったとおもわれる（前掲、上條宏之『富岡日記　富岡入場略記・六工社創立記』註および解説参照）。

表　明治４(1871)年正月　松代藩士族卒給禄適宜現石調(士族の部)

旧石高	現米	戸数	%
1,000 石以上 1,400 石	43 石 9 斗 2 升 6 合～ 56 石 5 斗 2 升 6 合 4 勺	6	0.3
500 石以上 1,000 石未満	28 石 1 斗 7 升 5 合 6 勺～ 34 石 4 斗 7 升 5 合 7 勺	14	1.9
300 石以上 500 石未満	21 石 8 斗 7 升 5 合 3 勺～ 26 石 6 斗 0 升 0 合 6 勺	17	2.4
200 石以上 300 石未満	18 石 7 斗 2 升 5 合 2 勺～ 21 石 5 斗 4 升 4 合 5 勺	35	4.9
100 石以上 200 石未満	15 石 5 斗 7 升 5 合 1 勺～ 18 石 4 斗 1 升 0 合 2 勺	119	16.5
小　　計		191	26.5
50 石以上 100 石未満	14 石 0 斗 0 升 0 合 0 勺～ 15 石 4 斗 1 升 7 合 6 勺	101	14.0
50 石未満　300 番以下	玄 1 人現米 1 石 7 斗 7 升　5 斗入 50 俵 籾 3 人～ 玄 1 人現米 13 石 9 斗 0 升 1 合 7 勺	429	59.5
合　計		721	100
卒族　1,926 戸			
現米 8 石 5 斗 4 升 7 合 8 勺　1 戸～現米 1 石 6 斗　2 戸　（ただし 1 戸 8 斗）			

大平喜間多編『松代町史　下巻』(松代町史編纂委員会　1929 年) 附録 20 ～ 52 頁より作成
松代町史復刻続町史刊行会　1972 年復刻発行

士族・卒族の一一人は、松代藩家老をつとめた河原均の娘鶴から、卒族米山友次郎の妹志摩（島）のような旧下層武士の女性まで身分に差があった。一八七一（明治四）年の「松代藩士族卒給禄適宜現石調」（以下、「現石調」と略す）によると、士族七二一戸、卒族一九二六戸であった（表参照）。

卒族は、一八七二年に士族に編入されたものがあるいっぽう、二五〇戸近くが平民籍へうつされた。

工女のうち上級武士とみてよい家出身者は、河原つる、金井しん、横田ゑい、和田はつの四人であった。家の知行石高などは、つぎのとおりであった。

河　原　均　旧高五五〇石（改正現

米二九石七斗五升五合、上位から十五番）

金井　㥦雄　同　三五〇石（現米二三石四斗五升六勺、二十七番）

横田　機応　同　一五〇石（現米一七石一斗五升一勺、八十八番）

和田芳太郎　同　一〇〇石（現米一五石五斗七升五合一勺　百五十一番）

士族の石高別を表示すると、河原家は上級二〇戸（二・二パーセント）に、金井家は三七戸（四・六パーセント）にはいる。横田家と和田家は、一〇〇石以上二〇〇戸未満の一九一戸（二六・五パーセント）にはいるので、上級士族の下位に属したといえる。

つぎの三人は、石高では五〇石未満（士族の下位五九・五パーセントに属す）の中級・下級士族といってよかった。

長谷川藤右衛門　五斗入三四俵下二人（現米九石四斗五升一合一勺、三百八十八番）

坂西　宜茂　一五俵籾二人（坂西正之進　現米六石八斗五升、五百四十五番）

酒井金太郎　金四両上一人下二人半（現米六石四斗八升一合一勺、六百三十番）

士族小林石右衛門家の石高などを、わたしは確定できていない。「現石調」に旧高八〇石一〇石添高（現米一五石六升六合六勺）の小林田鶴助、旧高納五〇俵玄五人（現米一四石二斗七合七勺）の小林藤太、旧高五斗入五〇俵中二人籾三人（現米一四石一斗二升五合八勺）の小林盛太郎、旧高五斗入五〇俵中三人（現米一三石四斗八合四勺）の小林清右衛門の四家が中級士族であるほか、下級士族に小林斎太など六家があった。小林石右衛門家がいずれであるか不明である。中級あるいは下級の士族の出身であったことは、たしかであろう。

卒族は、米山友次郎（嘉永三〈一八五〇〉年二月十一日生まれ、父嘉兵衛長男。妹しまは、嘉兵衛三女で安政二〈一八五五〉年十一月二十一日生まれ）と宮坂小十郎の二人であった。

士族以外では、塚田栄が畳刺職人（表柴町）塚田長作の娘、東井留が柳骨柳細工（折職、御安町）東井吉五郎（文政十一〈一八二八〉年十二月十三日生まれ、水内郡栗田村中村與四郎二男、養父東井喜八）の娘、小林岩が左官（四ツ屋町）小林亀治の娘、春日蝶が古着商（代官町）春日喜左久（春日忠左衛門長男文化十一〈一八一四〉年五月四日生まれ）の娘、福井亀が工（御安町、祖父は東京府下深川三十三間堂町で職業「工」）の福井友吉（東京府深川区三拾三間堂福井平八二男、福井彦九郎の養嗣子となる。文政九〈一八二六〉年四月十日生まれ）の長女（安政三〈一八五六〉年九月十六日生まれ）であった。

坂西滝、酒井民、米山志摩、小林岩の四人は、すでにふれたように、横田英や春日蝶が住んでいた松代代官町の士族藤岡伊織が所持する土地を借りた家に居住していた友だち同志であった。

松代工女たちは、入場にあたって、蒸気器械製糸技術による西條村製糸場（のちの六工社）をつくる目的があったので、その準備をかねて入場した（第六章で後述）。また、すでにふれたように、富岡伝習工女が地元に帰ってから西條村製糸場で製糸教授として働いていて、富岡製糸場が力のある製糸工女の再入場を「別雇」でもとめたため、一八七七（明治十）年一月から五月まで、松代町と西條村から、福井亀、春日蝶、米山嶋、長谷川浜の四人が再入場した。

別雇で、あらたに入場した四人の出自をみると、西條村製糸場の経営者樋口旗之助（樋口記八郎長男、旧高一二五石〈明治二年現米一六石三斗六升二合六勺〉、文化十四〈一八一七〉年三月生まれ、一八九七〈明治三十〉年五月十九日死す）の娘樋口基、八木澤仙十郎（文政十〈一八二七〉年七月七日生まれ、一九〇六〈明治三十九〉年十一月二十日死す）の長女八木沢浪（嘉永六〈一八五三〉年八月十三日生まれ）、窪田竹五郎（窪田清左衛門長男　文政六〈一八二三〉年四月二十六日生まれ、一八九六〈明治二十九〉年三月廿日死す）の長女窪田園（安政五〈一八五八〉年一月五日生まれ）であった。

福井亀は、第二回入場のときの住所が御安町から清須町に変更になっていた。西條村製糸場の経営者大里忠一郎（天保六〈一八三五〉年八月二十一日生まれ、西條村農民相沢元左衛門の二男、松代藩士大里忠左衛門の養嗣子となる）の養女になっていた。

四　松代伝習工女たちの富岡への旅

1　和田英の回想録に書かれた松代から富岡への旅

英の回想録には、富岡製糸場入場のための英の服装について、「父が辰年の戦争の時、松代藩を代表して甲州の城受取に参りました時、新調致したと申す黒ラシャの筒袖に、紺地に藤色の織出しの有る糸織どんすの義経袴、無論ひもとすそには紫縮緬が付けて有りました」、「何でも西洋人の居る所だから筒袖の方がよろしかろうと申しましたから、私も喜んで着て参りました」としるしている（『富岡入場記』の「私の服装」）。黒ラシャの筒袖とは、河原均の写真でみた戊辰戦争のさいの松代藩の軍服であった（この書一一〇頁写真参照）。英が富岡製糸場にはいるのに、戦《いくさ》にでも臨むような高揚した気構えをしていたことをうかがわせる。

富岡への旅の途中で経験した特徴には、つぎのようなものがあった。

一　一八七三（明治六）年二月二十六日に松代を出発、三月一日に富岡到着、翌二日に富岡製糸場に入場。

二　「道中のいろいろ」では、一日目は上田まで徒歩で行き一泊、二日目は馬に乗る人、駕籠にのる人がいた。当時は人力車がなく、おおくは馬の鞍の両側に「こたつやぐら」を結びつけ、そのなかに二人がはいった。

三　二泊目は追分の油屋に泊まり、別嬪の「宿場女郎」お竹が給仕してくれた。

四　三日目は、軽井沢から碓氷峠にかかり、みな草鞋でくだった。名物の力餅がおいしかった。三泊目は坂本で宿をとった。

五　四日目に、坂本から安中の手前で「左に折れ」（右に折れのあやまり）てすすむと、富岡製糸場の「高き焼筒」（煙突）がみえ、製糸場がちかづいたことを知った。比較的早く最後の宿佐野屋についたので、富岡の街を見たが「村落のようなありさま」で驚いた。

この旅についての英の回想には、記憶ちがいがあった。松代から伝習工女一六人を引率した責任者金井好次郎（伝習工女金井しんの兄）の『諸雑記』（全文後掲）がのこっていて、実態をあきらかにできるからである。

2　金井好次郎の引率による富岡までの行程

金井好次郎（㥄雄）は、横田英たち富岡伝習工女を引率して、松代から富岡製糸場への旅を主導した。彼は、横田数馬の依頼をうけており、富岡伝習工女であった金井しんの兄であったこともあり、引率を担当した。

英の回想録は、入場工女の付添いに、「金井好次郎・和田盛治・長谷川藤左衛門・小林石右衛門・米山某・小林岩子母等」がいたとしている。長谷川藤左衛門は工女浜の父、小林石右衛門は多加・秋の父、米山某は工女島の兄友次郎であったとおもわれる。

和田盛治は、軍人になる道の具体化に東京に出るため、婚約していた横田英に付き添って富岡まで同道した。

これらの英の回想録にでてくる人びとのうち、富岡まで行ったことが確認できるのは、金井好

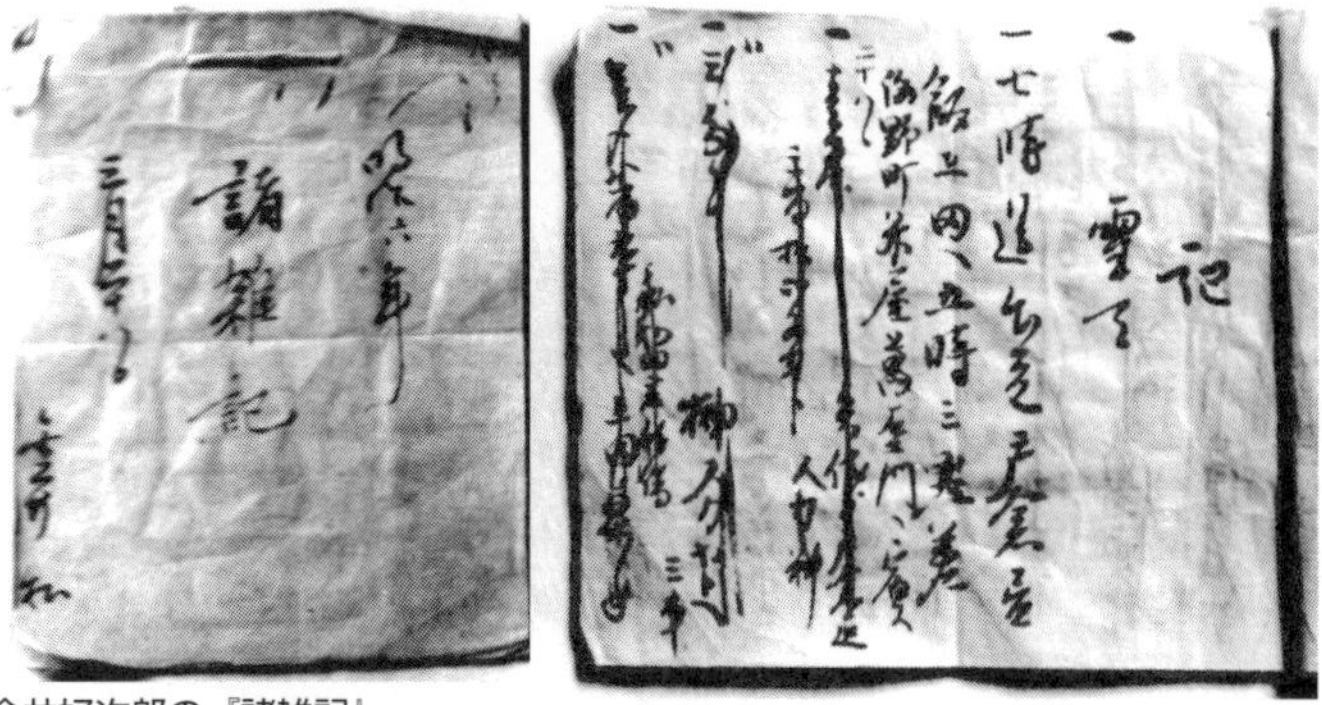

金井好次郎の『諸雑記』

次郎『諸雑記』では、金井のほか、和田盛治・小林石右衛門の二人だけである。ほかの付き添いは屋代までであった。

金井好次郎・しんの家は、英の祖父機応の妻むろの実家であった。すでにみた「真田幸民時代士卒給禄高」によれば、旧高三五〇石、現米二三石四斗五升六勺で松代藩士族二十九位と高かった。横田家が八十八位、旧高一五〇石現米一七石一斗五升一勺であったことにくらべると、いっそうの上級武士といってよかった。

金井好次郎は、英の父数馬の依頼をうけて、英たちが伝習を終えて退場するときにも、松代伝習工女の出迎え役をになう。好次郎は嘉永三（一八五〇）年七月十九日生まれ。天保三（一八三二）年生まれであった数馬より、二十歳近く若かった。

好次郎は、一八八七（明治二十）年一月十日に、長野県内の連合戸長役場制施行の時期、「長野県更級郡牧田中村外五ヶ村戸長」に任ぜられる。そのときの履歴は、つぎのようなもので、長野県官吏となり、郡役所につとめてきていた。

長野県士族（元松代藩）信濃国埴科郡松代町千六百六十二番地住

金　井　㥣　雄

（旧名　好次郎）

明治　四年辛未　九月　十一日　任一等軍曹　松代県
同　十五年壬午　十月三十一日　任更級郡書記　長野県
同　　　　　　　同　　　日　十七等官相当　長野県
同　十七年　　　二月　七日　十六等官相当　月俸金拾壱円下賜候事
同　十八年　　　十二月廿八日　十五等官相当月俸十二円下賜候事
同　十九年　　　十一月　五日　任長野県埴科郡書記兼更級郡書記
　　　　　　　　同　　　日　長野県叙判任官九等
同　二十年　　　一月　十日　任長野県更級郡牧田中村外五ヶ村戸長

この履歴ののち、一八八九（明治二十二）年四月一日の市制・町村制施行で、埴科郡が三四か町村を一七か町村に合併し、松代町（一七六一戸七二六九人）はほかの村とは合併せずに発足したとき、金井好次郎は、初代松代町長に就く。

金井は、横田英など富岡伝習工女一六人をつれて、一八七三（明治六）年三月二十八日午前七時過ぎに松代町を雪天のなか出立した。三月三十一日午後一時に富岡へ着いている。そのあいだの旅の内容のわかる『諸雑記』を、つぎにかかげる。

『明治六年三月二十八日　諸雑記　金井　払』　往路分

―『富岡製糸場江練習工女引率入場ニ関スル書類』（裏表紙）

記

一　雪天

一　七時過出立　戸倉昼飯　上田へ五時三点着　海野町米屋萬右エ門へ宿ス

二十八日

一　壱朱ト三百拾弐文五分　矢代より戸倉迄　人力料

同

一　三分　榊《坂木》　人力ヤト《雇い》へ　三車

同

一　壱貫八百九十文　私　和田君《和田盛治》拝借　上田菓子

同

一　百拾文　シロノマタ宿　休　茶代

同

一　弐円　私　小林君預　注：「小林君」は小林多加・秋の父小林石右衛門
同
一　九百四十五文　私　上田菓子
二十九日　晴天
一　上田米屋朝六時過出立　小諸へ十壱時着　原氏楼へ昼飯　注：源氏楼ともある
二十九日
一　三朱ト三百十弐文　人力車
同
一　壱分ト壱貫七百文　荷物賃銭
同
一　弐百四十文　茶代
同
一　壱分也　人力払
一　壱分　田中ヨリ小諸迄　人力　悃　払
追分へ四時二点着　大黒屋へ宿ス
二十九日
一　壱分弐朱也　私　人力車

同

一　八拾文　茶代

同

一　壱分弐朱也　人力同乗

三十日

一　追分大黒屋朝六時四点出立

同

一　弐朱也　大黒屋茶代

同日

一　坂本へ

一　十一時過到着ノトヲゲ武藤ニ而昼飯

三十日

一　壱分　軽井沢　かご

一　坂本小竹屋三十郎へ午後三時壱点着　総数足痛

同

一　百文　私　煙草

一　越後柏崎県権大属私山保之同宿　面会菓子到来　同伴近藤

三十一日　快晴
一　坂本小竹屋三十郎　朝六時出立　富岡へ午後壱時過着　佐野屋ニ宿　権大属ニ会ス
三十一日
一　壱分也　茶代
同
一　百六十文　茶代
同
一　壱分也　人力車
同
一　百五十文　馬払之内
同
一　四十文　私　いも
四月一日
一　壱朱也　私　シャホン
同
一　五百五十文　私　ソウリ
同二日

一　八貫六百拾文　㥦　入料
同
一　拾四貫九百五十文　志ん　入料
同
一　弐朱也　絵図二組
第三十一日
一　富岡へ第午後十一時過着　佐の屋へ宿ス　上町
同二日
一　百四十文　和田氏ヨリ拝借　注：金井の持ち金が不足し和田盛治から借用
同
一　壱分弐朱也　小林氏預ケ　注：小林氏は小林石右衛門
同
一　弐朱　菓子
同
一　壱分三朱ト弐百二十五文　下駄
同
一　弐分也　新

同
一　三貫也　新
同
一　十匁　内山紙二状
同
一　二朱也　髪刺
同
一　五百文　髪たとふ
同
一　弐百文　筆也

松代工女一行は、富岡行きの途中、上田米屋に一泊目、追分は英の回想の「油屋」ではなく「大黒屋」に二泊目、坂本に三泊目の宿をとった。三日と六時間をかけて富岡についている。道中では、雪模様の天気のなかを松代から出発。一日目に坂城で人力車を三台やとっている。幼少の河原つるなどが乗ったのであろう。英の回想には「その頃は、人力車は一台も有りませんから、多く馬にのりました」とある。二人が「馬のくらの両がわに『こたつ』やぐらを結び付け、その中に入る」ので、「中々恐ろしく」「年のしない人は泣出した」とする。「こたつやぐら」のついた馬に乗ったという特異な出来事の思い出を、記憶の誤りとは断定しにくい。しかし、金井好次郎の『諸雑記』には、それが明確にわかる記述はうかがえない。

「馬払い」が三月三十一日に記載されているところに、英の記述の鞍の両がわに「こたつやぐら」を結び付けた馬の可能性がのこる。しかし、富岡退場のときの記録（後述）にもある荷物運搬用の馬のように、わたしにはおもわれる。二十九日の「荷物賃銭」の払いも、工女たちの荷物を運んだ馬への払いの可能性が強いと考える。

人力車がなかったという英の記憶の誤りはあきらかである。ややのちであるが、一八七八（明治十一）年前後作成の『坂木村誌』には、坂木に人力車が七四輌という多数があるとしるされている。旧北国街道の主要な宿には、松代工女が富岡に向かった一八七三年、すでに人力車が導入されていた。松代伝習工女たちは、人力車を屋代から戸倉までを手始めに、坂木から三台、さらに田中から小諸まで利用した。人力車のほか、駕籠も軽井沢から利用している。

人力車は、明治二年に福岡県の人和泉和助が、輸入された馬車からヒントを得て考案した。翌三年春に営業免許をうけ東京で使いはじめた。その人力車は、車上に四本の柱を立て小さな屋根をつけ、左右とうしろに簾を垂らし、下に車輪をつけた。材料は白木であった。『富岡日記』の「富岡町出発並に高崎見物より道中」に、英たちが富岡を去る一八七四年七月、「もはや人力車が富岡町に沢山ありまして、それに一同乗りました。折悪しく途中から大雨になりまして、桐油をかけました。只今と違ひ上から袋をかけたやうになりまして、其の匂ひに酔つた人がありまして、病気の罹った人もありました」とある。これは旧式のもので、秋葉大助がヨーロッパの馬車の車体を舟形にして蹴込をもうけ、車輌のうえにバネをつけたものが、明治四年から販売を本格化し、一八七三（明治六）年には、全国の人力車数は三万四千余台に達したという（東京法令版『富岡日記』註二一四頁）。

英は、富岡からの帰り、屋代の姉崎家から松代にはいるため、工女一四人に付添い人三人、つごう一七人が人力車に乗ったとき、屋代の人力車がすくなかったので、坂城・屋代・松代の三か所の人力車を、早朝から午後二時過ぎまで「止めて置いた」（借り切った）と書いている。しかし、富岡に向かった一八七三年にも、旧北国街道の宿駅に人力車があった。このことは、好次郎の富岡から松代への復路でも、上田米屋午前第六時一点に出立し、午後第二時に松代に帰宅するのにも人力車を使い、「壱朱ト三百十弐文五分」を払ったと記録していることからもわかる（後述）。

松代から富岡への道で最大の難所碓氷峠について、英は、碓氷峠は全員歩いてくだったとし、好次郎も、坂本の宿所小竹屋に着いたときには「総数足痛」をおこしていたと書いている。

『諸雑記』によれば、松代から富岡の旅の途中の休憩・昼食などは、三月二十八日、一泊目の宿上田米屋に着く途中の「シロノマタ宿」で休憩し「茶代」をはらっている。上田では菓子を購入、工女たちに振る舞ったと考えられる。二十九日には小諸の源氏楼で昼食、三十日は碓氷峠の「トウゲ武藤」で昼食をとった。

この『諸雑記』のほかの当時の記録に、松代伝習工女の一人春日蝶が、富岡製糸場入場にさいして、また入場中に松代の両親に宛てた二三通の手紙がある。一八七三（明治六）年四月一日付

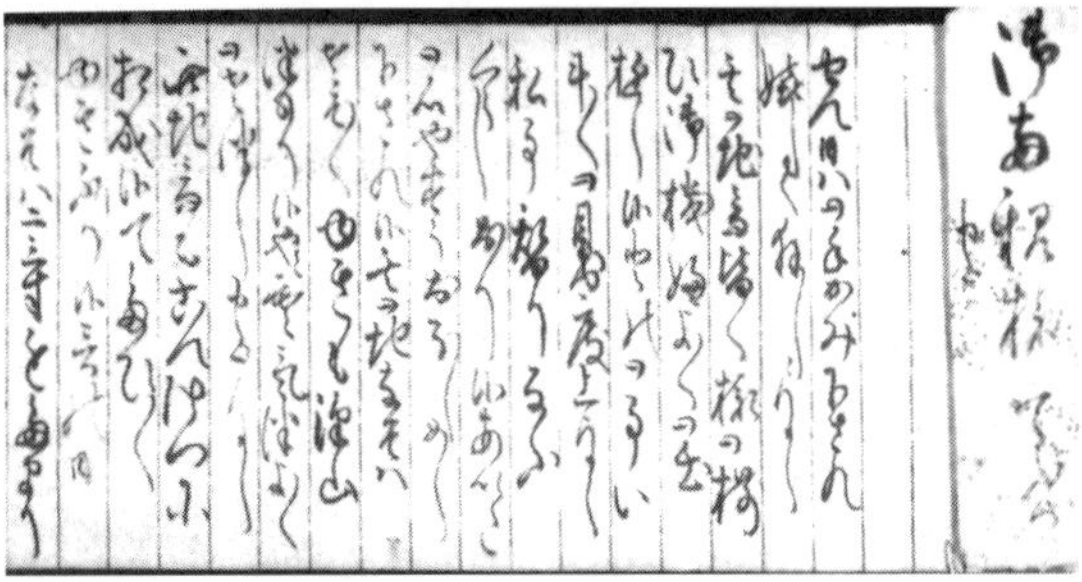

春日てふ(蝶)の両親宛手紙

から翌年六月十三日付のものである。

これらの手紙は、松代から移住した茨城県勝田市の春日盛家の所蔵であった。いまは、群馬県立歴史館に所蔵されている。この手紙群は、富岡市史編さん委員会編『富岡市史近代・現代資料編(上)』(富岡市　一九八八年。八五八〜八七三頁)に収録されたが、その年月の順序が錯綜しており、誤読もおおかった。そののち、今井幹夫『富岡製糸場初期経営の諸相　七視点からのアプローチ』(自家版　一九九四年)所収の「第四篇　富岡製糸場から発信された工女の手紙　春日蝶の手紙と富岡日記の関連をみる」や同編『富岡製糸場工女たちの故郷への便り』(群馬県文化事業協会　二〇一一年)で年月日順に並べ替えられ、修正された手紙の内容に、考察がくわえられている。

以下で、春日蝶の手紙も、わたしの解読による修正をくわえ、富岡製糸場と松代伝習工女にかかわる考察に、随時使わせていただく。

金井好次郎『諸雑記』の富岡到着の部分については、春日蝶が富岡製糸場へ入場した一八七三年四月一日に両親宛に書いた最初の手紙で、前日三月三十一日昼(『諸雑記』は午後一時。昼食は佐野屋到着後にとったことがわかる)に富岡町の宿佐野屋に到着したこと、旅の行程は、三月二十八日の昼は戸倉、夕刻に上田米屋に泊、二十九日の昼は小諸、夕刻は追分大黒屋泊、三十日昼は碓氷峠茶屋（『諸雑記』峠武藤）、夕刻は坂本小竹屋泊、三十一日佐野屋に昼食前に着いたと簡略にしている。好次郎の『諸雑記』と内容が合致する。

『諸雑記』によれば、富岡製糸場へ松代工女が入場する前日の三月三十一日は、好次郎が入場準備に忙しかったもようで、午後十一時に佐野屋（上町）に帰ったとなっている。

四月一日、伝習工女たちを入場させ、寄宿所まで付き添ったのち退場した金井好次郎は、シャボン・草履を購入。二日には、妹しんが富岡製糸場の生活に必要な金銭や髪刺（簪）、髪畳紙（厚紙に渋や漆を塗り、折目をつけて、結髪の道具を入れる）、下駄、菓子、絵図（二部のひとつ）の準備、旅の記録整理に使用する内山紙・筆の購入などをおこなった。「入料」とある新八貫六一〇文、惣雄一四貫九五〇文（金一両＝銭四貫文）は、それぞれの松代・富岡間の旅費用のメと考えておきたい。

五　松代伝習工女が富岡製糸場へはいる

1　富岡製糸場の建物に夢かとばかり驚く

一八七三（明治六）年四月一日、松代伝習工女たちが富岡製糸場に入場した。『諸雑記』にも春日蝶の手紙にも、そのときのようすは書かれていない。

富岡製糸場の建物をはじめてみた横田英は、「富岡御製糸場の御門前に参りました時は、実に夢かと思いますほど驚きました。生まれまして煉瓦造りの建物など、まれに、にしき絵位で見るばかり、それを目前に見ますることでありますから、無理もなきことかと存じます」と書いている（『富岡入場記』の「道中のいろいろ」）。

富岡製糸場の建物は、フランス人バスチャンの設計のもと、日本の職人たちがメートル法を尺貫法に読みかえ、煉瓦を地元で焼成するなどの苦労のすえ、ポール・ブリュナの指導のもとにできた、世界でも稀にみる大規模な煉瓦造などの建物群であった（前掲『富岡日記　富岡入場記・六工社創立記』二〇九～二一二頁ほか）。

明治五年二月十六日に日本政府の招聘で来日し、お雇い外国人として司法省法学校で教育に携わっていたフランス人法学者ブスケ（Georges Hilaire Bousquet　一八四三年三月二日フランス生まれ、一八七六年三月帰国）は、富岡製糸場の建物・施設や運営を見、ブリュナに説明をうけた感想を、つぎのようにしるした（野田良之・久野桂一郎共訳『ブスケ　日本見聞記1　フランス人の見た明治初年の日本』みすず書房　一九七七年。一八二、一八三頁）。

［一八七三年八月二日］今や我々は富岡に着く。そこには、我々の同胞の一人のブリュナ氏のきわめて親切な歓待が我々を待ちうけていた。同氏は、最も富裕で有名な養蚕中心地の一つ

のただ中に、日本政府のために設立された模範製糸場を指導している。この工場はフランスの日本への最も優れた贈物の一つである。

ブリュナ氏の仕事は、ヨーロッパの最近の技術改善を実施する一製糸場を建設するだけでなく、日本の製造に対し、気象条件・労務者の才能および原料の性質の相違に基づいた全く独創的な修正を加えることだった。

工場の全用地は五六ヘクタールで、建物のたっている面積は八、〇〇〇メートル《（平方メートルカ）》で、建築費は二〇万ピアストル——一〇〇万フランより多い——、工場の装備は五万ピアストルかかった。五〇〇人の女工が日本人およびヨーロッパ人の婦人監督の下で働いている。これらはきわめて知的な若い娘たちで、器用で繊細な指をもち、蜘蛛の巣でもこわさずにこれから糸を紡ぐことができるかもしれない。この無言の部隊は製糸場に隣接する建物の一棟に住み、老婦人監督の厳しい監督をうけて暮している。

「われわれのこの」簡潔な記述において、必要な省略をこれほどしないですむならば、この婦人については特別な肖像を画く価値があるのだが。我々はいつまでも、ここでの休息、我々の短い逗留の間に我々の対談の話題であった祖国の思い出、そして我々をここの主人の許から一層去り難くするためでもあるかのように、ブリュナ夫人がその家に代々伝わる見事な腕前をふるって演奏してくれた大家たちの傑作を思いだすことであろう。

急所をよくとらえた観察にもとづく記述である。

2　松代工女たちの富岡製糸場入場

英の回想録に、つぎのような入場手順であったことがわかる。英は、この日、着物に羽織を着て臨んだ（『富岡入場記』の「道中のいろいろ」）。

一　金井好次郎・和田盛治・小林石右衛門らに付き添われて富岡製糸場にはいった。

二　一同「御役所」へ通された。富岡製糸場詰の大蔵省役人、租税大属・初代富岡製糸所長尾高惇忠、租税中属佐伯秀明、等外一等附属井原仲次、十五等出仕中山力雄、それに加藤（名簿にはない）という日本人役人が、テーブルにいた。かれらから「色々申聞けられまして、父兄に合札を渡されました」。

「合札」とは、明治五年十月制定の富岡製糸場工女寄宿所規則（前述）の「(5) 銘々身元へ割符相渡シ置、用事出来応対ニ来リ候者ハ右割符持参可申。割符無之者ハ親族タリトモ面会不相成候事」にある「割符」のことであろう。

三　「女の取締の方がおいでになりまして、工女部屋につれられて参りました。その時付添いの人も応接室より一同の部屋まで参りまして、皆帰りました。」

四　工女寄宿所の部屋割がおこなわれ、一室三人の原則をやぶって、松代工女の横田英のグループは五人がいっしょに一室にはいった。河原つる・金井しん・和田はつ・春日てふ・横田ゑいで、いずれも松代で知りあっていた五人であった。河原つるは大参事の娘、横田家と交流があり、松代工女のなかでただ一人、「様」付でよばれた。金井しんは英と親戚、和田はつは英が婚約していた盛治の姉、春日てふは商人の娘であったが、英とおなじ代官町に住居があった。

工女部屋とは工女寄宿所のこと。東から門をはいると東置繭所が東北に長くあり、その北に寄宿所が二棟あった。六畳敷・六尺押入れ二か所付の部屋が一一〇室あった。一室に三人が原則で、夜具そのほかは貸し渡し、五部屋に「小使い女」が一人ついた。

また、一八七三年四月の「工女御取締」は松村わし（入間県手斗村、明治五年七月入　六十二歳）・青木てる（入間県小川村、同前入　五十九歳）、「工女副御取締」は早津さく（入間県小川村、同前入　四十九歳）・笠原たき（入間県押切村、明治五年八月入　五十七歳）・前田ます（入間県小川村、明治五年九月入　五十三歳）・須永きい（不明）の四人であった（「片倉工業［株］富岡工場蔵『郷貫録』で工女取締・工女副取締の出身地・年齢をおぎなった）。

一八七三年四月印刷の「上州富岡御製糸場御役人付」（前掲『富岡製糸場誌　上』二九一～二九三頁）

によれば、工女寄宿所の「部屋長衆」は一〇人で、出身県のわかる六人は入間県がおおく、長野県も小県郡大門村（いまの長和町大門）出身の一人がいた（それぞれの出身と年齢は「郷貫録」による）。いずれもふつうの工女より年齢が高かった。

石川せき　入間県手斗村　明治五年七月入　十九歳
森村とき　入間県小川村　明治五年十月入　廿五歳
清水そて　入間県木部村　明治五年七月入　廿五歳
福島さく　入間県越畑村　明治五年九月入　廿四歳
小黒みよ（小暮もよカ）　入間県三ケ尻村　明治五年十月入　廿歳
羽毛田しげの　長野県大門村　明治六年二月入　三十四歳

3　松代工女たちの入場期に府県別一位となった長野県工女数

松代伝習工女たちが入場した一八七三年四月の富岡製糸場工女数は、総計五五六人となったとする数字がある。つぎのような府県別数となって、長野県内からの入場工女数が地元群馬県出身者数を超えた（明治四年印刷「上州富岡御製糸場御役人付」前掲『富岡製糸場誌　上』二九二、二九三頁）。

関東　群馬県　一七〇人（三〇・六％）　入間県　八二人（一四・七％）
　　　橡木県　六人（一・一％）　東京府　二人
信越　長野県　一八〇人（三二・四％）
北陸　石川県　一人
東海　静岡県　一三人（二・三％）　浜松県　一三人（二・三％）
東北　宮城県　一五人（二・七％）　置賜県　一四人（二・五％）
　　　水沢県　八人（一・四％）
　　　酒田県　六人（一・一％）
近畿　奈良県　六人（一・一％）
中国　山口県　三六人（六・五％）　飾磨県（姫路）四人（〇・七％）

長野県が、地元群馬県より一〇人おおく、府県別最多の工女数となっている。工女たちの出身府県は、一八七三年一月以降あまり拡がっていない。中国地方の山口県と飾磨《しかま》県（播磨国の県名。姫路県から飾磨県となり兵庫県に併合）がふえただけである。

山口県からの工女入場は、富岡製糸場で特別なあつかいをうけ、松代工女にそれが影響して波紋をまねくことになる（後述）。

4　金井好次郎の富岡から松代までの復路

金井㥞雄は、松代伝習工女たちを送りこんだ富岡製糸場からの帰りは、往路とはべつの道、中山道の姫街道などをいそいだ。

四月三日午前十時に富岡を出立し、本宿大坂屋でやや遅い午後二時の昼食（五〇〇文）、富岡のうちの「初戸屋村亀屋国太郎」（宿料二朱、茶代一二五文）で一泊目をとった。「初戸屋村」という村は存在しなかったから、「初戸屋」が屋号、「村亀屋」が苗字に相当するものであったと、わたしは理解している。

四月四日は、午前五時三点に出発、途中で茶と蕎麦で空腹を満たした。信濃国にはいると、小諸源氏庵で昼食（一朱と二五〇文）、上田米屋（酒肴一分と四〇〇文、茶代一六五文、宿料二朱と一〇〇文）に二泊目をとっただけで、四月四日には人力車も利用し、菓子と芋で腹を満たし、午後二時に松代の自宅に到着した。二日と四時間の急ぎ旅であった。

つぎにしめす金井好次郎『諸雑記』の復路分が、その行程を簡略にしるしている。

工女を連れた往路に三日と六時間をかけたことと比較すると、復路は一日以上早かった。往路一緒であった小林石右衛門も同道したとおもわれるが、この記録ではわからない。

『明治六年三月二十八日　諸雑記　　金井　払』　　復路分

――『富岡製糸場江練習工女引率入場ニ関スル書類』（裏表紙）

（明治六年）

四月三日

一　壱分弐朱ト四百三十五文　　宿払

同

一　弐百九十文　　煙草

一　富岡十時出立

同

一　壱朱也　　絵図

同

一　壱朱也　　菓子

同

一　百文　　玉子

一　本宿大坂屋へ午後第二時四点着　　昼食ス

同

一　五百文　　昼食

一　群馬県甘楽郡富岡初戸屋村亀屋国太郎江午後第六時着　宿ス
同四日
一　初戸屋村亀屋　午前第五時三点出立
同
一　弐朱也　宿料
同
一　百文　茶代
同
一　三百十弐文五ト　そば
同
一　百弐十五文　初戸屋茶代
一　小諸原氏アンへ午後十二時半着　昼食ス　同一時半出立
同
一　壱朱ト弐百五十文　昼食
同
一　百文　茶代
同

一　八拾文　茶代
一　上田米屋へ午後第六時三点着　宿ス
同
一　壱分ト四百文　酒肴
同　五日
一　弐朱百文　宿料
一　百六十五文　茶代
一　上田米屋午前第六時一点出立
一　午後第二時帰宅
一　壱朱ト三百十弐文五分　人力車
同
一　弐百四十文　菓子
同
一　百四十文　いも

六　富岡製糸場へ入場した伝習工女たち

1　富岡製糸場に入場した全国各地からの伝習工女たち

英は、富岡製糸場では「諸国より入場」し、「一県十人あるいは二十人、少きも五、六人と、ほとんど日本国中の人にて、北海道の人」もいたこと、とくにおおいのは「上州・武州・静岡」から早く入場していて「中々勢力」があったこと、「静岡県の人は、旧旗本の娘さん方でありまして、上品でそして東京風と申し実に好たらしい人ばかり揃っておりました。上州も高崎・安中等の旧藩の方々は、やはり上品でありました。武州も川越・行田等の旧藩の方々は、上品で意気《（粋カ）》な風でありました。さすが尾高様の御国だけに、取締などは、皆川越辺の人ばかりでありました」。

一八七三年四月に入場したなかには、北海道からの入場者はいなかった。全国各地からの入場工女のようすは、『絹ひとすじの青春』の「伝習工女の全国分布」（六五〜六七頁）で考察したが、『富岡製糸場誌　上』の「第五章　官営製糸場が各地に与えた影響」の「第一節　製糸技術の伝播」（八一九〜八四四頁）が、入場工女の全国的動きをよくあつめている。兵庫県出石、静岡県の松崎・韮山・浜松、和歌山県、青森県、北海道（一八七四年三月三人、同年六月六人）などが、松代伝習工女在留中に入場している。

信州からの入場工女は、松代伝習工女がはいったころ二〇〇人ほどいて、「小諸・飯山・岩村田・須坂」などからの工女は「上品」であったが、「山中又は在方」の出身者は、「とかく言葉遣い」などが「城下育ちの人」とはちがっていたことなどを、「諸国よりの入場者と同県人の大多数」の項で、英はしるしている。

富岡製糸場の工女数は、一八七三（明治六）年四月以降の実態のわかるものがない。富岡史編纂委員会編『富岡史』（名著出版　一九七三年）には、一八七四年、七五年の記録が欠け、一八七六（明治九）年一月の工女数が合計五一五人で、道府県別工女数がつぎのようになっている。養蚕・製糸地帯でない道府県からの入場工女のおおいのは、群馬・長野・埼玉など養蚕・製糸地域からの工女数の減少とかかわっていると、わたしは考えている（後述）。

滋賀	一五三人	（足柄）神奈川	一〇三人	群馬	九九人
東京	四九人	静岡	三五人	（豊岡）京都	二一人
山形	一二人	長野	一一人	浜松	八人
青森	七人	北海道	六人	宮城	五人
埼玉	二人	栃木	一人	（名東）徳島	一人
島根	一人				

このなかの長野県一一人は、さきにみた一八七三（明治六）年一月までの入場工女一一人のあと、『長野県史　蚕糸業』の「自明治五年至同廿二年　富岡製糸場長野県出身工女名簿」でみられる入場・退場の変動のすえの工女数である。

一八七三年二月入以降の入場工女数の変化は、つぎのようになっている（明治の元号でしめす）。

明治六年	二月入	一四人	明治六年	三月入	一一人
明治六年	四月入	四三人	明治六年	五月入	一三人
明治六年	八月入	一人	明治六年	九月入	三人
明治六年	十二月入	一人	明治七年	一月入	一人
明治七年	一月入	一人	明治七年	四月入	一人
明治七年	十月入	二人	明治七年	十一月入	一人
明治八年	四月入	一人	明治八年	十一月入	四人

たしかに長野県出身工女の入場は、一八七四（明治七）年以降に急速にへった。

ここは元号でしめすと、明治六年二月から十二月の入場工女数一八六人に対し、明治七年五人、明治八年五人と激減した。

しめした年月べつ工女数の概要をみると、明治六年一月までに入場していた一一人と同年二月から十二月までに入場した一八六人のうち、明治六年三月までに退場した工女数は、明治六年一月以前入場一一人中は零、明治六年二月、三月入場一二五人中も零であったから、明治六年四月までの長野県出身工女数は一三六人、それに四月入場の四三人をくわえると計一七九人となる。入場したかどうかが不明の、小県郡常田村（いまの上田市常田）から明治六年三月入場欄にある山田定（名簿では削除のしるしがある）をくわえると、『富岡史』の記述どおり、明治六年四月現在の長野県出身工女数は一八〇人となる。

つぎに、明治九年一月現在の長野県出身工女数一一人を検証すると、明治六年四月現在の一八〇人に、明治七年中入場の五人、明治八年中入場の五人、計一九〇人中、明治八年中までに退場した工女数をのぞくと、つぎのわずか一一人となる。『富岡史』の記述はただしい。

住所	保護者	続柄	等級	工女氏名	年齢	入場年月	出場年月
士族 小諸	武	娘	二	加藤 よし	十四年	六年三月入	十年八月出
上田 柳町	政吉	妹	撿	村林 仲	拾八年	六年四月入	十二年五月出
上田 柳町	政吉	娘	ム三	村林 信	拾六年	六年十二月入	十年十一月出
士族 小諸	政美	孫	三	五十嵐 金	拾五年	七年十月入	九年四月出
士族 小諸	次則	妹	六	本間 艶	拾三年	同	十年十一月出

上田 柳町	政吉	妹	三	村林	近	拾弐年	七年十一月入	十二年九月出
高野町村	善一郎	養女	五	高見沢	徳	拾七年	八年七月入	十一年四月出
小諸町	喜惣太	娘	撿等	平井	勝	拾四年	八年十一月入	十四年七月出
同	連次郎	娘	四	小山	庄	拾四年	同	十二年八月出
同	文五郎	娘	四	小金沢	幾	拾六年	同	九年八月出
同	同人	二女	七	同	市	拾三年	同	同

小諸町七人（うち士族三人）、上田柳町三人、南佐久の高野町村（いまの佐久穂町）一人である。上田柳町の村林姓の三人は、信が政吉娘と名簿にあるが誤記で、三人いずれもが村林政吉の妹とおもわれる。小諸町の小金沢幾・市姉妹とふたくみの姉妹が、この時期に富岡製糸場で働いていた。一八七四、七五年に、なぜ長野県出身工女が急速にへったのかは、長野県内における製糸場創設の時期にあったことと関連がある。また、小諸・上田の製糸業展開の特色とむすびついていた（後述）。

2　長野県内から入場した富岡伝習工女の実像――三つの類型

和田英は、富岡製糸場における「諸国よりの入場者と同県人の大多数」で、「長野県はと申しますと、実に入場者の多きこと、二百名近くありまして、私どもが一番後から参ったように思われます。小諸・飯山・岩村田・須坂等の方々は中々上品でありました。すべて城下の人はよろしいように見受けました」とある。

しかし、富岡製糸場の工女名簿によると、横田英の入場中では、小諸工女が圧倒的におおく、飯山二人、岩村田〇人、須坂一人であった。英は言及していないが、ほかの城下からの入場工女には、上田の七人がいた。

(1)小諸・上田・飯山・須坂など城下からの工女たち—積極的な伝習姿勢

①小諸の人びと

小諸工女のおおいのは、高橋平四郎（本名高橋良三郎、通称平四郎、商号万屋　小諸藩家格馬廻格一八三四年生まれ〜一八八九年死す）が富岡製糸場の「御用」を命ぜられて繭買次をし、また小諸町六供に一八七四（明治七）年七月、三二人繰りの丸万製糸場を新設、やがて長野県営製糸場顧問にも就いたこととかかわりがあった。一八七三年に士族授産のため六十余人の男女伝習生を富岡製糸場に送った。そのなかには、工男の山本清明・稲垣正直・木俣彰らがいた。三年間の伝習ののち山本は帰郷したが、製糸業にかかわらず、長野県師範学校岩村田支校の教員となり、長野県から留学生として新潟師範学校へ派遣された（大井隆男「佐久の自由民権運動」信州の民権百年実行委員会編『信州民権運動史』銀河書房　一九八一年）。

小諸は、長野県内では富岡に比較的近い距離にあって、富岡伝習工女が早く多数入場した。横田英をふくむ松代伝習工女が最初に入場していた一八七三年四月から七四年七月までに入場していた小諸工女は、前掲『自明治五年至同二十二年　富岡製糸場長野県出身工女名簿』には、四六人が載っている。

これら小諸工女の特徴は、松代工女と比較してみると、いくつか指摘できる。

一　松代工女より二か月早い一八七三年二月から入場しており、士族の女性がおおく、富岡伝習工男となった山本清明（小諸藩上級武士・用人家、元小諸藩文学、山本清明校閲・小山成道編輯『小諸領内旧家録　忠孝』〈和本　自家版　一九〇九年〉がある。一八七八（明治十一）年に民権結社有為社を結成、のち長野県官吏）の妹山本当、稲垣正直の縁者とおもわれる稲垣正利の娘稲垣すまなど士族出身者が、短期間ながら入場しているようすがみえる。

二　全体に入場期間が短い。再入場している工女も一三人とおおいが、再入場の期間も短い。したがって、工女等級が二等一人、三等五人、四等六人、五等一人、六等五人と、延べ計一八人（四六人の四割弱）であり、等級工女になったものがすくない。なかに小島琴のように二年五か月富岡に入場していて検査役に就いたものはいた。

三　小諸からの富岡工女は、ブリュナが首長を退いたのち、一八七六（明治九）年以降に入場または再入場した工女がおおく、いずれも等級工女になっている（前掲『自明治五年至同二十二年　富岡製糸場長野県出身工女名簿』）。山岸孝は、丸万製糸場を代表する工女に成長していく（後述）。

住所	保護者	続柄	等級	工女氏名	年齢	入場年月	出場年月
士族 小諸	道一	娘	六	太田直	拾六年	明治六年二月入	六年四月出
同	清明	妹		山本当	拾八年	同	六年六月出
同	流水	娘		成瀬弓	拾五年	同	六年九月出
同	直一	娘	六	倉地八重一	拾六年	同	六年四月出
同	同	娘	四	倉地栄	拾四年	同	七年四月出
同	直生	娘		倉地斉	拾九年	同	六月十一月出
同	正知	娘	検	小島琴	拾九年	同	八年六月出
同	正道	娘		竹沢熊	拾六年	同	六年五月出
同	信彰	娘		西岡孝	拾五年	同	同
同	八百吉	娘		竹内多津一	廿年	同	六年九月出
同	同	娘		竹内安一	拾六年	同	同
小諸町	祐右衛門	娘	四	中島喜多	拾六年	同	六年十月出
同	九十	娘	三	相沢愛一	拾七年	同	八年六月出
同	長五郎	娘		萩野安一	拾六年	同	六年九月出
士族 小諸	重義	娘		小山兼一	拾五年	明治六年三月入	六年五月出

同	義長娘		立川孝	拾九年	同	六年十一月出
同	同娘		立川久一	拾三年	同	同
同	豊福娘		木根渕鉄一	拾八年	明治六年三月入	六年十二月出
同	半娘		横田せ津	拾七年	同	六年五月出
同	満重娘		山岸孝一	拾六年	同	同
同	勝重娘		木村定一	拾八年	同	同
同	謙蔵娘	三	木村竹一	拾五年	同	七年十月出
同	武娘	二	加藤よし	拾四年	同	十年八月出
同	安太郎娘	六	小宮山作	拾七年	同	六年十月出
同	久秀娘	五	上野里	拾六年	同	六年五月出
同	同厄介	四	上野喜代	拾六年	同	同
同	義厚娘		小竹芳の	拾七年	同	七年九月出
同	吉正娘		吉川為	拾五年	同	六年十二月出
同	均平娘		中山津屋一	拾六年	同	七年九月出
同	磯吉娘		遠藤喜代の一	拾七年	同	六年八月出
同	捨郎娘	四	野元春	拾八年	同	七年十月出
同	美臣娘	三	黒沢牧	拾六年	同	同

同		孝吉	娘	三	永井きく	拾六年	同	七年五月出
同		多市	娘		原田さゐの	拾六年	同	六年九月出
同		七郎次	娘		小林繁	廿二年	同	六年十二月出
同		同	娘		小林仲	拾七年	同	同
同		正発	娘		牧野はつ	拾三年	同	七年九月出
士族	小諸	則近	妹		真木増	拾六年	明治六年三月入	六年十二月出
同		正利	娘		稲垣すま	拾三年	同	七年九月出
同		師古	娘	六	今枝鉄	拾三年	同	七年六月出
士族	小諸	直一	娘		倉地八重二	拾六年	明治六年八月入	六年十二月出
同		長五郎	娘		萩《(ママ)》原安二	拾六年	明治六年九月入	六年十一月出
同		八百吉	娘	三	竹内安二	拾六年	同	七年四月出
同		同	娘	四	竹内辰二	廿年	同	同
士族	小諸	猪野[illegible]	娘	四	推塚竹	拾四年	明治七年一月入	七年十月出
同		良直	娘	六	高橋けさ一	拾三年	明治七年四月入	七年十月出

②飯山の人びと

和田英は、飯山の城下から入場した工女は「上品」と書いているが、飯山士族の娘は二人だけであった。飯山町は飯山領、桑名川村は西大瀧村とともに幕府領・伊那県・中野県と管轄がかわった。いずれの町村にも製糸場はできず、農家の養蚕・製糸は飯山町ではみられ、生糸を横浜から輸出することはあった（『飯山町誌』〈一八八二年〉、『照岡村誌』〈一八八〇年〉）。

工女のようすの記述とはべつに、英は「枡数」という小見出しで、一等工女が日々繰る糸は繭四升〜五升であったが、静岡から入場していた今井おけいが六升とれるようになったので、英も一生懸命になって、一日に六升とれるようになったと書いている。さらに、「武州押切と申すところから出ておりました、たしか小田切たのとか申す、十九か二十歳くらいな人」が、元気な人で「枡数も六、七升とっておりましたが、ある日その人が八升上げ」、「場内中の大評判」になった。それに刺激されて、英は今井おけいと相談し、「はばかりにもなるべく参らぬように致し」、寸暇を惜しんで糸繰りをし、ついに一日に繭八升を糸に繰りあげたエピソードを書いている。この最初に枡数繭八升を一日に生糸に繰りあげた工女が、つぎの長野県出身の工女ではなかったかと考えられる。

富岡製糸場の工女「郷貫録」（前掲『富岡製糸場誌　上』三三八〜三四六頁）に入間県出身工女一〇九人、さらに埼玉県出身工女一二六人の氏名があるが、小田切姓の工女はいない。「武州押切」にあたる入間県押切村からの工女は五人みえるが、二十歳前後の工女は松代工女たちの入場する以前の一八七三（明治六）年三月までに、いずれも退場している。

そこで、小田切姓の工女を探ると、長野県水内郡桑名川村（照岡村から岡山村をへて、いまは飯山市）

から入場した二人がいた。小田切しち（二十四歳）は、はやく退場し、退場時に六等工女にとどまった。だが、小田切たのに類似した氏名である小田切かの（十七歳）が、英より一か月前に入場し、英より一か月遅くまで富岡製糸場にいた。退場時には、三等工女（等級改正前の一等工女）としるされている。繰糸技術に優れていたと考えられる。

この「小田切かの」が、英の書いた「枡数」のエピソードに登場する繭八升を一日に生糸に最初に繰りあげた工女「小田切たの」の実像の可能性がある。

住所	保護者	続柄	等級	工女氏名	年齢	入場年月	出場年月
士族　飯山	末治	娘		中島房	拾七年	明治六年三月入	七年七月出
同	紀方	妹		本多末	拾七年	同	同
桑名川村	浦右衛門	娘	三	小田切かの	拾七年	明治六年三月入	七年八月出
同	茂右衛門	娘	六	小田切しち	廿四年	同	六年十月出

③須坂町の場合

横田英が、富岡製糸場にいた一八七三（明治六）年四月から翌七四年七月までに、高井郡須坂町からの富岡製糸場入場者は、保坂清次の姉専（二十歳　一八七三年三月入場、同年八月退場）一人であった。

須坂町と周辺の製糸業者は、一八七七（明治十）年八月になって、長野県権令宛に「高井郡須坂町東行社申合箇条伺」を提出した。この伺への県回答は、内務省へうかがったところ、一般の会社条例発行までは、結社営業は人民相対にまかせてよいとするものであった。東行社に同心協力する製糸業者は、須坂町の製糸営業がますます盛大になるように、「製糸方法百事同一ニ執行《とりおこな》ヒ、且荷額巨多ナラザレバ外国ト貿易上ノ便利ヲ得ル事能ハズ」という考えで、東行社にあつめた各製糸業者（座繰製糸業者がおおかった）の生糸をまとめて検査し、三等級以上の生糸（糸目四百廻りで一分七厘から一分八厘まで）だけにして、できるだけ高値で輸出しようとしたのである（前掲『長野県史　蚕糸業』史料二七一　四五三～四六六頁）。東行社で検査して三等以下になった生糸は、各業者に返品した。

長野県の回答をうけ、東行社は、須坂地域四七人の製糸業者が同盟して、須坂町二五七番地へ東行社本社を建築し、各製糸所の工女六六六人が繰った生糸をとりまとめて検査し、質をそろえて輸出する事業に取組んだ。

四七人の須坂地域製糸業者の工女数の規模をみると、四人一、五人一、六人一五、八人三、九人二と、工女一〇人未満が二二と四六・八パーセントをしめた。一〇人以上二〇人未満が、一〇人一、一二人九、一五人一、一七人三、一八人一、二〇人四と計一九（四〇・四パーセント）、それ以上も二一人一、二四人三であった、特別に工女のおおかったのは、小田切武兵衛の工女一〇〇人取（一八八四〈明治十七〉年廃業）、牧清三郎の五〇人取の二業者にとどまり、いずれも蒸気器械製糸場ではなかった（同前『長野県史蚕糸業』所収史料二七二　四六七頁）。

この東行社が、松代の富岡式蒸気器械製糸技術導入を主導した海沼房太郎や横田英などの指導をうけ（この書の第六章で後述）、須坂町は器械製糸業地域として、北信地域で松代町とならぶ蒸気器械製糸業地域に発展していく。須坂町の製糸業者は、独自に富岡製糸場に伝習工女を送り込むことをしなかった。

ただ一人の伝習工女保坂せんを富岡に送りだした文書は、東行社発足に加盟したとき工女四人の最少工女数の家族経営に近いとおもわれる製糸業者であった中沢吉四郎のもとにのこっていた。

「富岡伝習工女保坂専への後金領収書」（高井郡須坂町　中澤吉四郎家文書）

記

一　金七円

右ハ保坂せん富岡表へ罷出候節之後金として御渡被レ成、正ニ落手致候。依レ之証書如レ件。

甲戌（明治七年）一月十日

石川清熙　印

戸長　牧　新七　殿

④上田の人びと

城下上田町からの富岡工女は、英の入場中に九人が名簿に載っている。検査一人、二等一人、三等四人で、一か年以上富岡にいた工女が七人を数え、二人がそののち再入場した。等級のついていない三人のうち、一人は一か月、一人は六か月と入場期間が短い。これらの工女以外は、全体的に一定の期間入場し、技術的にも向上していた。

住所	保護者	続柄	等級	工女氏名	年齢	入場年月	出場年月
士族 上田	利定	姉	二	永田 関	廿二年	明治六年三月入	七年八月出
上田房山村	次郎吉	娘		佐藤よし一	拾六年	同	七年四月出
上田柳町	政吉	妹	検	村林 仲	拾八年	明治六年四月入	十二年五月出
士族 上田	義方	娘	三	小林 斉	拾四年	同	七年六月出
同	勤平	娘	三	森 周	拾七年	同	七年七月出
同	柳紫	娘	三	関 いち一	拾五年	同	七年八月出
上田	策兵衛	娘		清水 竹	廿二年	明治六年五月入	六年六月出
同	四郎兵衛	娘		中村 仲	廿七年	同	六年十月出
上田柳町	政吉	娘	三	村林 信	拾六年	明治六年十二月入	拾年八月出

しかし、上田地域に蒸気器械製糸場は創られず、改良座繰技術がすすんだ。

上田町には、一八七九（明治十二）年七月に、長岡万平・田中忠七・竹内勝造が共同で、座繰製糸法による拡栄社を創業した。これは、内務省御用掛の速水堅曹の巡視のさいに説諭され、上州前橋地方の座繰製糸器械を実査し、「使用ノ便ニ至テハ器械製ニ同ク」といわれる改良座繰法を導入した。前橋より志鎌教師をまねき、「一宇ヲ開キ水車ヲ設ケテ坐繰糸試験所ヲ創立」した（前掲『長野県史　蚕糸業』史料二五九「明治十八年三月　小県郡上田町拡栄社生糸出品解説書」四三三〜四三六頁）。「広ク米国市上《場カ》ノ情況ヲ探リ、普ク外人ノ信用ヲ来タサン事ヲ望ミ、併テ製糸濫造ノ弊ヲ矯メテ改良ニ赴カシメ、国産ヲ拡張シ、声価ヲ挽回シ、利益ヲ我レニ得テ価格ヲ貴カラシムヘキ両全ノ策ヲ得ント」するものであった。

拡栄社の建物では、座繰製糸法により工女五〇人が、繭からミゴ箒で口出しをし、六尺三寸廻りの揚げ枠に巻きとる生糸を製造し、社外のめいめいの自宅で挽いた座繰生糸をあつめて捻造にして出荷する作業をするシステムであった。拡栄社は問屋制家内工業のセンターの役割をはたし、「本社付工女四百名、坐繰製糸人ハ繭ノ煮方繰方等ヲ懇切ニ教授シ其業ニ従事セシメ、小枠ノ儘之ヲ収集し試験器ニテ実撿」した。一八八二（明治十五）年の「使役ノ女子ノ数」は、社へあつまる工女九〇人、銘々自宅にて挽く者五八人とある。富岡伝習工女が、拡栄社で働いた記録はみない。富岡で伝習した蒸気器械製糸技術をそのまま活用する場は、上田になかったといってよい。

⑵徴兵類似型の伝習工女

松代からの富岡伝習工女たちは、入場工女の募集に最終的には競って応募したが、政府の要請ととらえ、あたかも徴兵令による男子への義務とおなじように考え、村の戸長・村吏らが村内から工女候補を強制的に調査して名簿に登録させ、そのなかから富岡伝習工女を提供させた場合があった。男子の徴兵令による兵役と似た対応といってよいであろう。

つぎは、その具体例のひとつであった。更級郡灰原村（いまは長野市信更町）は、一八七三（明治六）年には長野県第十五大区第四小区に属した。この事例では、富岡製糸場の工女給料などが、工女を派遣するきめ手となった。

富岡繰糸工女差出しの請書

差出申御請書之事《さしだしもうすおうけしょ》

灰原村
拾四番屋敷居住
大澤佐源太　孫　はる
年十五

同村

弐拾五番屋敷居住
大澤安兵衛　次女　さ　の
年十七

右之者共、今般上州富岡表江生糸為工女《こうじよとして》罷出度《まかりいでたき》旨申出候処、当区内御村々御村吏ラ御中御出会ニ而《て》御《お》聞済《ききずみ》ニ相成、就而《ついては》何時《いつ》成共《なりとも》得《さしず》ニ差図《をえ》一次第、右村村吏御請ニて仕《つかまつり》、早速召連御用為ニ相勤一度《あいつとめなしたく》、此段以ニ御受書一《このだんおうけしよをもつて》差上申候処、如レ件《くだんのごとし》。

明治六年五月十九日

右村
戸　長　大澤　猪之助　印
副戸長　祢津銀左衛門　印

当区村々　御戸長衆中

上州富岡製糸所　工女給料　壱ケ年

第壱等　弐拾五円
同二等　十　八　円
同三等　拾　二　円
同等外　九　　　円
但、是《これ》ハ拾五歳以下

右之通り
外ニ　五円　夏冬衣服料

『富岡製糸場長野県出身工女名簿』には、「灰原村　左源太娘　大沢　春　拾五年　六年四月入　六年五月出」、「同　安兵衛娘　大沢さの　拾七年　六年四月入　六年十月出」と記載され、二人が富岡製糸場へ入場したことがわかる。

ただ、大沢春（十五歳）は一か月しかつとまらず、大沢さの（十七歳）は四か月ほど入場していただけであった。富岡式蒸気器械製糸技術の伝習に意義をみいだせなかったことが推測できる。

(3)人身売買型にあつかわれた伝習工女候補

第三の類型は、小県郡西内村（のち丸子町、いまは上田市）にのこされた事例である。

春原清一郎が、「富岡生糸製造場」の「工女」として、一か年年季、富岡製糸場の給料・手当金四〇両のうち二〇両を出立金としてあらかじめ渡されることを条件に、「受人」をたてて「娘差出」をみとめたという内容である。

この娘がたとえ「病死・頓死」しようとも恨まないし、ほかの金銭を要求しないとしている。人身売買的な親たちの態度で送り出された娘がおもいやられる。しかし、この春原姓の工女は、富岡製糸場に入場した工女名簿にない。

こうした類型の工女を受け容れなかったとすれば、富岡製糸場が、富岡式蒸気器械製糸技術の伝習という役割を重視したあらわれと、わたしは考えている。

（表紙）

「明治六年酉《とり》三月廿八日　上州富岡生糸製造場江工女差出証文」

差出申証文之事

今般御布告ニ付、富岡生糸製造場江工女差出旨被二仰渡《おおせわたされ》一承知仕《つかまつる》。則《すなわち》村方相談之上、私娘差出申候処実正《じつしょう》ニ御座候。且為二給料・手当金一四拾両之内弐拾両為二出立金一御渡被レ下《くだされ》、慥《たしか》ニ受取申候。

尤《もっとも》此上之儀者、右娘義病死・頓死《とんし》（注：にわかに死ぬこと）仕候共、聊《いささかも》御恨《おうらみ》申間敷候。依レ之《これにより》右給料相定申上者《あいさだめもうしあげれば》、以後御無心等《ごむしんとう》毛頭《もうとう》申上間敷候。以上。

一　年季中之儀者《は》一ケ年ニ相定、其余《そのよ》者《は》私勝手次第ニ候事

一　年季中之内若勤兼立戻《もしつとめかねたちもどり》候節者《は》、御役人衆中江《へ》御相談之上、可レ然《しかるべく》御取計可レ被レ下《おとりはからいくださるべく》候。以上

右之通、聊《いささかも》相違無二御座《ござ》一《なく》候。以上

明治六癸酉《みずのとり》年三月廿八日

当人　春原清一郎　印

受人　竹花代治郎　印

当村御役人衆中

富岡伝習工女たちが、どのように富岡式蒸気器械製糸技術を修得したのか、富岡製糸場での生活がどのようなものであったのかを、つぎに検討したい。

第五章　富岡製糸場入場中における松代工女たち

一　松代工女の富岡式蒸気器械製糸技術の伝習プロセス

松代工女たちは入場した翌四月二日から事業についた。工女がすべて寄宿所にいたことから、富岡製糸場では集団的労働をいっせいにおこなうことが出来た。松代工女たちにとって、集団行動、まして集団労働を時間の進行にしたがっておこなうことは、はじめての経験であった。午前六時に、すでに入場中の工女たちは、それぞれの工程の仕事場に直接就いた。しかし、入場最初には笛によって、つぎのように仕事場に導かれた（『富岡日記』「道中のいろいろ」）。

一番笛にてへやを出、二番笛にて入場することになっております。一番笛のならぬ先から工女べやの出口に待って居る人がたくさん有りますが、その口より一足たりとも外に出ることは許しません。

寄宿所の廊下には、一番笛で「工女御掛」（英の記録では「工女部屋総取締」とあるが記憶違い）の十四等出仕鈴木莞爾（英の記録には「副総取締相川様（男子）」とあるが「工女御掛」は鈴木一人）らと、女性の工女取締一人の二人が立っていて、二番笛で東繭置場（七五間）のそとの長い廊下を行列

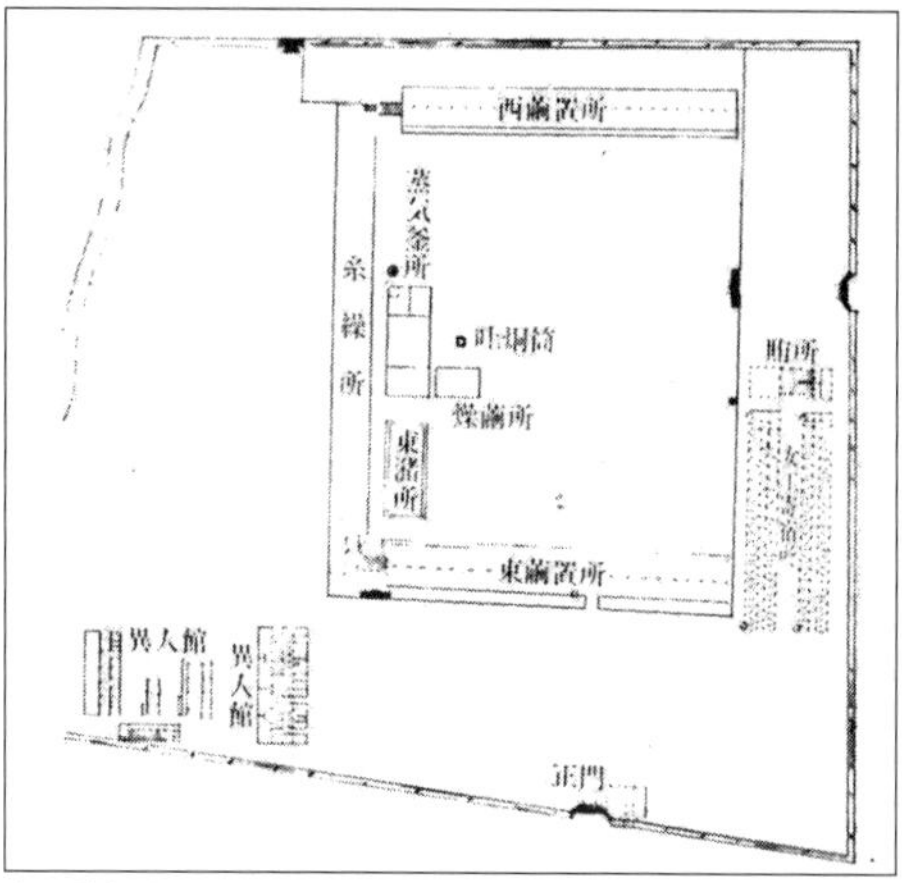

富岡製糸場建物平面配置　寄宿所に大食堂が出来る前

正しく通ると、長廊下の真ん中にお役所があり、いつも役人方が入口に出て見ていた。最初の工程である繭えり場にはいる前、松代工女たちは工女副取締前田ますにつれられて繰糸場にはいってみせてもらい、場内の有様に「筆にも言葉にも尽され」ない驚きを覚えた。そののち繭えり場にはいった。繭置場は、西にある七五間二階建て煉瓦造のなかにあった。

1　繭えり工程に最初にはいる

英の回想録は、富岡製糸場での蒸気器械製糸技術の伝習が、取締高木大之進（静岡県出身）のもとで、繭えりからはじまったようすを、つぎのように書いている。

　広く高きテーブルに大勢ならんで一心にえりわけて居りました内の古参の人が参りまして、私共をそれぞれ場所に付けましまして、えりわけ方を教へて呉れましたが、是が中々六つかしくあります。繭の丈《たけ》から大きさ、しぼのより工（具カ）合の揃ったので無くてはいけません。針でついた程の汚れがあっても役に立ちません。選分けましたのとえり出しましたのを、高木と申す人と教いた人で改めまして、少しでも落度があると中々やかましく申します。

おしゃべりの禁止、日本風の風通しのよい家とちがう煉瓦造の窓くらいしかない部屋で、山のように積みあげた繭の匂いに蒸したてられた作業は、眠気を催すなどに苦しめられた。ハエがたくさんいたので、捕まえたハエの羽根をもぎ、ハエの背中にちいさなミゴを刺し、それに繭の綿を縒《よ》りつけ、繭を一粒つけて引かせる遊びを工夫し、英はミゴにちいさい紙をつけ旗のようにして楽しんだが、高木の目にとまり止めざるをえなかった。

松代工女たちの繭えり作業は、つぎの山口県から工女入場までと、高木に予告された。だが、四月十八日、東京日本橋から人力車四〇台を仕立て、本庄・上尾で二泊して富岡製糸場に工女三六人—井上馨の姪小沢鶴子・仲子姉妹など—が入場するとただちに繰り糸場にはいったので、その後も繭えり工程での作業がつづいた（前掲、上條宏之『絹ひとすじの青春』五九頁）。

2　長野県内の原料生繭を小諸町高橋平四郎「用達」のもとから購入

富岡製糸場は、当時の養蚕農家が、蛹《さなぎ》が蛾になり繭を食い破るのを防ぐため天日に干して蛹を殺していた方法をやめた。出来たての繭（生繭）を購入し、工場内で蒸気により蛹を殺し、その原料繭を点検して汚れのないものから生糸を製造することを基本とした（上條宏之「官営富岡製糸場における原料繭の扱いと信濃国内原料繭の購入」『信濃』第六九巻第二号所載）。

伝習工女の募集と生糸の原料生繭の購入をよびかけた富岡製糸場に、早く応じた地域に、長野県佐久郡小諸町があった。これは、小諸町に製糸に取組んでいた高橋平四郎がいたことが大きかった。

高橋平四郎と富岡製糸場とのかかわりは、つぎの二つの史料にみるように、明治五年に「買繭用」を申しつけられてはじまった（小諸市荒町高橋太郎氏所蔵。わたくしの史料調査をした一九七三年三月十二日現在による。以下おなじ）。

小諸町　高橋平四郎

右之者、昨年中買繭用申付候義有之ニ付、改而当製糸場用達申付候ニ付、一応御掛合之上可相達処、当所生繭買入節ニ差掛リ別而差急ギ候間、直ニ其旨相達申候処、御県（ニ脱カ）於て別段御不都合之義も有之間敷、此段御掛合旁申達候。

富岡出張
製糸場　印

租税寮
御中（明治五年）

翌一八七三（明治六）年六月二十二日には、改めて高橋が「富岡製糸場用達」を申しつけられ、生繭の買入れ、富岡製糸場への納入が本格化した。

長野県管下
小諸町　高橋平四郎
富岡製糸場用達申付候事
明治六年六月（廿二日）
租税寮

高橋平四郎の人と仕事については、大井隆男による、つぎのような的確な記述がある（信濃毎日新聞社開発局出版部編『長野県百科事典　補訂版』信濃毎日新聞社　一九八一年）。

高橋平四郎　一八三四〜一八八九　製糸業界の先駆者。上田に生まれ、小諸の豪商万屋を継ぐ。一八七二（明治五）年、富岡製糸場開設と同時に繭買い入れ取り次ぎを拝命。翌年士族授産と新産業育成のため小諸藩士の子女六〇人余を伝習生として富岡に送り、御牧ケ原開墾による桑畑の造成をくわだて、小諸町六供に富岡を模した工場の建設を始め、一八七四年七月三二人繰りの丸万製糸場を開業した。深山田製糸場、雁田製糸場などに次ぐ長野県初期の製糸工場である。また座繰り製糸改良のため座繰り揚げ返し器械を考案して普及につとめ、蚕種改良のため上州の鬼縮、岩代の赤引を移入し、繭量器の制定その他に尽力した。一八八〇年に生糸改良のため友誼社が設立されると会頭に選ばれ、生糸直輸出を目的とする横浜の同伸社設立にも参画、翌年は長野県立製糸場の経営を引き受けるなど広範な活動を展開したが、同年に発生した横浜連合荷預かり所事件のため倒産、一八八二年に丸万製糸場も閉鎖した（のちに純水館となる）。その後、蚕糸業北佐久組合長、長野県蚕糸業連合組合連合会議長として再起を図ったが、志ならず病没した。彼はまた戸長、町会議長、一八七九年には県会議員として地方自治にも貢献した。

富岡製糸場が生糸製造のために極上品の生繭を購入する方針であったことは、長野県から、明治五年四月に「小前末々」にまで漏らさずに申し聞かせるように、つぎのように布達されていた。生繭とは、「繭かき上ケ、少しも日（注：太陽のこと）ニ当ざる」ものである。蛹が二つ入った玉繭をのぞいた生繭のみを買入れると説明している（「生繭買入幷工女雇入県達」北佐久郡御代田町中山信氏所蔵。なお、生繭買入と生繭の賃繰りを富岡製糸場に依頼することの出来る箇条は、壬申三月十七日に大蔵大輔井上馨から長野県宛に達せられていた）。

長野県

上州富岡製糸場にて当新生繭買入候間、極上品繭収納いたし売払度候者ハ繭かき上ケ少しも日ニ当さる内、雛形之通附ケ札致、玉まゆ除き、見本繭差出、相当之直段ヲ以売込対談いたし、

翌日運送可相納。万一見本与相違致し候節ハ買取不相成候条、篤与相心得不都合無之様可致候事

一　村々又者五人、七人望之もの申合所持之生繭ヲ差出、相当之賃銭を以、糸ニ製シ貰ひ度候ハヾ其の儀も相叶候条、賃銭割合等之儀ハ製糸場江可相尋出事

一　今般上州富岡製糸場ニおいて繰糸工女御雇入ニ相成候間、有志之者ハ来ル五月晦日迄、名前書可差出。猶委細之儀ハ右掛官員より承知可致事

但、年齢者拾五歳より弐拾五歳迄ニ限り候事

繭附ケ札雛形

見本　　何州何郡何村

　　繭此数弐百　何誰手作

　　何月何日上ル　此品凡何粒

右之通相触候条、得其意、小前末々迄不漏様可申聞候。此廻状村名下令請印、割付を以至急順達、従留村可相返もの也。

佐久出張所

壬申四月廿七日　巳ノ中刻

この布達では、生繭の買い取りのほか、富岡製糸場で生繭を賃繰りするので、村単位か五人から七人の希望者が申し合せ、富岡製糸場に賃銭割合をたずねてから生繭を添えて申し込むようよ

びかけている。また、繰糸工女を雇い入れるので明治五年五月晦日までに名前書を差出すように達した。この原型ともいうべき、大蔵大輔井上馨の達は、富岡では明治五年三月二十四日に町村宛にだされていた（前掲『富岡製糸場誌　上』三六五頁）。

高橋平四郎が、明治五年五月二十九日に、小県郡上田町（いまの上田市）の瀧澤利兵衛と二人で富岡製糸場へ生繭を納めたことのわかる史料がある。

奉請取御下金之事

一　金千両也　印

右者、生繭買入方為御手当御下渡被成下、慥ニ奉請取候。以上

明治五年申五月廿九日　上田原町　瀧澤利兵衛　印

小諸荒町　高橋平四郎　印

製糸場御役所

「富岡製糸場記　全」（前掲『富岡製糸場誌　上』一四六、一四七頁）には、「明治五年輸入繭」として、明治五年五月から六月に購入した原料繭合計二四四九石〇斗九升四合の国別繭量が書かれている。ただし、「太陽ニ晒シタル品凡六百石」、蒸繭が、およそ一八五〇石（七五・五パーセント）であった。

上野国　一〇二四石八斗四升六合（四一・八パーセント）
信濃国　六三〇石八斗五升五合（二五・八パーセント）
武蔵国　六〇五石〇斗九升五合（二四・七パーセント）
甲斐国　一八八石二斗九升八合（　七・七パーセント）

まだ、原料繭すべてを蒸繭にはできなかったのであった。

さらに、松代工女が退場したあとであるが、一八七四（明治七）年十月に、高橋が生繭を用達したようすは、つぎの史料で確認できる。

証

一　金弐千円　　甲戌年御買入繭代金返納之内
一　金千円　　飛弾上繭御払下代金之内納
右正ニ請取候也。
明治七年十月廿一日
富岡製糸場　印
高橋平四郎江

「明治七甲戌年」分として、高橋が「御買入繭代金」を返納したうちから二〇〇〇円、および「飛弾上繭御払下代金」として納めていたうちの一〇〇〇円を受けとった証である。前者は、約束した生繭を集められなかったことからいったんは返納したもの、後者は富岡製糸場がたぶん他の用達をとおして購入したとおもわれる「飛弾上繭」を、高橋に払い下げたことをしめしている。

高橋が、富岡製糸場に提供できた繭がどのくらいで、どの範囲から集めた繭であったかがわかる一八七八（明治十一）年と翌七九年の史料がある。

一八七八年は、つぎにみるように、繭五八四石八斗四升五合、その代金一万七七九三銭六四銭四厘であった（小諸市荒町高橋太郎氏所蔵。一升平均繭価は上條の計算）。明治五年、一八七四（明治七）年の段階より大幅にふえた。

証

一　繭五百八拾四石八斗四升五合
　　代金一万七千七百九十三円六拾四銭四厘　（繭一升平均三〇銭四厘余）
　内
　繭九拾弐石六斗七升　上田町買入分
　　代金弐千六百四拾三円廿弐銭六厘　（繭一升平均二八銭五厘余）
　繭百五拾五石三斗五合　小諸町買入分
　　代金四千五百円廿五銭五厘　（繭一升平均二八銭九厘余）

繭百拾三石弐斗四升　　　平塚村買入分
代金三千五百拾四円三十五銭三厘　　　（繭一升平均三一銭〇厘余）
内
繭八拾七石〇弐升　　生繭買入
　代金弐千七百〇壱円〇五銭三厘　　　（繭一升平均三一銭〇厘余）
繭弐拾六石弐斗弐升　蒸繭買入
　代金八百拾三円三拾銭　　　（繭一升平均三一銭〇厘余）
繭九拾石壱斗壱升五合　　野沢駅買入分
代金弐千八百九拾七円拾八銭五厘　　　（繭一升平均三三銭一厘余）
繭百三拾三石五斗壱升五合　　高野町買入分
代金四千弐百三拾八円六拾弐銭五厘　　　（繭一升平均三一銭七厘余）
〆
右之通繭代金御下渡被成下正ニ奉受取候也。
明治十一年八月六日
　　信濃国佐久郡小諸町　　高橋平四郎　印
製糸所御役所

繭買入れ範囲は、小県郡上田町、佐久郡小諸町、平塚村（いまの佐久市中佐都平塚）、野沢駅（いまの佐久市野沢）、高野町村（いまの南佐久郡佐久穂町）の二町三か村であった。繭の購入量は、もっともおおい小諸町以下、高野町村・平塚村・上田町・野沢駅の順であった。

全体の繭価は、平均繭一升あたり三〇銭四厘余。もっとも高い繭価が野沢駅の三二銭一厘余、ついで高野町村が三一銭七厘余、低い繭価が小諸町二八銭九厘余、上田町二八銭五厘余である。また、平塚村からは、生繭だけでなく、蛹を蒸し殺した蒸繭も買い入れている。生繭も蒸繭も、一升あたりほぼ三一銭で、おなじ値段で購入された。

一八七七（明治十）年十月の「平塚村誌」（長野県編『長野県町村誌　東信篇』長野県町村誌刊行会一九三六年。二二七七～二二八一頁）には、この村には製糸場はなく、繭は八〇貫目余の質上等のものを「開港場」に「輸出」するとしている。七八年三月の「高野町村誌」（同前　二七〇七～二七一二頁）には、繭は三六二貫が「質上等」に生産され、そのうち三〇〇貫を上州・武州へ「輸出」し、生糸も十貫を上州・武州へ「輸出」するとある。やはり、村内に製糸場はなかった。

高橋平四郎のような「富岡製糸場用達」のもとに、町村レベルに富岡製糸場から繭買入れの役割をになう人物が依頼されていた。つぎのように、明治五（一八七二）年六月五日に、富岡製糸場に出張した勧農寮から長野県に達せられ、六月八日、長野県庁から小県郡上田町の瀧澤利兵衛と伊藤盛太郎に生繭買入方を申付けている（旧小県郡丸子町横田善一郎氏所蔵）。

記

今般富岡出張之勧農寮ヨリ別紙之通申越有之、右ハ生糸製造ノ為ニ付其旨相心得候。尤万一布告之御趣旨ニ背キ右買入ノ生繭ヲ以、蚕種製造ノ聞等有之候ハヾ無斟酌早々可申立候。右之通相達候ニ付、別ニ世話役共江早々可相達候也。

壬申六月八日

長野県庁

小県郡上田町　瀧澤利兵衛

伊藤盛太郎

右之者江生繭買入方申付候間、為御心得申入置候也。

壬申六月五日

富岡出張　勧農寮

長野県御中

高橋平四郎が富岡製糸場に売り込んだ繭は、一八七九（明治十二）年には、前年より一二三石四斗五升五合おおい、七〇八石三升であった。代金も八〇六三円三五銭一厘おおい、二万五八五六円九九銭五厘であった（旧長野県庁文書「明治五年　村触綴込」）。繭購入町村から上田町がなくなり、小諸町・平塚村・野沢村・高野町村の佐久郡内に限られたが、繭一升平均価格は、前年の三〇銭四厘余から三六銭五厘余と高くなった。また、「後買入分」がある。いずれの町村からも二度買入れ、「後買入分」の方が高い。

一　繭七百〇八石三斗
　証
此代金弐万五千八百五拾六円九拾九銭五厘　（繭一升平均三六銭五厘余）
内
繭百七拾石七斗四升　小諸町買入分
此代金五千九百四拾七円六拾四銭九厘　（繭一升平均三四銭八厘余）
繭六石六斗六升　同所後買入分
此代金弐百四拾五円五拾四銭五厘　（繭一升平均三六銭八厘余）
繭百三拾石五斗六升　平塚村買入分
此代金四千六百〇四円七拾八銭五厘　（繭一升平均三五銭二厘余）
繭弐拾四石弐斗七升　同所後買入分
此代金九百七拾円拾四銭六厘　（繭一升平均三九銭九厘余）
繭百六拾六石六斗六升五合　野沢村買入分
此代金六千弐百拾弐円六拾六銭　（繭一升平均三七銭二厘余）

繭弐拾九石六斗七升　同所後買入分　（繭一升平均三九銭三厘余）
此代金千百六拾八円七拾銭
繭百七拾壱石五斗七升五合　高野町村買入分　（繭一升平均三七銭一厘余）
此代金六千三百七拾八円〇壱銭
繭八石壱斗六升　同所後買入分　（繭一升平均四〇銭三厘余）
此代金三百弐拾九円五拾銭
〆
右之金員御下渡被成下、正ニ奉受取候也。
信州北佐久郡小諸町
明治十二年八月廿五日　高橋平四郎　印
富岡製糸所御中

また、一八七九年には、この地域からの蒸繭の買入がない。佐久地域からは、生繭の納入が基本となった。繭一升平均の価格は、前年度の繭一升平均三〇銭四厘余にくらべ、六銭一厘余値上がりしている。また後買入分繭の値段が高い。町村別では、前年度とおなじく、野沢村・高野町村が小諸町より高く、平塚村の買入分が両町村の中間に位置していた。ただし、平塚村の後買入分は、野沢村の後買入分より高かった。

富岡製糸場の一八七九（明治十二）年度の「営業資本欠《（決カ）》額仕訳書」（前掲『富岡製糸場誌　上』資料二〇九　四六八、四六九頁）によると、生繭買上げが一七万四四四六九円三五銭二厘である。高橋平四郎をとおして購入した生繭が、見てきた二万五八五六円九九銭五厘がすべてであれば、同年度の富岡製糸場の生繭買上げのほぼ一五パーセントにあたった。

なお、長野県内では、下伊那郡内の代表的製糸業者長谷川範七が富岡製糸場の繭買入用達に任命された。また、一八八〇（明治十三）年には繭買入周旋方に下伊那郡座光寺村の今村真幸・今村善吾・塩沢幸四郎が就き、生繭の蛹蒸殺施設をつくり、同郡内から買い入れた生繭の蛹を蒸殺して富岡製糸場に提供していた（前掲、上條宏之論文「官営富岡製糸場における原料繭の扱いと信濃国内原料繭の購入」）。

富岡製糸場の原料繭は、長野県佐久郡産品黄白両種がもっともよく、入間県管下武蔵国産品・群馬県管下上野国富岡産品と四種が重視された（前掲『富岡製糸場誌　上』一五五頁）。

3　糸揚げ工程と煮繭・繰り糸のようす

山口県からの入場工女が入場すれば、繭より場からでられると、英たちが楽しみにしていたところ、その期待が裏切られる（『富岡日記』「山口県工女の入場と我々の失望」）。

いよいよ三月二十日頃（注：四月十八日）山口県から三十人程（注：三六人）入場致されました。

（中略）袖も短く御着物が大かた木綿の紺がすりの綿入れ、帯も木綿の紺がすりが多くありました。中にはずゐぶん上等な衣服を着た方もありました。皆士族の方だと申す事で中々上品でありました。それを見ました私共の喜びはどのやうでありましたらう。（中略）

驚きますまいか、待ちに待つたる其の人々は入場直に糸をとる事になりまして、皆々口付の教へを受けて居ります。私共は驚きが通り過ぎて気ぬけのしたやうになりまして、直に泣出したい位でありましたが、繭えり場にも七八十人も工女が居ります、其の中でさすがに泣く訳には参りません。

その後、四、五日たって、松代工女一行のうち七、八人指をさされ、繰糸場にはいり、糸揚げ工程に就いた。糸揚げの工女は、十二、三歳くらいがおおかったが、英たちほどの年齢の工女もいた。繰り糸場のようすと英が担当した糸揚げの工程を、英はつぎのように書いている。

其の頃釜の数が三百ありましたが、やうやう二百釜丈ふさがって居りました。一切れ五十釜、片側二十五釜であります。其の後に揚枠が十三かかって居ます。西から百釜分を一等台と申しました。其の次五十釜を二等台と、其の次五十釜を三等台と申して居りましたが、私は其の一等台の南側の糸揚の大枠三個持つ事になりまして、小枠は六角でありまして中々丈夫に出来て居ります。大枠も六角であります。

小枠から揚げますに、先づ水でしめしまして、下の台に小枠をさす棒があります。それにさしまして、六角の上に真鍮の丸い板金を乗せるのであります。糸が角にかからぬやうに致しまして、ガラスの上から下がって居るかぎにかけ、それよりあやふりにガラスのわらびの形の物があります、それに通して大枠にかけるのでありますが、中々面倒なものでありまして、つなぎ目は極く小さく切らねばなりませず、横糸が出ましてはいけません。口の止め方其の他色々の事を年下の人に教へてもらひましたが、中々やさしく叮嚀に教へて呉れました。

英は、糸揚げ工程で弟子離れをしたが、糸の切れるのに苦労し、枠をはずして「短いつづみ」のような形に仕上げた。英は、大枠三個・小枠十二を担当し、糸が切れないように「神信心」にすがったという。母亀代は兄九郎左衛門の無念の死に神信心を一切断った。だが、英は「南無天照皇大神宮様、此の糸の切れませぬやう願ひます」と、大枠と大枠のあいだの板に腰掛けて、糸繰り場の騒音で他人に聞こえにくいのを幸い、大声で祈った。糸をしめすのには、空いた糸繰り釜を利用した。そのとき、静岡県から来ていて、英の糸揚げする糸繰りをしていた旧旗本出の今井おけいに何を唱えているのか質問され、神信心のことを話すと、糸繰りのさいに糸のきれないように、いっそう気をつけてくれた。以後、今井おけいと親しくなる。

松代工女のうち、宮坂品は退場まで糸揚げ工程を担当する。他の一五人は糸繰り工程にうつったと英は回想しているが、途中で坂西滝・河原鶴は退場することとなった。

4　糸繰り工程にうつり技術伝習をうける

英は、ある日指をさされて、繰り糸三等台の北側にうつることができた（『富岡日記』「糸揚と迷信」「糸とり方指南と新平民」）。糸繰りの技術伝習にうつったとき、最初の指導者はフランス人直伝の入沢筆で、やさしく教えてくれた。入沢の休業したときには、安中藩出身の松原芳が二日ほど教えてくれて、英は弟子離れができた。

入沢筆は、七日市の「新平民」の出だと、英に「注意」するものがいた。そこで、英は「あなたはどなたのお弟子」と尋ねられると、いつも「松原さんのお弟子」と答えた。英は、入沢を「初めての師でありますから殊に敬っておりましたが、心中人が何とか申しはせぬかと心苦しく存じました。今考えますと、実にすまぬことを思ったものだと悔いております。明治六年頃は開けませんから、中々やかましく申しまして実にかわいそうでありました」と回想している。英の生きた幕末から一九二九年までには、被差別部落の歴史的理解はじゅうぶんにはおこなわれていなかった。

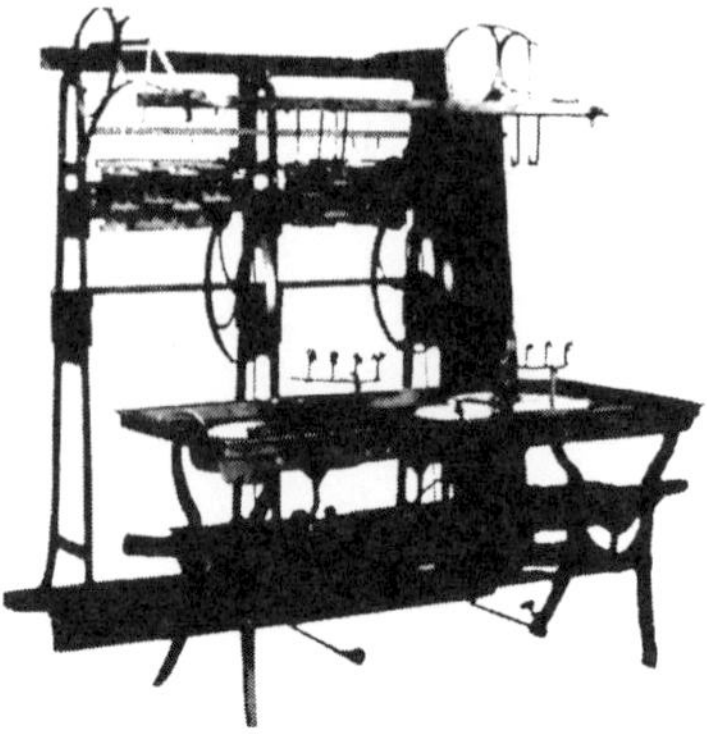
創立当時の富岡製糸場製糸器械

和田英が、『富岡入場記』を書いた時期にやや先立つ一九〇六（明治三十九）年三月二十五日、島崎藤村が緑陰叢書第一編として、長編小説『破戒』を自費出版した。被差別部落出身の小学校教員瀬川丑松が、父の戒め「素性を隠せ」を守ってきた立場から、父の死、先輩猪子蓮太郎の横死に触発され、世間に出自を告白し、恋人お志保の愛に励まされながら、新天地テキサスへ旅立つ。この藤村の作品を、英や横田家の人びとが読んだかどうかは不明であるが、差別される人びとへ同情し、その自立に共感する心を、英はもっていた。

城下町松代にも被差別部落があった。横田英の弟秀雄は、帝国大学法科大学でフランス法を学び、学生寮で編輯・出版人として弟謙次郎と発行した『松代青年会雑誌』（第五号　明治二十年十一月三十日発兌）の「雑報」欄に「戸長の注意」と題するつぎの文章を載せた（句読点は上條）。

松代地方にてハ、今なほ新平民を卑み、其教育なども度外に置き、敢て顧ミる者なきより、其子弟ハ無教育に生長し、従ふて一般人民より嫌忌さるゝの度を高むる有様なるに、戸長中野氏ハ大に之れを嘆じ、昨年中より種々苦心し、其部落内に別教場を建て、其子弟を就学せしめしを手初めとし、之れより種々の順序を経て、近来ハ一般人民の子弟と同教場にて教授を受けしむる様になさしめられたれバ、其父兄の喜び一方ならず、子弟も亦温順に勉学し、已に今年優等生に褒賞を与へしため、新平民の子弟八人中四人迄其中に列せりと云ふ。

この戸長中野とは、一八八七（明治二十）年に、連合町村役場制度による松代町ほか二か村の官選戸長に就いた中野精一郎であった。

横田秀雄は、フランス法民法を学んだ立場もあって、この中野戸長の被差別部落の教育改革の努力を評価した。この差別解消の理念は、横田家の人びとにも共通する認識であったと、わたしはみている。亀代など女性たちも、すでに触れたように、松代婦人協会の活動によって、女性が権利を拡張し、職業活動を伸長する取組をすすめ、やがては渡良瀬川の鉱毒問題解消へ義捐金募集をおこなう運動などへも取組んでいる。

英は、父数馬の富岡製糸場への来場後、松代工女がみな「糸とり」になったと回想している。英が「糸とり」の三等台についたのがいつであったかは、回想録ではわからない。

5　三等工女から一等工女へ

一八七三（明治六）年八月六日夜、春日蝶がしたため十日に松代荒町の両親のもとに届いた手紙に、工女等級にかかわる文章がある。入場から四か月を経過して、富岡製糸場の工程のうち、松代工女たちが糸とり工程の三等以上になったとある。しかし、宮坂品は、すでに触れたように、糸とり工程にはいっていなかった、とわたしはみている（第四章の「松代工女富岡製糸場伝習工女名簿」参照）。

この八月六日付の蝶の両親宛手紙には、「此度坂西様御出せつ、手紙・薬お送り被下」とあるので、この八月に坂西滝は退場したことが確認できる（前掲「富岡製糸場長野県出身工女名簿」も「明

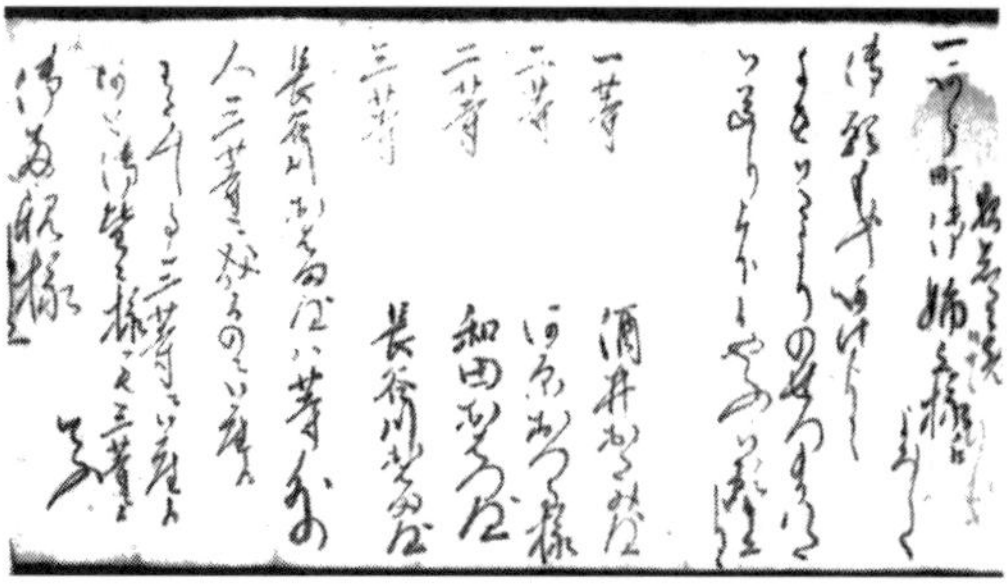

春日てふ（蝶）は河原つるに様、ほかには殿と身分で区別

治六年八月出」)。

一等　酒井おたみ殿
二等　河原おつる様
二等　和田おはつ殿
三等　長谷川おはま殿
長谷川おはま殿ハ等外の人、三等ニ成候のニ御座候　わたくし事三等ニ御座候、阿（後）と御皆々様も三等ニ候。

てふ

御両親様
申上

一等工女に酒井民、二等工女に河原鶴と和田初、坂西滝をのぞき、あとはみな三等工女になったというのである。

蝶は、大参事であった河原均の娘つるには「様」をつけ、他の工女には「殿」をつけている。おなじ伝習工女でも、家の身分から自由ではなかった。つるは最年少で、しかも脚気で病床にある期間が長かったことを考えると、わたしは、他の松代工女に先だち二等工女となったとあることに不自然さを感じる。春日蝶の手紙が、当時の記録であるから事実であるとみることに、わたしは疑念をもつ。両親にいろいろ無心をする内容がおおい蝶の手紙群の内容からも、他の史料による検証が必要におもわれる。英の回想録で、一日八升の繭を生糸に繰りあげたのは、英が松代工女の最初であったとする記述などからも、疑義がつよい（『富岡日記』「枡数」）。

和田初は、松代工女の最年長であった。最年少の河原鶴と最年長の工女を二等とし、他の松代工女はすべて三等であると、蝶が両親につたえることが、蝶にとってどのような意義があるのかは、わからない。ただ蝶は、一部屋に原則三人の寄宿所で、密といってよい五人で起居をともにしていた部屋で、くつろいで故郷へ手紙を書くとき、身近で談笑する最年少であるが身分の高い河原鶴、最年長の和田初を、二等工女に仕上げた手紙を書くこともあり得るのではないか、とふとおもう。それは、二人ともしめし合せた憩いのひとときでもあったように、わたしは想像する。

英の回想録と照らし、のちにみるように尾高惇忠の英への高い評価を考慮したとき、蝶の工女等級にかかわる、この記述が事実であったとは、わたしにはとてもおもえない。

(1) 河原鶴が病気になり富岡製糸場から退場

和田英は、『富岡日記』「河原鶴子さんの病気」で、ある日、急に不快になった河原鶴が「足がひょろひょろする」というので、付属病院でみてもらうと「脚気」であった。

ただちに入院し、当初から三か月ほどはもっぱら英が看病したとある。それをみた尾高惇忠や工女総取締の青木てるの助言で、松代工女による一週間交代の看病体制に変えている。

富岡製糸場では、フランス人医官から、一八七三（明治六）年六月工女たちに「病者警戒」がしめされていた（「熊谷県下第十二大区小八区上野国甘楽郡富岡町勧業寮出張所製糸場雑誌」今井幹夫『富岡製糸場初期経営の諸相』自家版　一九九六年。五八、五九頁）。

病者警戒

一　養病中者総而護長幷介者ノ指図ニ随ヒ可申事
一　診察ヲ受ル時者心気ヲ鎮静シ、其躰ヲ丁寧申述べき事
一　投与する薬剤ハ尤も大切ニシ、分量・時刻・方法ニ違ハス服用すべき事
一　事故ナク病床ヲ離レ、或ハ猥ニ健康人ニ接遇致間敷事
一　身体幷ニ掛床等不潔ニ致間敷事
一　三食ノ外、許シナキ飲食致間敷事
一　親姻・故旧等より食物ノ贈送有之時者、護長コレヲ医局ニ呈シ指図可申事
一　総而病者不相応ノ所業アレハ、速ニ取締役所江引渡ス事

右之条々相守可申事

明治六年六月　医官

富岡製糸場では、工女の健康について、清潔をまもらせ、食事にも配慮していたようすがうかがえる。ただ、脚気対策があったのかどうかはわからない。河原鶴の病状は、恢復するまでにはいたらなかった。

春日蝶の一八七三年十月十二日付の両親宛手紙に、「此度河原おつる様御帰りニ付」とある。帰郷のさい、「河原様よりおつる様の御かんびょうを致し候とて、はん紙二じょふ（注：半紙の一帖は二〇枚）、をしろい一包、くし一枚」をいただいた。娘つるの看病にあたってくれたと、迎えにきた父河原均から松代工女にそれぞれ半紙・白粉・櫛が礼として渡されたのであった。

富岡製糸場にのこる工女名簿には、一八七四年二月に河原鶴が退場したとき「六等」（一八七四年四月の改定で七等級に細分され、従来の一等が三等となったので、六等は改定前の三等）であったとある。実際には、鶴の富岡製糸場退場は一八七三年十月中旬で、富岡製糸場にいた期間は五か月半。その間、英の回想録によれば三か月以上脚気で入院していたという。退場時の六等からも、河原鶴が他の松代工女に先だって二等工女になることは、まず無理であった。

なお、河原鶴が、書類上ではっきり退場となったのは、七四年二月となっている。横田数馬が富岡の英宛に書いた七四年二月二十五日付手紙で、「河原均様もお津留様と御同道而、三月半ニハ御出京ニ相成候よし」とつたえていることは、前年十月に退場後に、脚気が治癒し、結婚可能となったことが読みとれる（手紙は後掲）。

⑵ 英の父横田数馬の富岡製糸場訪問と松代工女のモチベーションの向上

英の父横田数馬が、松代地域への富岡式蒸気器械製糸場建設の準備もあって、徴兵で入隊する若者を引率して高崎鎮台の兵営にきた帰り、富岡製糸場に「場内視察並に一行動静見聞」のため、一八七三年五月初旬（英の回想では四月初旬）来場した。春日蝶が両親宛に五月九日に書いた手紙に「せん日、横田様よりうけたまハり、其おもてへも製糸所たち候御はなしうけ給り、うれしくぞんじ候」とあることからも、五月初旬に数馬が富岡製糸場を訪問したことがわかる。

尾高惇忠は、横田数馬が来場したとき歓迎し、場内をすべて案内し、富岡製糸場設立関係書類を見せてくれた。数馬は三日間滞在し、従者山岸広作に手伝わせて筆写した（この筆写史料を英が提供し、長野県工場課本に収録された）。

数馬の来場で地元に器械製糸場ができ、繰り糸技術伝習の成果が地元製糸場で意義をもつといわれたことが刺戟となって、松代工女たちは「皆一心に勉強して居りました」。「何を申しましても国元へ製糸工場が立ちます事になって居りますから、其の目的なしに居る人々とは違ひます」。そして、やがて一等工女に昇進する。

一等工女になるときは、「工女御掛」鈴木莞爾に夜よびだされて、だんだん申しつけられた。英も、ある夜よびだされ、「横田英　一等工女申付候事」といわれ、「嬉しさが込上げまして涙がこぼれ」たほど喜んでいる。坂西滝・河原鶴の二人が退場したのち、一等工女に「慥か十三人迄申付けられたやうに覚えます」と回想している（『富岡日記』「一等工女」）。英が一等工女になったのは何時か、誰が速かったかなどは、英の回想録からはあきらかでない。

春日蝶の一八七三（明治六）年十二月十八日に富岡から出し、二十四日に両親にとどいた手紙には、蝶が十二月十五日に糸とり工程の「一等におふせ付られ候」とある。松代からの工女は、糸とり工程の一等に金井しん、酒井たみ、和田はつ、米山しま、横田ゑい、東井とめ、福井かめ、小林いわがなっているとある。二等は塚田えい、長谷川はま、小林たか・あき姉妹であった。宮坂しながら糸揚げ工程の二等であり、糸とりの一等一両六分（一円六〇銭）、二等一両二分、三等一両一分であり、糸あげの二等は一両二分であるとも書いている。富岡製糸場の工女賃金は、糸とり一等一円七五銭ほかがきまっていた。それより安い月給額を書いているのは、実質的な手取りの額か、両親に金を無心するための作為であったように、わたしにはおもわれる。

⑶ 祖父横田機応の逝去をめぐる横田数馬の英宛手紙―明治七年二月廿五日

英が富岡滞在中に、孫の富岡製糸場にはいるのを喜んでくれ、近代横田家の殖産興業への取りくみに先駆けとなった横田甚五左衛門が死去した。英は、祖父へのお見舞料を送った。数馬・亀代は、娘の気持ちを汲んで霊前に「御茶湯」をそなえるとともに、地元に器械製糸場を取建てるので、「繰糸」だけでなく万端の心をもちいて見聞をたしかにするように励ます手紙を送ったのであった。一〇〇人繰りの長野県営製糸場の計画もあって、松代工女へ援助の依頼が来ているので、それも心得るように、松代工女一四人に話しておくようにうながしている。

当三日（注：明治七年二月三日）出之郵便、途中雪支ニ付、同十二日午後相達。同九日出郵便、御見舞金子入十六日相届。同十六日出之郵便、御祖父上様（注：横田甚五左衛門が明治七年二月八日逝去）御遠行（注：逝去）ニ付悔状同廿一日相達。都べテ夫々致披見候所、段々被申越候趣、隔地（注：松代から隔たった富岡製糸場）ニ而嘸かし心中之程ハ山々察入候得共、無余岐次第、先々当方御看病之義は十分ニ致し候間、右辺は思ひ止被下度候。御見舞料御送り被下候所、最早御遠行の後ニ付、直様茶を調入、御霊前御茶湯申上候。

其許も、忌中三十日ニ有之候間其積り。尤、御雇中之事ニ付、無余岐繰糸之方精励有之度候。七日ニ当り候事ハ思議之通り。尤、御死去八日、御届は九日ニ有之候。此方も御多用而、十八日より出仕（注：長野県庁に）候様有之候所申訳ケ致し、仝廿五日より出勤致候。

尚、機械（注：器械製糸場）西条村へ取立候義ニ付而ハ、三月中ニハ大里（注：西條村製糸場経営者大里忠一郎）並ニ掛り之者共、同道而其表（注：富岡製糸場）へ罷越、尾高（注：尾高淳忠）殿等へ相伺候義有之候間、其節色々物語り可申候。当表へ機械取建ニ付、御雇之十四人（注：松代工女十四人）繰糸斗りニ無之、万端ニ心ヲ用、能々見聞致置き度候。帰国之上ハ、夫々教示役（注：西條村製糸場の繰り糸指導者）ニ相成候義、尚又、長の県下へも百人とか（注：百人繰り長野県営製糸場）御取立ニ相成候由而、松代機械の振りニ万端相頼度旨申入有之候位ニ付、能々心得置度候。極内々御一同へも為含咄置度候。
東京（注：和田盛治）の方より出京致し候様申参候に、御父上様（注：英の祖父甚五左衛門）御大病ニ付、暫之間出京見合申遣置候義も有之、其都合ニ依而は、不時之出京ニモ相運び可申義も兼斗候。此義は極内々ニ致置度候。明日郵便ニ付、一寸段々之挨拶迄。早々。
時下折角用心有之候様祈上候。以上
二月廿五日　数馬
阿英殿
御親類方様への伝言夫々ニ通候。尚、真田ヲ始メ皆々様より宜敷御悔申上度との事也。
尚々、皆々様へも宜申上度候。宅之者共宜々々。此表（注：松代）も寒気強く、其表（注：富岡）ハ余程暖気ニ可相成候。河原均様もお津留様と御同道而、三月半ニハ御出京ニ相成候よし。
一　西条機械場、手初（注：着工）有之、日々盛ンニ普請中ニ有之候。

なお、和田盛治から結婚をはやくと希望する申し出がきたが、祖父大病を理由に、しばらく東京に英が出るのを見合わせるようにしたいと、数馬がつたえている。このときは、この書の第四章の終りにみた、和田盛治の東京での不都合な生活について、英の弟秀雄が手紙で母亀代につたえる四年前であったので、和田盛治への英の夫としての疑念などで見合せたのではなかった。

英に富岡製糸場で伝習した技術を、地元で着工し普請が日々さかんになった西條村製糸場や長野県営製糸場で活かしてほしいと数馬・亀代が考えていたことから、英の東京出を見合せたのであろう。

(4) 尾高惇忠富岡製糸所長が英たちの働きを褒めた横田数馬宛手紙─明治七年四月十日

松代工女たちは、一等工女に一二人、二等工女に塚田栄、三等工女に宮坂しながいた。一八七四（明治七）年四月になっていたとおもわれる。この四月に、富岡製糸場工女の賃金制度が、入場時の三等級から七等級へ変更になった。このときはまた、前年四月に入場していた松代工女たちの一年契約の切れる月でもあった。

横田英たちは、地元に西條村製糸場ができるまで富岡製糸場にとどまり、伝習技術を磨くことを希望した。富岡製糸場にとって、工女の短期間による退場が、生糸生産高の減少をもたらし、富岡製糸場経営にマイナスの影響をおよぼしていたので、松代工女の入場延期を、とくに横田英が率先して申し出たことに喜んだ。

尾高惇忠が、英の父数馬に四月十日付でだした手紙に、つぎのようにある。

猶々令娘（注：英）にも三等工ニ相成候。等級改正三等、以前一等にて月給壱円七十五銭ニ、四等壱円五十銭。然して、三、四等工女は大体日日繭六升より七升位繰糸いたし候。其の進歩御悦喜可被下候也。

さて、先頃は御態書の処、答書不進失敬仕候。彌、御安全被為入候由、奉寿候。然ば、令娘始工女一同（注：松代工女一四人。この時期には当初の一六人中、河原つる、坂西たきの二人が既に退場）無事勉強進業致、別而令娘ニは他の取扱をもいたされ、神妙之義感入致候。

附て、過日御暇期間云々（注：松代工女は一年契約で入場）申談候処、折角是迄勉強罷在候得ば、猶引続き相勤申度旨被申出候条益々感服、全体当場所（注：富岡製糸場）ニ於ても出入工女多分にて、中等以上の者ハ少なく折柄、御地連名の工女御暇被願候ては差支にも到り候間、何卒勤続相成度存込候処、右の様被申立候条、好都合ニ候間、貴兄ニ於ても令娘の志願御権恕、猶今年中も相勤候様御許し相成、外工女の父兄へも前条御申通、偏ニ御場所益々進歩候様御周旋被下度候。

尤も、公然県庁へも申入候義ニ候得共、為御省念前書き申進候処、如斯ニ候。謹言

四月十日　　　　　　　　尾高惇忠

横田数馬　様

尾高はまず、工女の給与制度の変更にふれ、改正前の一等工女であった英たちが三等工女になったこと、三等工女あるいは四等工女は、一日に繭六升から七升ほどを繰り糸できる進歩をみせていること、を評価した。ついで尾高は、とくに英が「他の取扱」＝松代工女全体のあり方を考え

ている「神妙」さに感じ入っている。契約期限が切れるが、引きつゞき勤めたいと申し出てくれて感服したこと、富岡製糸場に中等以上の技術をもつ工女が不足しているので好都合であること、松代工女の存在がつづくことは富岡製糸場の進歩に貢献することを、尾高はのべている。

英は、一八七四年四月十九日付の両親宛手紙で、富岡滞在が延長になったことが、富岡製糸場の尾高所長・前田工女副取締など取締一同の考えにそっていること、延長を申し出た英たち松代工女一四人を褒めてくれと、尾高が前田たちに言っていることなどを、つぎのように書いている（前掲『家の手紙』九三、九四頁。この手紙の前段は後掲）。

（前略）

一　先日申上候おだか様の御手がみ、長野おもてへ相とゞき、長野県よりおだか様へ御へんじ参り候由。おだか様のおふせの通り、一か年が間此かたは、御かし（注：富岡製糸場へ伝習工女として貸して置く）なされ候由、松代十四人のやど（注：それぞれの自宅）江申きけ候所、皆々しようちいたし候と御へんじが参り候由。尾高様、松代より参り候十四人江申きけ度由、前田様（注：工女副取締の前田ます）と御申つづけ遊し候由、前田様より承りまゐらせ候。さて、長野県ニても松代十四人ハ真事ニよくべんきよういたし候と、よく〳〵御ほめ被下候よふにと、尾高様申参り候よし。尾高様御はじめ御とりしまり中、よく〳〵御たのみに御ざ候。

一　其御地（注：松代の）御様子ハ、いかゞに候や。長のよりさよふの御さたハ御ざなく候や。またハ御ざ候や。当年一年此かた（注：富岡製糸場）ニおり候のハ御ざ候や。またハ二、三ヶ月の内にかへり（注：松代へ帰り）候のや。此手がみとどきしだへ《次第》、そふそふ《早々》一同御そうだんのうへ、御へんじまちおりまゐらせ候。

十四人一同を尾高様はじめとりしまり中も御たのまれ申候て、此地（注：富岡製糸場）におりもらふに相成候とは、まづ〳〵一同ほねおり候かへ《甲斐》あり候まゝ、一同よろこびおり申し候。

（後略）

引用した第二項では、延期するのが一年になるのか二、三か月になるのか、長野県庁などとも相談してはやく教えてほしい、いずれにしても、富岡滞在が延びたことを尾高はじめ富岡製糸場では喜んでいる、と英は両親につたえた。

6　糸結びの工程に横田英と和田初が就く

松代工女たちは、一八七四年五月末に西條村製糸場の建物・施設がよほど出来たと連絡をうけ、富岡式製糸業万端について学んでおくよう横田数馬からうながされた。

数馬から連絡をうけた尾高惇忠たちの配慮もあって、一八七四年六月一日ころから、横田英・和田初の二人が糸結び工程に就くことを申しつけられた（『富岡日記』「糸結び」）。

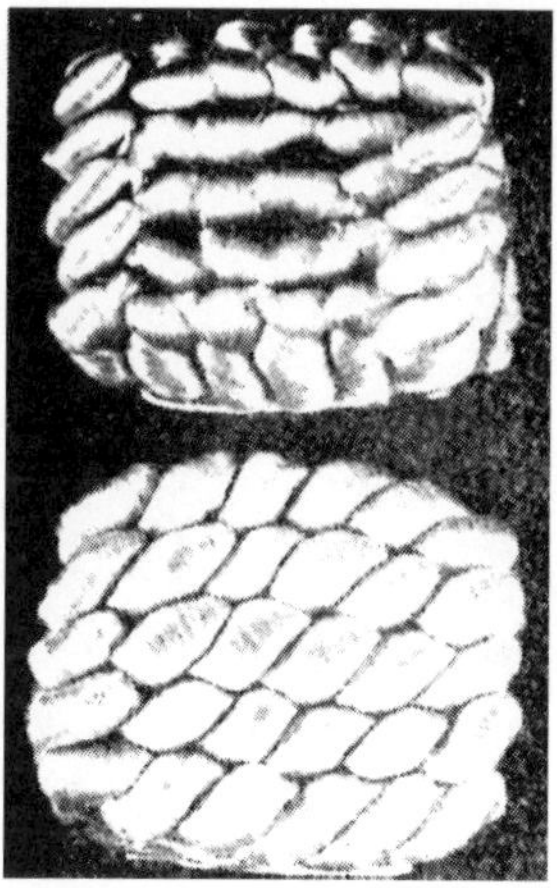

創立期富岡製糸場の糸結び
上は捻頭　下は捻尻

糸結び工程は、大枠から才槌で生糸をはずし、糸をハマグリ型に結び、蒸籠にならべた。六角形の大枠に巻き取られた生糸は、一等繭・二等繭は、繰糸工女がそれぞれ三升分の繭から生糸に繰ったものからなっていた。三等繭から繰った生糸は、四角の大枠に掛けられていたという。

糸結びの技術修得には一か月から二か月ほどはかかるところ、英たちは一週間ほどで一人で糸結びをしてみるよう指示された。英と初は、なかなかおもうように形よく結べないので、部屋へ帰ってから、毎夜二人で協力し、手拭を生糸に見立てて稽古し、なんとか糸結びの技術をマスターした。

この工程では、大枠に生糸四〇〇回巻きとる「四百廻」（枠のひとまわりは一オーヌといい、一・一九メートルにあたる。それを四〇〇回＝四七六メートル分にしてデニール秤で糸の太さ＝繊度を検査した。一デニールは生糸四五〇メートル＝重量〇・〇五グラムをいった）も、英と初は学んだ。

横田英と和田初は、繭より・糸揚げ・糸繰り・糸結びという主要な富岡式蒸気器械製糸技術の修得を終えて、帰郷の途につくことができた。

二　松代工女の働きぶりとおおかった病気による休業日

1　富岡製糸場退場時の松代工女たちの月給額

坂西たき・河原つるが退場したあとの一四人の松代工女は、富岡製糸場に一八七四（明治七）年六月一杯まで働いて、富岡式蒸気器械製糸技術を修得する努力をかさねた。当初の一年契約の入場期間を尾高惇忠所長の要望もあって延長し、一八七四年七月七日に富岡を去り、帰郷の途につく。その間に、健康を害するなどで、じゅうぶん働けなかった工女たちの出たことが、つぎにかかげる松代工女一四人の一八七四年六月分給料額からわかる。

「富岡製糸場　明治七年六月分給料」

記

六月分給料

廿五日引

一　壱円弐銭壱厘　　金井志ん

二日引
一　壱円六拾九銭弐厘　横田　栄（注：栄は英が正しい）
一　壱円七拾五銭　小林　秋
一日引
一　壱円七拾弐銭壱厘　小林　高
一　壱円七拾五銭　和田はつ
一　壱円七拾五銭　米山　嶋
一　壱円弐拾五銭　五等　宮坂しな
一　壱円七拾五銭　福井　亀
二日引
一　壱円六拾九銭弐厘　長谷川濱
五日引
一　壱円六拾銭弐厘　酒井　民
廿三日引
一　壱円七銭九厘　小林　岩
十一日引
一　壱円四拾弐銭九厘　春日　蝶

廿一日引
一　九拾七銭五厘　　四等　塚田　栄
一　壱円七拾五銭　　　　　東井とめ
　　　壱円ヅツ渡ス
〆　弐拾壱円弐拾壱銭参厘
　内　三円半眼料引

松代工女は、塚田栄の四等、宮坂品の五等をのぞき、六月分給料表に等級がしるされていない一二人が三等工女であった。三等工女の月額給料は、松代工女の入場時の三等級賃金制度が変更された一八七四年四月からの七等級に分けた月給によっていた。

七等級月給制は、つぎのような基本額からなっていた（上條宏之『絹ひとすじの青春　『富岡日記』にみる日本の近代』日本放送出版協会　一九七八年。一一九〜一二一頁）。

一等工女	二円二十五銭	二等工女	二円
三等工女	一円七十五銭	四等工女	一円五十銭
五等工女	一円二十五銭	六等工女	一円
七等工女	七十五銭		

この月給額とくらべると、一日も休業しなかった三等の小林秋・和田初・米山嶋・福井亀・東井留の五人は、等級どおりの月給額一円七五銭の支払いをうけた。一四人中、休業なしに働けたのは、彼女たちだけであった。

おおくが十歳台であった松代工女たちは、はじめて故郷と家から離れて集団生活にはいり、朝六時起床で労働する日々を過ごした。富岡製糸場は、官営の模範工場で、労働条件・生活環境に配慮したものであったにもかかわらず、ストレスなどもたまって、休業せざるを得なかった工女がでたのである。最高の月二五日休業の三等金井志んをはじめ、三等小林岩が二三日、四等塚田栄が二一日と、二〇日以上休む工女が三人もでた。

富岡製糸場の食事は、英たちの入場時から一八七三年十一月ころに大食堂ができるまえは、朝・昼・夕の三度、各部屋にご飯とお菜―朝は汁に漬物、昼が煮物、夕が干物―がとどいて食べた、と英は回想している。寄宿所と賄所とのあいだに大食堂ができると、ご飯茶椀と箸をもって行って食べた。献立のメニューは、一日・十五日・二十八日が赤の飯と塩引きの鮭であった。煮物はインゲン、切り昆布、揚げコンニャク、八つ頭など。おりおり牛肉もでた。生魚はなく、上州名物の芋がおおかったのには閉口したという。英は、働いているとみな美味に感じ、幸福だったと書いている（『富岡日記』「食物のこと」）。

明治五年から一八七九（明治十二）年まで、富岡城町から入所し十三歳から二十歳のあいだ働いた宮下（旧姓小林）さわは、三時になるとゴマのついた「お握り」二つが出て庭の芝生で食べ、夏のオカズにクジラ肉がでたことがあったと回顧している（「宮下さわ媼回顧談」前掲『富岡史　全』七五七頁）。

河原鶴が脚気になったのは食物の影響が考えられるが、赤の飯など、ただの白米の飯だけではないメニューで、ほかの一五人に脚気になったようすがうかがえないことから、富岡製糸場の食事によるものとは言えないようにおもわれる。春日蝶の両親宛の手紙（一八七三年七月五日したため）では、新エンドウ豆煎・お米煎など、副食物がほしいと訴えている。彼女は、手紙で両親へ食物を送ってほしいとよく書いているところをみると、若い娘たちは三度の食事だけでは空腹感をおぼえたことはうかがえる。

松代工女たちが最後にうけた一八七四年六月分給料で、一日休業した小林高は二銭九厘引、二日休業の横田英・長谷川浜は五銭八厘引であった。この三人の休業は健康状態などによるものとおもわれない。いずれにしても、一日休業すれば、原則二銭九厘を引かれた。

五日休業の三等酒井民は一四銭八厘引（一日平均二銭九厘六毛）、一八七四年五月三日の両親宛手紙で「わたくしもいつも〳〵づつう《頭痛》もちゆへ、度々ひき申候へは月きうをひかれ、真事に〳〵こまり入り候」とこぼした三等春日蝶は、一一日休んで三二銭一厘引（一日平均二銭九厘一毛余）となった。

理由は不明であるが、休みが二〇日以上とおおい塚田栄・小林岩の場合、二一日休業した四等塚田栄は五二銭五厘引（一日平均二銭五厘）の九七銭五厘、二三日休業の三等小林岩は六七銭一厘引（一日平均二銭九厘一毛余）引の一円七銭九厘を受けとっている。のちにみるように精神的に苦しみ、二五日を休業した三等金井志んは、七二銭九厘引（一日平均二銭九厘一毛余）の一円二銭一厘を手取りした。

これら手取り月給額は、一日休むと三等工女は二銭九厘引、四等工女は二銭五厘引となり、一等さがると一日四厘引となるので、五等工女は二銭一厘引と考えられる。

この富岡製糸場の七等級賃金制は、一か月一日も働けない場合でも、月給の半分は支給されたことを意味し、日給制が五割加味された月給制であった。

2　富岡製糸場における工女の病気や死

長野県庁文書に、富岡製糸場に一八七三（明治六）年三月下旬に入場した工女が、四月二十二日ころに突然難病にかかり、平快の見込みが立たなかったので、兄が富岡まで引き取りに行き、「宿駕籠」をやとって五月二日に帰村した事例がある。

この場合は、富岡製糸場の指示で退場の許可をあらかじめ長野県から得ることなく、帰村後に長野県庁に届をだしている。

製糸工女病気ニ付引戻候趣届出候間入御覧候。
乍恐以書付御届奉申上候。

先般上州富岡表江製糸工女御差立ニ付、私妹さい義三月廿日出立罷越居候処、先月十三日書状ヲ以追々暑気ニ相向候間、袷単物等送り呉候様申越候ニ付、弟哲治茂四月廿七日出立、着類持参致候処、四月廿二日頃より病気差発、以惣身浮種(浮腫カ)時々眩悖《げんはい》卒倒仕、甚難症ニ相見候ニ付、種々療養為致候得共、平快可致様子ニ無之ニ付、帰国養生為致候様、製糸懸り取締より被申聞候ニ付、驚入右躰之義トも不存罷越候ニ付、帰宅之上御庁江も御届申上、出張仕引取申度旨申立候処、取締役より製糸御役所江御伺被下候処、病気之儀ニ付不及其儀、県庁江者是より其段申送候得者何ニ而茂差支之儀無之候間、召連帰国可致趣被　仰渡候ニ付、不止得宿駕籠相雇、昨二日引連帰村仕候間、此段御届奉申上候。以上

第三十八区
高井郡東川田村
湯本宰紀弟
湯　本　哲　治

明治六年五月三日

前書之義申出候ニ付、奥書印形仕一同御届奉申上候。以上

副戸長　近藤高治　印

代理
長野県権参事　楢崎寛直　殿

この工女は、長野県高井郡東川田村湯本宰紀と湯本哲治の妹さい。暑さが強まったころに、全身に浮腫ができ、ときどきめまい（眩悸）や卒倒をおこし、種々療養をほどこしたが回復が困難と判断され、帰村する。

なお、湯本さいは、富岡製糸場の工女名簿には小県郡の長窪古町の出で「宰紀妹　六　湯元才廿二年」、「明治六年二月入、六年四月出」とある。ただしくは、高井郡東川田村の出身。姓は「湯元」ではなく「湯本」で、六等工女であった（旧長野県庁文書）。

富岡製糸場に全国各地から入場した工女たちが、彼女たちにとって異郷の地で若い命を終えたことは、かつて高瀬豊二『異郷に散った若い命―官営富岡製糸所工女の墓』（上武大学出版会一九七二年）が、一八七三年から一八九二（明治二十五）年の官営時代に五二人あったことをあきらかにした。わたしも、前掲『絹ひとすじの青春』（一二八～一三三頁）で考察したことがある。

富岡製糸場では、英の回想録の「夕涼み」にあるように、とくに暑気が強くなる夏は病人がでたので、洋医の指示で夕方から夜八時ころまで、広い庭に工女たちを出し、運動や遊びを奨励した。松代工女の盆踊りは、皇太后の行啓でおこなった「芸尽し」で場内に知られてから、来客のあるとき披露を申しつけられるなどで、製糸場内で知られていた（『富岡日記』「御酒頂戴　御扇子下賜」）。夕涼みのさいも催促があり、松代工女たちに他の工女たちもくわわって盆踊りをしたが、山口県工女が「御座敷で踊るやうな踊」をはじめると、役人たちが高張提灯をそちらにうつし、松代の盆踊りの場を「真暗」にしてしまった。英たちは依怙贔屓に憤慨し、むしろストレスをためた。

こうした富岡製糸場がもつ長州閥優先の側面は、横田英たちに「我が業を専一に致し」、「役人も書生も中廻りも一人も松代の人など」いないなか、「野中の一本杉の如く」「皆一心に精を出す」生き方を貫こうと、覚悟させることとなったという（『富岡日記』「枡数」）。

3 途中退場した松代工女の坂西たき・河原つる

松代工女のうち、途中退場したのは、一八七三（明治六）年八月の坂西《ばんざい》たきであった。入場から五か月目であった。坂西に糸繰りの等級がついていないのは、糸繰りの経験がほとんどなかったか、まったくなかったからと考えられる。

春日てふが一八七三年八月六日に両親宛の手紙に、坂西たきの迎えに父親が来場し、春日てふの家から手紙・薬（てふの五月九日付両親宛手紙に「薬をいろ〳〵何分〳〵お送り候様下され候よふ御願申上奉候」と書いていた）を持参してくれたとある。この手紙でてふは、松代工女がおおむね三等以上になり、等外であった長谷川はまもちょうど三等になったとあるから、松代工女たちがみな糸繰り工程にはいっていたことがうかがえる。

英が回想録で坂西たきが病気で退場したと書いているから、坂西は退場までに、ほとんど糸繰りができなかった。そのため、富岡製糸場の工女名簿に等級がつかなかったと、わたしは理解している。

坂西たきについで、河原つるが一八七三年十月十二日、入場してからほぼ半年余のちに、父河原均の出迎えで退場し松代に帰ったことは、すでに触れた。脚気による病気と結婚を控えていたからであった。つるの退場のとき、春日てふが富岡製糸場にあった店から買物をして未払いであった金にあてるため、つるから金子一朱二分と五〇〇文を借り、その旨をしるした両親宛の手紙を、帰郷する河原つるに託した（てふの両親宛手紙は十月十四日届く）。

河原つるの退場年月は、富岡製糸場工女名簿では一八七四（明治七）年二月とあるが、退場の正式手続きの終了したときの年月であると、わたしは理解している。

一八七三年十一月、河原均は、娘つるが病気（脚気）のために退場の暇がでたことを、長野県第二十九区長に届けでた。翌一八七四年の三月には、つる（文久元〈一八六一〉年八月五日生まれ　松代県士族河原綱正妹）は、松代藩士族父庸左衛門亡長男で二十歳年長の佐久間潔（嘉永元〈一八四一〉年十月九日生まれ　一八七三〈明治六〉年十二月陸軍兵学校入学　明治七年十一月より東京第二大区二小区に居住）と結婚し、父均に連れられて東京へ出た。潔の母つる（五十六歳。文政三〈一八二〇〉年十月廿四日生まれ　故松代藩士族藤田典膳亡二女）と同名であったので、戸籍名を「つる」から「ゆき」と変えた。

結婚後の佐久間ゆき（旧氏名河原つる）は、東京で東洋英和女学校に入学している。六工社で製糸業にたずさわった経験を英とともにもった妹艶《つや》は、親の反対も聞かずに恋愛結婚（一八八四年）した松代藩士族馬場淳一郎が急逝し、離婚せざるを得なくなった（一八八九年）。そのため艶は、東京に出て女学校にはいって学ぼうとした。そのさい、東洋英和女学校にはいるように艶につたえている（前掲『家の手紙』一八八七〈明治二十〉年五月六日付、艶から横田亀代宛手紙。二〇四頁）。

潔の弟佐久間国安（嘉永四年十二月一日生）、秀三郎（嘉永五年十一月廿四日生）は、ともに明治三年五月東京に出て武田成章に学び、同年九月海軍兵学寮の生徒となった。松代にのこった潔たちの母佐久間つるは、一八七五（明治八）年二月、伊勢町一番地の河原綱正（つる＝ゆきの実兄）と同居し、本籍もそこへ全戸うつしている。

佐久間ゆきは、キリスト教徒となり、女学校卒業後に宣教活動もし、夫の病死後は横田艶が学んだ青山学院女学校の洋裁教師となった。子どもに恵まれなかったため、河原の姓にもどり、松代に帰って製糸場でときおりフランス刺繍などを教えたという。

4　金井志んの病状―横田英の両親宛明治七年四月十七日付手紙から

一八七四年六月に二五日間と、一か月間ほとんど働けなかった金井志んについて、彼女が精神的に苦しんでいたようすを、英が母亀代に内密を条件に手紙で報告している。

帰郷する三か月近く前の出来事で、つぎのような内容であった。


当五日（注：明治七年四月五日）出の手がみの御へんじ、御こま〲と下しおかれ、ま事ニ〲御嬉しく拝し上まゐらせ候。まづ〲其御地（注：松代の）皆々様御喜嫌克《（御機嫌よく）》御出遊し候御事、何より〲御目出度ぞんじ上まゐらせ候。此おもて（注：富岡製糸場）御皆々様（注：松代工女たち）

御はじめ、わたくしもしごくたつしやにくらしおり候間、憚ながら御案事被下間敷よふ御願中上まゐらせ候。

さて、先日中より申上候おしん様（注：金井志ん）御事、金井様御かなへ《御家内》様御申し遊し候御事、真事に〳〵さよふ《左様》あるべき御事、今田様のかたの山本様・きまた様江小むろおやす様をもつて御とどけ申候御はは様（注：横田亀代）よりの御手がみも御目に懸候所、さよふの事ならバよん所なく、ざんねんながらいたし方も御ざなく様、思ひきりおり候と（注：金井志んが）御申のよしに御ざ候。

さて、おしん様御事、その日おやど（注：松代の金井家）より、何とてとふき《遠き》所江行たきなど（注：推測であるが、今田様が遠き所へ行きたいなど）御申候と御申こし、それに御祖母上様御大びようと申候事御きき遊し候より、ただ〳〵何となく御なみだのみ御こぼし遊し候て、皆々ニて其よふの事おぼしめし候ても、とふき《遠き》所いたし方もなく候間、すこしハ御わすれ遊し候よふと申候へども、それともなく何ともなく御なきあそばし候。御祖母上様御ふくわへ《不快》とてか、またハ今田様のかたへ御出（注：結婚）遊し度との御事か、ま事に〳〵一同（注：松代工女たち）こまり入り申し候。

さて、此事はごく〴〵御内々ニいたしおき候かた、よろしく候間、ごく〴〵御内々に願上まゐらせ候。

おしん様御事、今朝ほどあき部屋にただ御一人ニてぼふぜんと御出で遊し候間、何事やらんと思ひはへり《入り》見候所、御かみの毛お《を》五寸ほど御きり遊し候様子ニて、其御かみのけハいづくへか御かくし遊し候て、どふしても御見せ遊されず候へども、いかが遊し候と御たづね申候所、かみ様《神様》へぐわん《願》を御かけおき候間、きり候とのみ御申に御ざ候。

此事ハあまりの事ニ候間、御内々に申上候得ども、真田御姉上様（注：英の姉真田寿）へも御かくしのほど御願申上まゐらせ候。極々御内〱〱〱〱。おしん様、これニてやうやう御むね《胸》御おち付《落着》遊し候ニや、これよりやうやう御わらへ《笑い顔》がほなども見へ、御思ひきり遊し候やうにて御ざ候。

（中略　この部分は前掲）

まづハ、用事のみ早々申上まゐらせ候。御せつかく時かふ《時候》御いとゐ遊し候よふ申上まゐらせ候。そふ〱

目出度　かしく

四月十九日したため

いゐ《英》

御両親様　申上

ごく〲御内々〱、すこしもしれ申ず（注：金井志んが髪を切ったことは内密にしているので松代工女たちにも知られていないこと）。もとながき御かみゆへ、人目ニハすこしもかゝらず候間、御あんじ被下まじく候。

かへす〱、御へんじ待入まゐらせ候。

其内ニハ、御父上様御出遊し候はんと（注：富岡製糸場に父数馬が訪れること）、御皆々様御はじめ、私ハなを〳〵御待申上まゐらせ候。かしく

この手紙の内容から、金井志んと結婚相手にきまっていた今田との約束が、今田がどこか遠いところへ行くことになって反故になったこと、その報にうけた志んのショックを和らげようと、英から志んのようすを手紙で知った母亀代をとおして対策を講じたが、解決にいたらなかったこと、金井家の祖母が大病であることを聞いたのに見舞いもできないこともかさなって、志んがいっそう精神的不安定になり、髪の毛を切って何所かに隠し、神様への願かけをひそかにするに至ったことが読みとれる。

英は、金井志んが髪の毛を切って願がけしたようすが尋常でないと判断し、姉の真田寿にも内密にしてほしいと、母亀代に強く訴えている。金井志んが、七四年六月は、日曜休日などを除けばすべてとおもわれる二五日間を休業せざるを得ず、一日も働けなかったのは、この病状が回復しなかったからと、わたしにはおもわれる。

手紙の中略部分では、松代工女一四人が一年契約の富岡製糸場入場期間を延ばしたこと、帰郷は地元に蒸気器械製糸場ができたときとなったので、富岡在留がいつまでになるか、その辺のしっかりした情報を英の父数馬から来るのを待っていることが書かれていた（前述）。

5　松代工女たちのフランス人との交渉

富岡製糸場の創業にあたり、工女が募集されたとき、西洋人に工女は血をしぼられるの油をしぼられるのといった噂がながれ、最初は応募するものがいなかったというなか、横田英は積極的に入場をきめ、喜び勇んで富岡へ旅立った。

英たちは、富岡製糸場でフランス人とどのように向かいあったのであろうか。

製糸場に入場し、繭えり工程に就いたとき、仕事中に話すと、検査役のベラン（男性）が巡回してきて「日本娘沢山なまけます」と強く叱られたという（『富岡日記』「まゆえり場」）。

また、糸とり工程にはいってからは、「西洋人が見廻りまして、目に止りますと中々厳しく申します。是は直に工女中の評判になりますから、如何なる者も恥ずかしく思ひますやうに見受けます」と回想している（同前「中廻りの次第」）。

まず、英たちはフランス人を指導者として見、注意されることに「恥」を意識した。

ブリュナと夫人については、ふだん一日置きくらいに「手を引合って繰場の中を上から下まで歩みますのが例で」あったと書いている。美しい夫人が、とくに皇太后行啓のときの、服装や襟飾り・腕飾り・首飾り、羽根や飾りをつけた帽子などで着飾った姿を、英はこまかく観察し、「神々しさ」を感じている。その見事さは「筆にも尽されませぬ程」であったこと、また女教師四人のなかでは、貴族の娘と聞いていた「クロレント」だけが、「緋ラシャに縫取りをした上衣に袴も実に美しいのを着て」いたことを書いている（同前「フリューナ氏夫人並にクロレント服装」）。

フランス人の夫婦関係や女教師の身分による行事で対応の違いなどを、英は見極めていたが、異文化として観察していたふうで、とくに日本の男女観や行事への参加と比較したようすはない。

英が入場する前の明治五年、一番糸とりに秀でていた「アルキサン」が、指導した日本人工女からミカンをもらったことがブリュナに知れ、場内にはいることを禁止され、ブリュナ夫妻の子どもの守をしていたが、行啓のおりに許され、糸繰り場について落ち着いて上手に糸を繰っていたと書いている（同前「アルキサン」）。

フランス人による工場における規律の厳しさを知ったのである。

しかし、フランス人たちが、日常生活のうえでは、日本人工女たちとフランクに付き合ったことが、『富岡日記』の「一ノ宮参詣並に鈴木様と西洋婦人」に書かれている。一八七四年四月末ころと英は書いているが、春日蝶の両親宛手紙から、このエピソードが一八七三年十月十九日の出来事であったことが、あきらかになる。蝶の西洋人認識を知るためにも、関係部分を引用する。

一　当十九日ニは休日ニて、一ノ宮へ参けへいたし候所、道ニて女英人ニ阿へ候て、いろ〳〵はなしながら、かへりニ英人くわん江より、いすを出し、それニこしをかけ、高さ三尺ほどのだへ《（台）》をなをし、其うへ江こっぷ《（コップ）》ときんのさじ《（スプーン）》をなさし、それへ英国の氷さとふニぶとふ酒《（ブドウ酒）》をいれ、さじニてかきたてのみ、ぱんもたくさんにたべ、大ゆさん《（遊山）》をいたし候。たべてへな事《（異なことカ）》ハわかり、真事ニおもしろく御ざ候。

英の回想録では、英たちは武州行田のお琴さん（野坂琴　明治六年八月入　十七歳）、お沢さん（三島沢　同前　十四歳）など三、四人と一緒に、上州一ノ宮貫前神社に休日を利用して参詣した。フランス人の女性教師「クロレンド、マルイサン、ルイズ」の三人も一ノ宮に参詣か見学にでたが、男子伝習生鈴木莞爾が、フランス人の境内への立ち入りを、彼女たちが「肉食を致しますから神宮の境内が汚れるとお思ひになり」止めたと英は理解した。とくにマリー・シャレーは病気になっていて、十月二十三日にフランスに帰るため富岡を去る直前であって、「目に涙をためまして、『私此の次のどんたく（休日）一の宮まる（参る）ありまっせん。中見たいあります」と何度も言ったが、鈴木がゆるさなかったとある。

英は「気の毒で涙がこぼれました」と同情している。

富岡製糸場の工女たちの食事に肉のでたこともあったというから、鈴木の対応に矛盾があるが、フランス人の職場での地位と日常生活でのあつかいには、日本人のヨーロッパ人への既定観念によって、ちがったあつかいがみられたのであった。

英たち、松代工女と行田工女など六、七人は、製糸場に着くとフランス人の招待で「異人館」に同道し（英は鈴木の了解を得たと書いている）、英はビスケット・ブドウ酒を馳走になった。蝶のいう「ぱん」はビスケットで、英のいうブドウ酒は蝶によれば氷砂糖を入れて混ぜ合わせた飲み物であったことになる。

英や蝶は、フランス人と一緒に、はじめてビスケットやブドウ酒を口にしたのであった。広くない部屋で、もう一人は裁縫をしており、一ノ宮に同道したフランス人と日本人工女たちが、対等に交流し、飲食をともにしたのである。コミュニケーションの言葉は、一ノ宮でのマリー・シャレーの発言から、フランス人が片言の日本語でおこなったものとおもわれる。

春日蝶の一八六三年十一月十二日付両親宛の手紙に、十一月一日がフランスのお祭りで休日となり、十一月三日が神武天皇御祭礼でお神酒を頂戴し、富岡町では山車をだして大賑やかであったとある。キリスト教世界の信徒である死者の祭り万聖節と、建国神話にもとづく日本の祭りが相ついで、松代工女たちともかかわって開催された。しかし、祭りや宗教の性格を理解する機会としてではなく、休日と賑やかに祝うというかたちの違いとして、松代工女たちに映っただけで過ぎていった。

英はフランス人・西洋人を区別できていた。だが、フランス人の起居する建物は「異人館」とよばれ、蝶は「異人」=「英人」という呼称でヨーロッパ人を一括認識し、ヨーロッパ世界の個別具体的認識をもつにいたっていなかったのであった。

三　富岡製糸場へ入場した工男と伝習

1　役員となった男子伝習生と通勤小使・賄方

一八七三年一月の富岡製糸場「伝習生誓書」は、入寮の男子生徒一二人に、毎月定則の月給、毎日の食料、一か年二度の衣服一揃いずつを官費で支給し、五か年で働くことなどを誓約させた（前掲『富岡製糸場誌　上』一五二、一五三頁）。彼らは「取締」役で、出身は山口県七人、静岡県二人、群馬・石川・長野各県一人であった。山口県が圧倒的におおかった（同前　二九二頁）。長野県出身者は、村瀬直養といった。

男子伝習生＝取締には、長野県出身者は一人であったが、英たちの目に見えないところで、松代工女在留中の富岡製糸場に長野県出身者が働いていた。一八七三（明治六）年二月から、佐久郡内山村（いまの佐久市内山）の農家の三男岩井磐松（天保十一〈一八四〇〉年七月二日生まれ　三十四歳）が、継母かの（天保元〈一八三〇〉年二月二日生まれ　四十五歳）と、富岡に借家住まいし「製糸場通勤小使」に就いた。小県郡手塚《（生カ）》村（いまの上田市上田町生塚）の滝沢慶次郎（弘化二〈一八四五〉年八月二日生まれ　二十九歳）・妻つね（安政四〈一八五七〉年三月十二日生まれ　十七歳）は、七四年二月から富岡に寄留し「製糸場小使」となった。

また「製糸場御賄方」に、一八七三（明治六）年六月に信濃国水内郡中院《ママ》村農民小林又右衛門の倅常吉（天保十三〈一八四二〉年七月七日生まれ　三十二歳）、翌七四年六月に女性賄方一六人の一人として南佐久町《ママ》二丁目田中作蔵の妹ふす（安政六〈一八五九〉年三月二十六日生まれ　十五歳）が、それぞれ就職した（以上、同前「資料一六六　管外入寄留簿」三五九～三六二頁）。

2　松代から入場した工男たち

富岡製糸場へ小諸から山本清明など工男が入場したことにふれたが、松代からは地元に富岡式蒸気器械製糸場を建設する準備として、三人の工男が派遣された（江口善次・日高八十七編『被年信濃蚕糸業史　下巻　製糸篇』大日本蚕糸会信濃支部　一九三七年。一六〇～一六二頁　誤字などは修正し、句読点は上條が付した）。

つぎの二十歳の若者三人であった。

記

埴科郡第二十九区西條村百六十番屋敷住
士族　峯治長男　大塚　直之進
癸酉二十才

同　郡同　区馬喰町四十六番屋敷住

士族　孝之助弟　田中　政吉

同二十才七月

同　郡同　区新馬喰町四十七番屋敷住

農　吉治長男　海沼　房太郎

同二十才八月

繰糸器械追々取建申度之処、男工生徒之者無之。然ル所、七等出仕大久保殿（注：製糸業担当県官吏の大久保貞利）等、過頃上州富岡表江御出張之節、製糸所官員尾高大属殿、男工之義御掛合有之候所、両、三名繰糸修業之者御差出可有之旨相伺候付、右名前之者、同所繰糸場江罷越習業仕度願出候間、御添翰被成下度、此段奉願候。以上

明治六年七月

第二十九区松代　副区長　横田　数馬　印

区　長　竹村　子習　印

長野県権参事　楢崎　寛直　殿

この横田数馬と、かつて横田機応の千曲川通船計画に資金援助をしてくれた竹村子習が、長野県第二十九区の区長・副区長として連名で長野県へ願い出たところ、県が富岡製糸場と折衝をし、士族二人と農民一人の三人の若者の「繰糸修業」を申入れ、入場が実現した。

長野県から富岡製糸場への申入書は、つぎのようになっていた。

権　参　事

別紙願之通聞届、左之通添翰札渡可申哉

当県貫属士族

松代住峯治長男　　大塚直之進

当二十才

孝之助弟　　田中　政吉

当二十才七月

当県管下信濃国埴科郡

新馬喰町四十七番地居住

農　吉治長男

海沼　房太郎

当二十才八月

右之者、其表おゐて繰糸術修業致度段申出候。先般大久保貞利打合之都合モ有之、旁願之通聞届差出申候。可然御取計有之度、此段申入候也。

明治六年七月

長　野　県

富岡表
　製糸場御中

三人の工男の入場を申し入れたときの目的は「繰糸術修業」であった。実際には、富岡式蒸気器械製糸の施設・設備などのシステムと個々の施設・器具を地元で製造し製糸場建設に活かせるように理解するためであった。その目的を達し、西條村製糸場の成立にもっとも活躍するのは、すでに触れたように、英の姉寿の嫁いだ真田家と横田家に頻繁に出入りしていた海沼房太郎であった。

英は、海沼房太郎たちが富岡のフランス輸入の施設・器具を松代地域に導入する仕事を一任され、「図を引く事も十分には出来なかったらうと思ひますのに」、富岡に来て「僅か三四ヶ月の間、殊に掛りが違ひますから、休日の外繰場に入る事は叶ひませぬ。父が尾高様へ願ひ置きまして、休日毎に繰場の内を拝見致した」だけであったと書いている（『富岡後記』「六工社創立に付苦心致されし人々」）。

海沼たちは、長野県から富岡製糸場への申入れの年月からみて、一八七三年七月末には富岡に赴いたとおもわれる。春日蝶の同年八月二日付両親宛手紙に、「先日海沼様御出被下御はなしくわしく承り有がたくぞんじ候」とある。海沼が富岡に来たので、工女たちは松代の近況を聞いたのであった。蝶の八月八日付両親宛手紙には、先日の品を海沼房太郎に差上げたところ、鼻紙一束をお返しにくれたと書いている。この時期、海沼は富岡式蒸気器械製糸技術を、製糸場内を観察して理解につとめていたのであった。大平喜間多著『大里忠一郎伝　附吾妻銀右衛門、大谷幸蔵伝』（信州文化祭蚕糸展　一九五三年）で、「海沼は小器用な男で、且つ発明の才も富んで」おり、富岡で蒸気製糸の生産されるのを聞知し、大里忠一郎に富岡式蒸気器械製糸場の建設をすすめたと聞き書きしている（九、一〇頁）。

海沼が富岡で伝習を終えたのは、八月下旬であった。春日蝶の八月二十四日付両親宛手紙は、「此度海沼様其地へ御帰りニ付、一筆中上奉候」と書き出している。海沼の帰郷にあたり、蝶は松代の両親から送ってもらった「紙」を無理に差上げたところ、何とか受けとってもらい、海沼からのお返しが「小すき《漉すき》の紙」（和紙）一束であったと両親に告げ、海沼の帰郷にふさわしい品をあげられなかったので、松代に海沼が着いたら「何分、すこし御礼」をお願いしたいと書いている。

海沼の富岡滞在は、英の回想録の「三、四ヶ月」ではなく、一か月未満とみじかかった。

大平喜間多によれば、大里忠一郎の甥であったという大塚直之進の消息は、英の回想録にも春日蝶の手紙にもみえない。田中政吉についてとおもわれるものは、蝶の一八七四（明治七）年二月八日付手紙に、「先日横田様よりは五六月ころハ皆同じかへり候よふニ御申こし遊し候由」とあり、その手紙の追申部分に「先日田中様御出ニて御めもじいたし、其御地御やうすくわしく伺、御うれしくぞんじ奉候」とあるくだりである。地元の製糸場建設の見通しがつき、松代工女の帰郷がみえてきた段階に富岡をおとずれ、くわしく地元のようすを話せる「田中様」とは田中政吉であろう。

埴科郡西條村六工に富岡に摸した蒸気器械製糸場建設に着手したのは、一八七四（明治七）年一月であったので、海沼たちは富岡製糸場入場以前に富岡式蒸気器械製糸技術について、何らかの情報収集と西條村製糸場着工のデザインを研究していたものとおもわれる（第六章で後述）。富岡製糸場で学んだ知見を活かし、西條村製糸場の完成に向け、とくに海沼が尽力することになる。海沼が、尾高惇忠から教えられた教訓は「糸力繫国家」であった。

四　富岡製糸場をおとずれた松代の人びと

春日蝶の手紙から、松代工女の関係者が会いに来たのはもとより、見学などのために富岡製糸場をおとずれた人びとを垣間みることができる。

工女の父親・血縁者としては、まず、一八七三（明治六）年七月五日の蝶の手紙に「酒井」がみえる。酒井とは、民の父酒井妙成で、東京から松代への旅の途中に民に会いに来たものとおもわれる。蝶の同年十二月十八日付手紙にも「先月（注：一八七三年十一月）廿八日ニ酒井様御出ニて、ゆる〳〵御はなし承り大安心いたし奉候。其せつハ御手かみたしかに相とどき」とある。この十一月二十八日には、酒井が松代から来て両親ではなく「荒町」の蝶の姉から託された真綿・金子を渡してくれたとある。今度は、酒井が松代から東京への途中に富岡に寄ったことがわかる。

酒井妙成は、幼名金太郎、画号雪谷で知られた。天保四（一八三三）年二月十九日の生まれで、富岡をおとずれたときは四十歳。嘉永末年に父権七郎にともなわれて江戸の深川小松町にあった松代藩の下屋敷に住みはじめた。西隣りに松代藩士樋畑翁輔（画号寫楽斎玄志）がいて、この樋畑に金太郎は絵をならい、有望であると樋畑の友人安藤広重の門人となる。

弘化四（一八四七）年九月に十五歳で松代に帰るまで画業にいそしみ、松代で画家として知られた存在となった。幕末には松代藩札の図案を命じられ、彫刻による製版をつくり評価を高めたという。娘民が富岡製糸場へ入場する前年の明治五年に東京へ出、川上冬崖（一八二七〜一八八一いまの長野市出身の洋画の開拓者。開成学校の図画教師、陸軍士官学校製図教授から参謀本部地図課出仕）と往来し合って画業に力をつくした。したがって、東京・松代を往き来することがあったとおもわれ、途中に富岡に寄ったのであろう。一八七六（明治九）年八月廿五日に歿している（享年四十三）。

同年十月二十五日付の蝶の手紙は、「此度小林様御かへりニ付」からはじまっている。この小林と、おなじ手紙に「当十八日に茂作様より小そでわたと金弐分、御手紙確かに相届き」とがむすびつくと、松代から小林茂作が、蝶の両親から託された小袖綿と金二分、それにそえた手紙を持参して、蝶に渡したことになる。松代工女に小林姓は三人おり、高・秋の父は小林石左衛門であり、小林岩の父は小林亀治であった。小林茂作は、工女三人とのゆかりの有無は、いま確定できない。

一八七三年八月八日付蝶の両親宛手紙には、「此度はからず三沢様・金子様・藤田様御出になり」とある。三人の来場目的は書かれていないが、一八七八（明治十一）年十二月の「六工社定則」に金額二〇〇円・四株の株主となる松代藩士族三澤清美（二百石・現米一八石七斗二升五合で松代藩士族六十二位）が、富岡式蒸気器械製糸場のようすを視察に来たのではないかと、わたしは推測する。金子が金児なら鉄砲鍛冶の金児某がおり、藤田には、西條村製糸場で働く藤田五三郎（兄が松代藩士族藤田為太郎。明治四年の「現石調」で旧高一一〇石・現米高一五石八斗五升一合）がいるが（『富岡後記』「蒸汽の不足　元方一同の困難」）、これもだれかを確定するきめ手はない。直接製糸業にかかわりのない松代の人も、富岡製糸場を一目みようとおとずれた事例とみることもできる。

また、同年十一月十日付蝶の手紙には、「此度水野七郎様御出」とある。松代藩士族で明治四年「現石調」で「旧高金六両籾三人　現米六石七斗三合二勺」の水野もまた、地元に出来る製糸場のモデルを見聞に来たのであろう。

同年十一月の蝶の手紙には、十九日に「横田様御長屋の人」が両親から勝栗と「かや」（食用の榧カ）を届けてくれたとある。慶應が明治にかわる時期、横田家の長屋にあたらしく住んだ茂吉夫婦が、横田家の屋敷の垣根などを直し手入れをしてくれることを喜んだ亀代が、小金吾の名で東京の父機応にだした手紙を、この書の第二章ですでに紹介した。長屋の住人が富岡まで英たちのようすを見に、亀代の依頼をうけて来たのであろう。

故郷へ帰る目安がほぼきまった一八七四年五月三日付の蝶の手紙には、「昨日高野様御出ニて御はなしを伺ひ候所、来月はじめハ一同御かへりに相成候由、真事に〳〵御嬉しく候」と帰郷の確定をつたえに「高野」が来場したことがしるされている。松代に高野姓の人びとはいたが、製糸業にかかわった人には見あたらない。長野県官吏で勧業にたずさわっていて、長野県内製糸業の動向を熟知していた鷹野正雄の可能性を、松代工女の富岡派遣が、長野県の勧業政策と強くかかわっていたことから、わたしは考えている。ただし、まったくの臆測である。

五　退場時にあらわれた松代工女の富岡生活点描

1　場内の呉服屋・小間物屋からの借金の解消に苦しむ

春日蝶の一八七四年六月十三日付手紙には、「いよ〳〵其御ち《地》（注：両親のいる松代地域）江きかへ《器械》たたり《建たり》候のよし、いづれともちか〴〵ニ御むか江《迎え》ニ御出候よし、何より〳〵御たのしミおり奉候」と書いた。しかし、そのかたわら、親から金子を仕送りしてもらわないと「かへる《帰る》事できず候ゆへ《故》」と、蝶の心配は大きくなった。富岡製糸場内の店で種々の品を買った借金が嵩んでいたのである。

すでにみたように、富岡製糸場が明治五年十月にさだめた寄宿所規則には、「医師・按摩・呉服小間物商人・髪結人等、公撰ノ上出入差免シ可申。尤、医師・按摩外婦人ニ限リ候事」とあった。

英の回想録には、「賄方の家内」が店をだしていたので、松代工女の「中には何分なれぬ少女が国元に居ります時は、金銭は皆親の手より外自分に使用した事無い中に、月給の壱円七拾五銭もとれば、何を買ってもあるやうに思ひまして、銘々呉服屋から帯だの帯揚だの買ひまして、又小間物屋などから色々需めました」とある。なかには一〇円も借金のある工女もおり、おおかた五、六円ほどあったという。「宇敷氏も是には驚かれまして、とても其のやうな用意迄して来ぬと申され」たが、英が「宇敷氏に段々頼みまして、皆帰る中に残る人があっては気の毒だから是非是非貸して上げて下さいと申しまして、やうやう皆形が付きました」とある（『富岡日記』「一同帰り用意」）。

松代工女の退場にあたって迎えにきた金井志んの兄の記録（第六章参照）には、「新　借金八円五拾銭」とある。英は心配性であったから「買がかり」はしなかったと回想している。

隅谷三喜男『日本賃労働史論』（東京大学出版会　一九五五年）は、「賃労働の原始的蓄積過程」のなかの「士族の賃労働者化」の早期の事例として、富岡製糸場の工女たちを位置づけ、彼女たちは「未だ近代的賃労働者とはなし得ない」と評価した（六七頁）。

富岡製糸場の基本的性格は、高度職業訓練学校といってもよく、工女たちは住まいと日々の食を保障され、月給をもらいながら技術を研修した。労働をとおして最先端の技術を学び、世界に輸出する生糸を生みだし、その働きが賃金につながることを、彼女たちは知った。しかし、その技術修得態度、労働の対価として得る月給への対処の仕方は、工女がどのていど個を確立していたのかによって、大きな差異があらわれた、とわたしはみている。

春日蝶は、自己の生活と工女たちとの関係を、衣装や表面に見える生活風景で比較し、自分にないものを得る欲望を満たすことに関心が強かった。賃金額にかかわる工女等級の問題には関心をしめし、地元に富岡式蒸気器械製糸場のできることへの一定の理解はみせたが、自己の技術研修の再生産に給料をあてるといった富岡製糸場での労働の意味は、ほとんど考えていなかった。両親からの生活援助を当然のように考え、富岡での労働や健康を自己の責任で管理することを理解するにいたっていなかった。個の確立がきわめてふじゅうぶんであった、といってよいとおもう。

いっぽう、横田英は、祖父に砂糖を送ったり、祖父の逝去に香典を送っている。一人の家族としての自覚をみせている。技術を修得するのに、母は伯父の逝去で信仰をすてたが、英は自分の信仰をもち、労働にもそれを活かそうとした。そこには、事実上の自我の確立をみることができる。おなじ松代工女が健康を害すると、河原鶴の看病を一人でもし、金井志んの精神的苦悩にも真剣に対処した。「心配性」で「買がかり」はしなかったと回想したが、富岡での自己の生活に優先順位をきめ、富岡式蒸気器械製糸技術伝習を第一の使命と覚悟し、地元に富岡式蒸気器械製糸技術を導入し、生糸生産で松代地域を豊かにするための役割をになうこと、それは近代横田家のモットーであり、それを優先することを念頭に、日々を過ごした。

ややのちになるが、英の弟横田秀雄は、帝国大学法科大学学生であった一八八八（明治二十一）

年の三月三十日に発行した『松代青年会雑誌』（第七号）に、「革弊私議本論」の「第二章　女子ニ関スルノ意見」を載せ、女子の職業でさかんになりつつある製糸業で松代を「一大工場」とする可能性が高まったとして、それをさらに確実にするための方策八項目をあげた。その第一から第三は、つぎのような項目であった。

第一　雇入年限ヲ定メ妄リニ退場致サシメザルノ規則ヲ立テ度事
第二　質素倹約ヲ旨トシ一定ノ制限、結髪ニ致度候事
第三　貯金ノ方法ヲ工夫致度キ事

これらは、英が富岡製糸場で経験し課題とした経験知が反映しているとさえおもわれる。第三では、「年限ヲ定メ、節倹ヲ基トシ、貯金ノ制ヲ立テ候事相俟テ始メテ富ノ貴ム可ク、業ノ勵ム可ク、驕リノ謹ム可キノ理ヲ明ニ致候」とし、「収獲ノ三割位ヲ貯金致シテ不都合ナカル可シト存ジ候」とした。貯金預所は、製糸場でこれを取りあつかい、郵便局・融通会社などと連携して工女たちの貯金制度を確かにすべきだと提言した。

2　富岡製糸場とは何かを工女たちは再確認し、帰郷後の糧とする

松代工女は退場にあたり、一四人全員が富岡製糸場から褒賞金五〇銭を下賜された。この賞詞

は、尾高から役所で渡された（『富岡日記』「国元より迎ひの人来る」）。

賞詞はつぎのような文章で、これを英は大切に保存し、長野県工場課本発行のさいに池田長吉工場課長に提供し、収録してもらう。

横田　榮（注：英がただしい）

繰糸業格別勉励ニ付、為褒賞金五拾銭下賜候事

七月　　　　製糸場　印

また、途中退場のため、七月はじめに渡された紺がすりの仕着せを返さなくてもよかったのは、尾高たちの「格別の思召」であったとみている。この仕着せは、矢代からの人力車による松代への行列に役立つこととなる（後述）。

尾高惇忠はまた、「首尾能く帰国致すのだから御場所残らず拝見させてやる」と、繭蒸場、蒸気機関のあるところ、繭置場、二階そのほか、工女として伝習した工程の諸施設以外の出入りできなかったところも見ることができた（『富岡日記』同前）。

とくに横田英は、英たちを迎えにきた宇敷則秀（松代町六十番地居住士族　西條村製糸場の有力株主で経営に中心でたずさわる）に、尾高惇忠が横長の紙に「繰婦勝兵隊」と筆をふるった書に氏名と印章を据えてあたえたこと、それを英がみせてもらったことを忘れなかった。

「此のやうな立派なる、私共身に取りましては折紙とも申す可き御書物を頂きました私共は、全世界に自分等が繰りました糸を非難する西洋人は無いと迄信じて」よい証しだと理解し、喜んだ。

英は、この「繰婦は兵隊に勝る」を信条に、西條村製糸場はもとより、一八八〇年に製糸業から退き家庭の人となるまで、松代地域はもとより、須坂地域、長野県営製糸場などを舞台に、富岡式蒸気器械製糸技術を導入・定着させるために、多彩な活動を展開する（『富岡後記』「折紙付の工女」）。

それればかりではない。軍人の妻として和田盛治の生涯を見届けながら、『富岡日記』『富岡後記』の文章を書きあげたのは、和田英が夫和田盛治の軍人としての生き方を見届けて、「繰婦は兵隊に勝る」ことを確信したからでもあったように、わたくしにはおもわれる。

松代伝習工女たちは、親しくなった工女たちと別れを惜しみ、金井好次郎・小林亀治・長谷川正治・長谷川藤左衛門など工女の血縁者と宇敷則秀（政之進）たちの出迎えをうけ、一八七四年六月一杯を富岡製糸場で過した一年三か月の暮らしの始末を終え、それぞれの富岡での研修成果をたずさえて、高崎まわりで帰郷することとなる。

第六章

西條村製糸場の受け入れ体制と松代伝習工女の帰郷

一　西條村製糸場の設立と地域伝統産業技術の活用

1　地域伝統産業諸技術を動員し創意工夫で設立した西條村製糸場

長野県埴科郡松代町郊外の西條村に、大里忠一郎たちが富岡式蒸気器械製糸場の建設に着手したのは、一八七四（明治七）年一月であった。

従来の研究では、松代の歴史研究者大平喜間多が、経営者の中心にいた大里が「五十人繰の蒸汽製糸工場を西條村字六工に設立せるは、実に明治六年にして、海沼房太郎なる者と共に苦心研究の結果、発明したる簡易なる銅製蒸汽々鑵を据付て開業せるは七月二十二日にして、之れ実に本邦民間に於ける蒸汽製糸の嚆矢とす」とした（松代青年会編『松代附近名勝図会』松代青年会発行大正九年。四六頁）。戦後執筆の大平喜間多『大里忠一郎伝　附吾妻銀右衛門、大谷幸蔵伝』（信州文化祭蚕糸展　一九五三年。二三頁、二五、二六頁）でも、「明治六年の二月、城南西条村字六工という舞鶴山下の地を選び、富岡に模倣した製糸場の建設工事に取りかゝった」、「その建設工事は七月になって全く竣工したので、宇敷政之進と海沼房太郎の両人が富岡へ行き、松代の工女一同に御暇をいたゞきたいという願書を尾高権大属へ差出し」、工女たちの帰郷となったとした。西條村製糸場開業式は「明治七年八月二十五日（注：英の回想録は七月二十二日）のこと」としているので、竣工は「明治七年七月」とみていたとおもわれる。しかし、大平は「明治六年」の着工につづけて書いているので、明確な記述になっていない。

英の回想録では、「大里氏が国益を計る為、製糸場を立てたいと申」し、海沼の考えと一致して創立することになったこと、大里が「以前汽船に居られた」ことから「蒸汽元釜から大管を通して小管（パイプ）」にわたる部分を担当し、海沼が煮釜・繰釜に蒸気が通る小管（パイプ）の「ネヂ」の付け方と器械全部の製作を担当して指図したこと、富岡製糸場に一人も元方（経営者）が観察に来なかったことから、海沼にとくに負担が重くのしかかったこと、など創立に苦心した人びとについてのべている（『富岡後記』「六工社創立に付苦心致された人々」）。なお、大里が「以前汽船に居られた」と大平の書いた事実を、わたしは確認できていない。むしろ否定的である。

大里・海沼の主導のもとに器械・器具の製作、あるいは建物の建築にたずわった人びとは、伝統的産業の担い手であった。

西條村製糸場の建築と器械の造営費については、一八七六（明治九）年三月、同製糸場の頭取大里忠一郎と会計方土屋直吉が、官金拝借で土蔵・操返場（揚返し場）・撚懸器械を造るために願い出た書類に添えた「製糸場建設並器械造営費積書」によれば、二九五〇円の全資本金にうち、施設・器械などとその費用は二八六二円で、この「遣払」はつぎのような内訳であった（前掲『信濃蚕糸業史　下巻』一六五〜一六七頁）。

繰糸場五十二坪　一棟　此建築費　金二百八十五円　但二階工女部屋ニ用ユ

帳　場二十八坪　一棟　同　金二百四十五円

工女部屋十四坪　一棟　同　金　百六十三円　但二階付　平坪ノ場操返シ仮用

水車櫃並釜場　二ヶ所　同　金　四十五円

門口二ヶ所並外囲　同　金　七十七円

雑物置並薪置場　二ヶ所　同　金　五十二円

地形並石垣　同　金　九十五円

水車器械　壱式　同　金二百八十円

蒸気器械　一式　同　金七百円

大小枠並小道具　一式　同　金　百十五円

工女部屋拾二坪　一棟　同　金　百二十五円

蒸気器械　十五品　同　金三百五十円　出来栄不都合ニ付不用ニ相成候

炊所十五坪　一棟　同　金　百七十円

〆金二千八百六十二円

残金八十八円也

右者明治七年開業之砌工女教育其他之入費ニ遣払

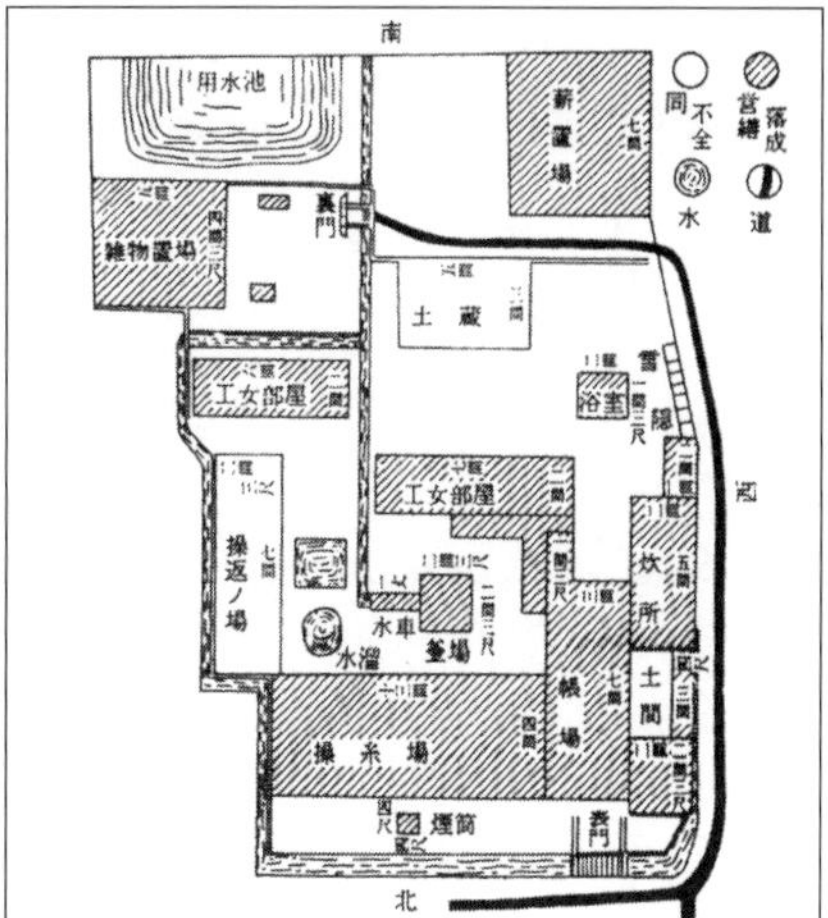

西條村製糸場略図（明治９年３月）　斜線のある建物は明治７年に建設　土蔵・操返シ場・雪隠は建設予定

西條村製糸場の建物群は、繰糸場、帳場、工女部屋二棟、炊所、水車櫃ならびに釜場、雑物置場、薪置場が敷地内に配置された。「営繕費積書」に建築費がみえないが、二間×一間三尺の浴室がある。南の裏門から北に流れる川が終る箇所から直角に西がわに水車櫃をつくり、釜場（ボイラー）が二間三尺四方の建物となっている。釜場の南の工女部屋の一階平坪の場が、操返し（揚返し）場にとりあえず使われた。この繰糸場と揚返し場を分離したのは、富岡製糸場よりすすんでいた。

器械には、もっともおおく七〇〇円を投じている。一八七八年の明治天皇巡幸のとき長野県営製糸場内にかかげたという松代町画工飯島二水の「信濃国埴科郡西條邑六工製糸場之図」の製糸器械の部分を分析した鈴木三郎『絵で見る製糸法の展開』（日産自動車株式会社繊維機械部　一九七一年。五九頁）は、糸繰りの技術は二緒繰共撚式小枠再繰式で、すべて富岡式にならったものと指摘した。「製作の簡易低廉を狙い、内摺式を外摺式に改め、又枠台や摺車等がすべて木製で、後年信州式と呼ぶ器械の母型が生れた」とも評価した。この木製の「大小枠並小道具」製作は、一一五円をかけて指物師の湯本宇吉が担当した。

英の回想録「大日本帝国民間蒸汽器械の元祖六工社創立第壱年の巻・製糸業の記」（『富岡後記』の部分）のなかにある「六工社創立に付苦心致されし人々」は、西條村製糸場（一八七八年〈明治十一〉十二月に設立場所の地名六工《ろつく》から六工社《ろっこうしゃ》と改称）で、経営者の中心にいた大里忠一郎、蒸気器械の「発明」に尽力した海沼房太郎のほか、蒸気の通るパイプを創った元鉄砲鍛冶の横田文太郎・金児某、大車・小車・ゼンマイなどを造った元鎗師の湯本宇吉、建物を担当した大工棟梁の與作を挙げている。

英の回想録に「大工與作」とあるのは、松代清須町二十番屋敷内借宅に住む大工職宮澤與作（壬申年四十六歳、父彦右衛門亡）であった。妻ふさ（東京府下神田白壁町工北島清太郎姉　年三十八）とのあいだに長男金次郎（二十一歳　明治八年八月十七日東京麻布谷町第二大区六小区商板屋勝次郎方へ寄留）のほか、長女さく（年二十四）、次女せい（年十八）、三女かめ（年十二）、四女ふく（年五）がいた。弟に宮澤喜作（年四十一　明治七年九月第十一大区二小区小県郡金剛寺村旧十番地農倉嶋福重方へ寄留）もいたが、大工として働いたのは與作のみであった。宮澤家の氏神は埴科郡清野村離山神社、寺は松代紙屋町浄土宗大信寺であった。

また、元松代藩鉄砲鍛冶であった横田文太郎と金児某が、蒸気の通る管（パイプ）の製作と、煮釜・繰釜のなかで水を温める蒸気を通したり止めたりするパイプの繋ぎ目の「ネヂ」の部分を担当した。二人は、海沼が何度もやりなおしを指図したので「立腹」することもあったが、打ち返し打ち直し、「ネヂ」を止めたとき蒸気が釜内に漏れないように仕上げたとある。「蒸気器械　十五品」が出来栄え不都合で不用になったとあるのは、出来栄え不都合となった器械・道具がふくまれ、上田の銅壺屋で造ってもらったが遣い物にならなかったというボイラーもふくまれているとおもわれる。

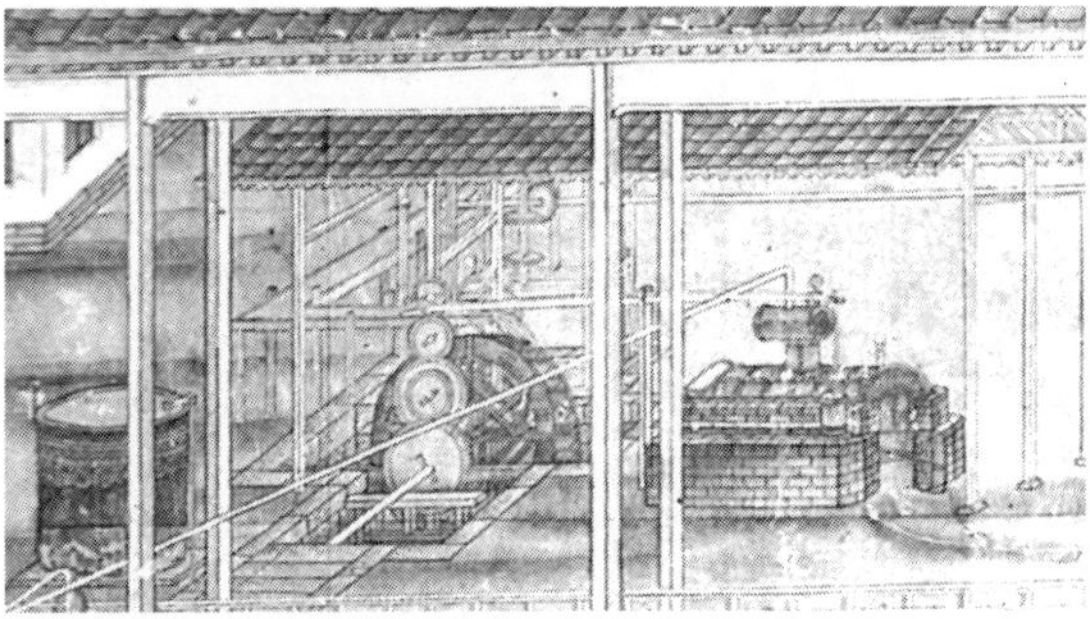
肉筆画にみる西條村製糸場のボイラー

大車・小車・ゼンマイなどの製作をすべて担当したのが、元松代藩で槍の柄をこく御槍師をつとめた指物の名人湯本宇吉（壬申戸籍に「工　刺物師　年四十二」とある。父は故松代代官町湯本東内）であった。「大小枠並小道具一式」は、湯本宇吉の仕事であろう。湯本は、後妻のつた（松代鍛冶町中川忠兵衛三女　年三十二）、長男湯本恒治（年十六　後筆:明治七年六月廿八日死亡）、長女よね（年二）などと、明治五年には松代庁地内の借宅に住んでいた。湯本家の氏神は西條村白鳥社、寺は高井郡小出村禅宗西光寺であった。

英の回想録は、もっとも重要なボイラーの製作には言及していない。西條村製糸場のボイラー（蒸気器械一式）は、銅製の釜を松代町の銅壺《どうこ》屋《や》（銅製・鉄製の湯沸かし器を造る）の竹内仁助が造った。上部を蒲鉾形とし、背に蒸気を通す穴をもうけ、ほかの一つの穴にはボロを捲いた木栓をさし、竈は土で築いた（前掲『信濃蚕糸業

史　下巻』一六五～一六七頁)。そのため、九日に一度ほど元釜の掃除と塗り替えをする必要があった(『富岡後記』「蒸汽の不足　元方一同の困難」)。

富岡式蒸気器械製糸技術を地域に導入・定着させるためには、富岡のようにフランスから器械・器具を輸入する資本など、とてもなかったから、地元の伝統産業の技術を総動員し、それを組み合わせる創意工夫が必要であった。

煮釜・繰釜には松代で焼かれていた吉向焼きの陶器を利用した(前掲『富岡日記　富岡入場略記・六工社創立記』解説　二四三頁)。

西條村製糸場が、試行錯誤のすえ、富岡式蒸気器械製糸技術を導入した器械・器具をそなえた工場となり、ほぼ完成した一八七四年七月初旬、いよいよ富岡に一四人の伝習工女を迎えにゆくことになった。

2　長野県内の初期器械製糸場の設立

(1) 長野県器械製糸はイタリア式(小野組築地製糸場系)からはじまる

長野県内のおもな器械製糸場の設立は、つぎのような歴史をたどった(前掲『信濃蚕糸業史　下巻』)。

明治五年八月　諏訪郡深山田製糸場　築地製糸場型イタリア式　九六人繰り

明治六年七月　高井郡雁田製糸場　イタリア式　九六人立
明治六年八月　高井郡中野製糸場　イタリア式　一〇〇人立
明治七年六月　佐久郡小諸丸万製糸場　富岡式　三二人繰り
明治七年八月　埴科郡西條村製糸場　富岡式　五〇人繰り

富岡製糸場の伝習工女の出身地をみると、信濃国が長野県と筑摩県にわかれていた明治五年から一八七六(明治九)年には、筑摩県がわからはほとんど伝習工女が富岡製糸場へ入場していない。とくに器械製糸の最先進地となる諏訪地域は、東京築地に設立されたイタリア式器械製糸技術にもとづく小野組による築地製糸場系が主流となった。

長野県内に最初に設立された器械製糸場の深山田製糸場(経営者土橋半蔵・善蔵兄弟)で働いた工女たちは、明治五年三月に東京へ行き、小野組築地製糸場で器械製糸技術を学び、同年九月一日までに追々帰郷した二〇人が中心であった(「明治六年八月改正　男女名簿　深山田糸場」前掲『長野県史　蚕糸業』八二五頁)。

高井郡雁田製糸場も、小野組のもとに設立されたイタリア式九六人立(繰り方六六人、口出三〇人)で、一八七四年十一月、小野組の破産で関菊之助に払い下げられた。つづく中野製糸場設立の発端は、中野県庁・中野町が世直し一揆で焼き打ちにあい、住居を失い路頭にまようものでるありさまのため、中野地域も養蚕・蚕種の生産地であったので、長野県行政の支援で器械製糸場をつくりたいと、一四七人が二六五九円の加入金をしめして、一八七四年三月に長野県権参事楢崎寛直に願い出たことにあった（前掲『長野県史　蚕糸業』史料二六九　明治六年）。願い出をうけた長野県では、同年七月租税課の本田勝柄が「高井郡中野製糸場経営方法県租税課案」をつくった（同前　史料二七〇）。この製糸場も、小野組支援のイタリア式で、益金を「窮民救助」にあてる計画であった（前掲『絹ひとすじの青春』で、わたしは中野製糸場を富岡式と誤って記述した。訂正する）。中野製糸場は水車仕掛けのイタリア式（小野組系）器械製糸場として、さきにみた中野町有志の醵金二六五九

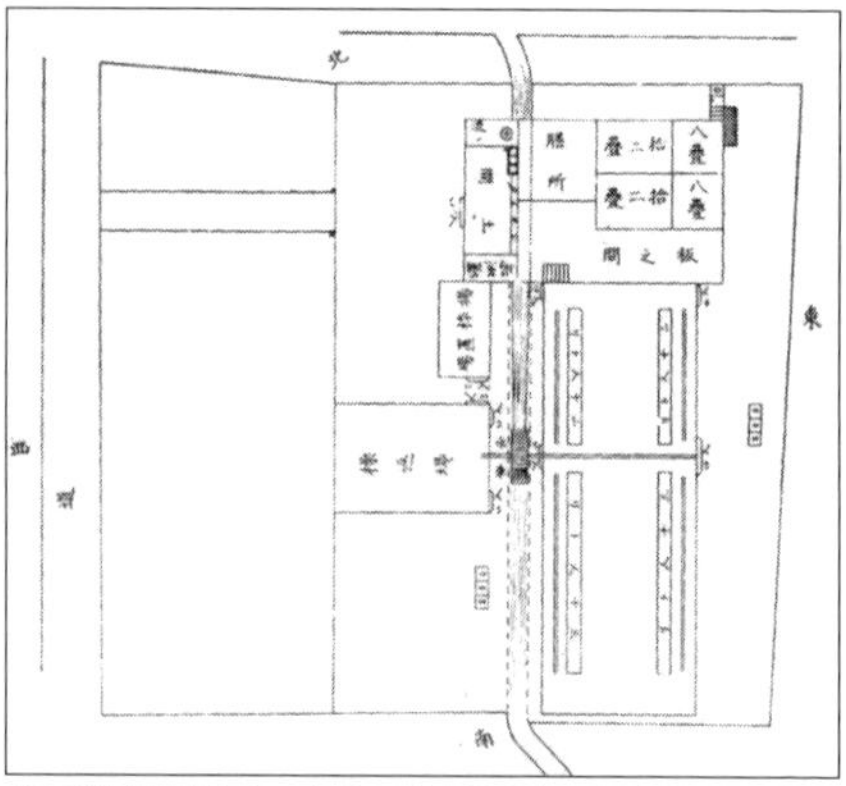

中野製糸場略図　水車の上は通路　事務室の二階は繭置場と工女寝室

円、近傍町村有志の醵金四二三円に県費四五〇円をくわえた総工費三五三二円で、中野町常楽寺大門に相し、間口一六間×奥行六間の繰糸場そのほかの建物からなっていた。一八七三（明治六）年に長野県庁に提出した願書に添えられた図面（写真参照）には、最初のイタリア式にはみられなかった「揚枠置場」「操返場」が、繰糸場とべつにそれぞれもうけられている。

中野製糸場は長野県の全面的支援で設立・開業された。一八七四年一月以降は、富岡製糸場と工部省製糸場も「点検」し、繭買入時期にあたって、拝借金三五〇〇円を政府から拝借する申し出を長野県におこない、八月楢崎長野県参事から内務卿伊藤博文に申し出が提出されたが、聞き

届けられなかった（前掲『長野県史）蚕糸業』史料三三六）。

⑵ 小諸町からの富岡伝習工女と高橋平四郎の丸万製糸場設立

フランス式（富岡製糸場系）の最初の器械製糸場をめざしたのは、小諸町の丸万製糸場であった。第四章でみた伝習工女を送り出した戸籍区や町村には、地域に富岡式蒸気器械製糸場をつくろうとして工女を入場させた例は稀であった。埴科郡松代町以外で、地域の蒸気器械製糸業を導入する目的で富岡へ伝習工女を送りだした先例に、佐久郡小諸町があった。その中心に、明治五年から富岡製糸場用達であった高橋平四郎がいた。

高橋による富岡製糸場への伝習工女送出の動きは、つぎのような製糸場設立計画とむすびついていた（長野県史編纂委員会収集史料）。

奉願上口上書

私義昨年中富岡御製糸場御用達被　仰付、黽勉従事罷在、既ニ去冬中御開業無類精好之絹糸御製造ニ相成、附而者一際尽力、右器械模擬製糸場建築いたし候様、精々御説諭有之候得共、素より薄力ニ而心痛御座候処、今般　租税権大属殿御出張御懇諭ニ而差向建築之場所見立候様御沙汰ニ付、当時廃止と相成居候当所明学校之地所、陽気ニ而水利も立敷適当之場所ニ奉存候間、右場所御払下ニ相成候義ニも御座候ハヾ、相当之代価ニ而御下渡被成下候様奉願上候。

尤、微力ニ而急速建築無覚束候得共、同社協力往々成功仕度志願ニ御座候。此段宜敷御所分被成下候様奉懇願候。已上

明治六年三月

富岡製糸場御用達
佐久郡小諸荒町
高橋平四郎

長野県権令立木兼善殿

この口上書の主旨は、一八七三（明治六）年三月、租税権大属が小諸町に出張になり、ひときわ尽力して「器械模擬製糸場建設」について懇諭し、とりあえず製糸場建設の場を見立てる話になり、廃止となっていた学校の地所が、陽あたりも水利の便も良いので払い下げをうけて製糸場の敷地にしたいと、長野県権令立木兼善に懇願した。

これは実現しなかったもようで、丸万製糸場は結局、小諸町字六供町五百二十七番地の高橋の所有地に三二人取り製糸器械場として設立される。

一八七九（明治十二）年五月、高橋は長野県北第六大区三小区の戸長・用係・代議宛に「小諸町呑用水上流字六供町江平転水車ヲ架設セント欲スルヲ以テ沿流諸君ノ許容ヲ乞陳述書」を提出する（前掲『長野県史　蚕糸業』史料三〇六）。

高橋は、富岡製糸場用達をつとめた経験による功績から、「座繰器械」と「平転水車」の模図

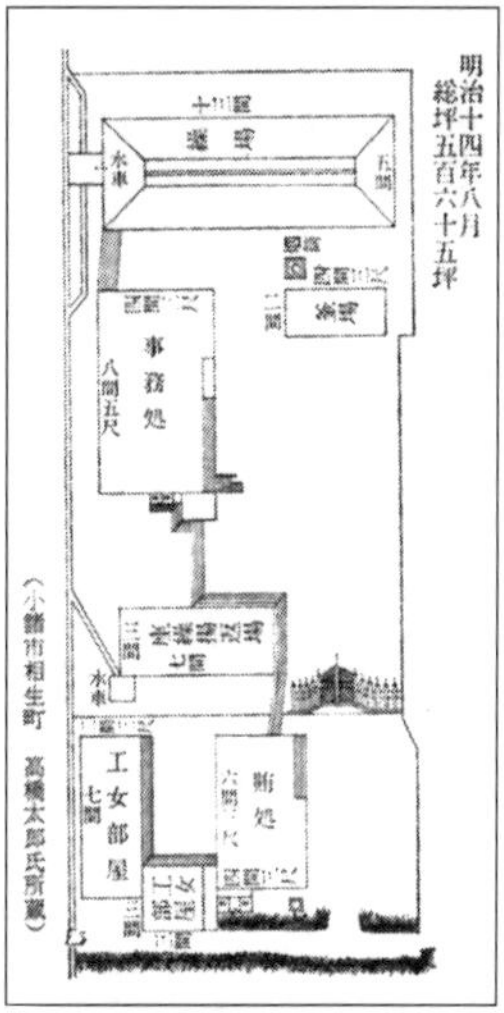

丸万製糸場の平面図

と雛形を「御本局」から送付された。佐久郡内の勧業・勧工につとめるように懇諭をうけたので、佐久郡でも重要産業である生糸が、輸出品のさきがけで国・郡を富ます第一の製品であること、南佐久郡の野沢・取出・中込・海瀬・馬流なども生糸・繭の質がよく水利の便がよいので製糸工場をつくるのに適しているが、高橋が所有する小諸町六供町五百二十七番地に便利の地があること、ただし河流が小諸町の半分以上の飲料水にかかわり、製糸場の水車を架設すると「流水ノ増減、清汚ニ関スルナシト雖モ」、公的にみとめてもらって製糸業に使いたいことなどを列挙し、許可をもとめている。

　こうした経過をへて設立された丸万製糸場は、富岡式蒸気器械製糸技術を全面的に取り入れた器械製糸場ではなかった。一八八一（明治十四）年八月の高橋平四郎製糸場平面図（写真参照）をみると、「座繰揚返場」をもうけている（同前　史料三一〇）。

　これは、丸万製糸場独自の富岡式繰り糸のほかに、周辺の座繰生糸をあつめて高橋が研究した方法で揚げ返しと糸結びをして出荷したものとおもわれる。

　一八七八（明治十一）年十一月から十二月にかけて、勧業寮出仕の速水堅曹は、上州・信州を巡回し、内務卿伊藤博文の依頼で、富岡製糸場の経営方針・利害得失をしらべるための比較資料をもとめ、十一月十一日に小諸丸万製糸場で繰り糸実験をした。佐久郡産の繭七〇匁（繭粒五五〇）を生糸に繰る作業で、工女は小諸町士族の山岸孝（二十二歳）が丸万製糸場を代表した。山岸は、一八七三（明治六）年三月〜九月と一八七六（明治九）年十二月〜翌年六月との二回、富岡製糸場で伝習し、二等工女となった経歴をもっていた。山岸は、二時間二四分で繭七〇匁から生糸一五匁三分を繰りあげている。これは、同年十二月四日、富岡製糸場で、おなじ繭量から繰り糸をした滋賀県士族馬場佐野（十九歳）より、一一分速く生糸の量は八匁おおかった。

なお、おなじ条件で、十一月十三日には長野県営製糸場で、松代伝習工女の松代士族小林秋が繰り糸をし、十一月十六日には西條村製糸場で、横田英などの指導で地元にいて繰糸技術を学んだ松代士族の富岡登美（十八歳）が繰り糸をしている。このときの資料は、和田英が大切に保存し、長野県工場課長池田長吉に提供し、工場課本『器械製糸のおこり』の巻末に附録として収録された（前掲、上條宏之「官営富岡製糸場における原料繭の扱いと信濃国内原料繭の購入」）。

(3) 富岡式を長野県内ではじめて総合的に導入した西條村製糸場

一八七八（明治十一）年十月記録の六工社「履歴書」は、西條村製糸場設立の動機について、つぎのようにしるしている。

①養蚕・製糸が第一位の国産で、輸出の「至宝」であること。

②しかし粗製乱造で輸出生糸の価格が下落し国益がへったため、器械の弁理、製糸の方法、士族就産の途について政府から説諭があったこと。

③西條村は旧松代城下につづく地にあって、午札騒動で人家が焼きこわしにあい、さらに松代県も廃され、小都会をなした地が「荊葎《けいりつ》」（注：いばらのあるつる草で覆われた）の土地に変わりつゝあり、数千の戸口が貧窮におちいって人民の生活が苦しくなったこと。

④西條村で農業や商業に就いた士族は、なれない職業で将来の展望が持てず困難の極に至った。そこで、勧業の趣意にしたがい、同盟有志を募り、器械製糸の方法を協議した。すると、諏訪（注：イタリア式深山田製糸場）、小諸（注：富岡式丸万製糸場）、高井郡中野（注：イタリア式中野製糸場）・雁田（注：イタリア式雁田製糸場）しかないことがわかったこと。

⑤しかも先行するこれらの製糸場を調べたところ、水車の動力で糸枠を回転するだけで、「温場」は竈《かまど》仕掛けで工女が糸を繰るのが、薪や水を扱う焚き火による煮繭・繰糸用湯沸かしであった。それらは労賃がかかり、器械の弁理が充実していなかったこと。

⑥蒸気器械製糸場をつくる費用は巨額にわたるのに同盟人の資力は少なかったので、百方協議し苦心尽力した結果、銅製で軽弁の蒸気器械を発明でき、試験をかさねたところ充分な弁理をみとめたので、「官」の許可を得て五〇人繰りの蒸気器械製糸場を設立することとしたこと。

まず、④で、さきにみた深山田製糸場・雁田製糸場・中野製糸場、さらに小諸の丸万製糸場を調べたところ、⑤で指摘しているように、水車の動力で糸枠を回転するだけで、「温場」（注：ボイラーに相当するもの）は竈仕掛けで、工女が糸を繰る湯が、薪や水を扱う焚き火による煮繭・繰糸用湯沸かしによっていた。

これら先例の器械製糸場の充実していない弁理を克服し、富岡式蒸気器械製糸場をモデルにした製糸場をつくるには、③の士族授産の重要性と、⑤の蒸気器械の導入に意を用い、⑥の「銅製で軽弁の蒸気器械」の発明があったからとするところが注目される。

西條村六工に蒸気器械製糸場の地をえらんだ理由は、①大里忠一郎たちが住む村内であったこと、②原料繭を地元でまかなえると考えたこと、③西條村は山林原野が村の約八〇《パーセント》を占め、煮繭・繰糸用の燃料の柴・薪は村民の収入源であり、村内で確保できること、④器械運転の動力資源である水力は神田川でじゅうぶん満たせること、などによった。

3　西條村製糸場の創立にかかわった人びと

一八七四（明治七）年二月二十五日、横田数馬は富岡製糸場で伝習を受けていた英宛の手紙をだしている。その手紙で、数馬は、西條村に蒸気器械製糸場を取り立てるにあたり、三月中には大里忠一郎と係の者が富岡へ行き、尾高惇忠にいろいろうかがい物語するはずであること、英たち松代工女一四人は繰糸ばかりでなく、万端に心を用い、よくよく見聞するようにつとめること、さらに長野県も一〇〇人繰り規模の蒸気器械製糸場を取り立てる予定があるので、西條村製糸場に器械の振りなど万端を頼むと申し入れがあったのでそれも心得ること、和田盛治から英に出京して欲しいと言ってきたが祖父甚五左衛門が大病であるのでとことわるが、都合がつけば取り敢えずの出京も考えていること、河原均が娘鶴と同道して三月半ばに出京すること、西條村製糸場が着工し普請中であること、などをつたえている（前掲『家の手紙』八七～八八頁）。

このなかの大里の富岡製糸場訪問は実施されなかった。大平喜間多『大里忠一郎伝』などが、大里が「明治五年進んで自ら富岡製糸場を訪づれ、詳細に視察して帰るに及び」としるしていることは、誤りであろう。

西條村製糸場の創業は一八七四年八月二十五日であった（一八七八年〈明治十一〉十月記録の六工社「履歴書」）。英は「六工社初製糸並に私の病気、開業式」を回想し、富岡から帰ったのが七月七日（実際は七月十二日）、初製糸が七月十一日であったこと、翌日に寒気がした英は馬場丁の金井方（機応の後妻むろの実家）で休息したところ、「傷寒」のためであることがわかり、医師の治療をうけ、金井家に厄介になったまま病床にあった七月二十二日（実際は八月二十五日）に開業式があったとしている。

一八七六（明治九）年三月の西條村製糸場の「同盟人加入金額並場中役員分課概表」によれば、蒸気器械製糸場の創立にかかわった同盟人は、士族の大里忠一郎・春山喜平次・増沢理介・岸田総雄・松本仙治・宇敷則秀、平民の相沢元左衛門・中村金作の八人であった（前掲『信濃蚕糸業史下巻』）。出資金は、無利息で製糸場の運営で出た益金から支払っていくことを条件に、大里が三五〇円、春山と宇敷が各三〇〇円、増沢と岸田が各二五〇円、中村が一五〇円、松本と相沢が各一〇〇円を出資した。その合計は二〇〇〇円のみであった。宇敷と中村は松代町居住、大里・春山・増沢・岸田・松本・相沢は西條村居住である。

一八八一（明治十四）年作成の「西條村誌」（前掲『長野県町村誌　東信篇』一五四三～一五五二頁）によれば、族籍で、士族の占める割合が西條村六〇パーセント、清野村五一パーセント、松代町五〇パーセントで、西條村は士族居住の割合が松代町よりおおかった。この村誌には、西條村製糸場について、つぎのように記載している。

本村中央字東六工にあり。繰場一棟東四十二間・南北四間、揚枠場一棟東西二間三尺・南北八間、工女寄宿所二棟、五十人繰の機械を備へ、蒸気を以て運転す。最も良好の機械なり。製糸の品位上州富岡に亜ぐ。明治七年本県士族大里忠一郎、春山喜平次、増澤理介、宇敷則秀、土屋直吉、平民西澤健之助（ママ）、本郡松代町商中村金作同盟して、創業する所なり。

西條村で、この製糸場が優れたものとして評価されていたことをしめしている。「物産」欄には繭が、「製造物」欄には生糸と絹布が、つぎのように記載された。

繭　三百五石六斗　其質上等　内二百石本村にて製糸し、残り百五石六斗は松代町へ輸出す。

生糸　六十一貫九百目　其質上等　松代町へ輸出す。
絹布　三百五十反　其質中等　自用に供す。

生糸の横浜からの輸出については書かれていない。資本不足から、農家の繭を賃繰りしていた生糸がおおかった経営状態の段階であったことによったと考えられる（上條宏之「富岡式蒸気器械製糸愚術を地域移転した長野県西條村製糸場　指導的役割を果たした横田数馬・大里忠一郎・海沼房太郎を中心に上・下」『信濃』第六九巻第一〇号・第一一号　二〇一七年十月・十一月）。

大里忠一郎は、『西條村誌』には氏名の記載がないが、平民で同盟人となった相沢元左衛門（農業）の二男に生まれ、下級藩士大里忠左衛門の養子となった人物であった。

大里忠一郎

西條村製糸場の「場中役員分課表」によれば、頭取・会計方・検査人・器械掛・差配人を一人ずつ置き、大里が頭取をつとめた。製糸場中一切の事務を統括する仕事であった。会計方が土屋直吉で、生繭・製糸の出入り、工男・工女の給料、器械の補修そのほかをふくむもろもろの雑費などの金銭出納を担当した（前掲『信濃蚕糸業史　下巻』）。

海沼房太郎は同盟人ではないが、実質的な器械掛で、器械取扱い、新造・補業などすべての器械にかかわることをつかさどった。

4　大里忠一郎の経歴と製糸業発起の論理

(1) 大里忠一郎の企業的精神の形成

大里忠一郎（一八三五～一八九八）は、天保六（一八三五）年八月に、西條村の農民相沢元左衛門の二男に生まれ、当初は禄三両四人扶持の徒士席の士分である西條村二百十八番地の大里忠左衛門の養子となった。妻のさと（里子）は松代藩士族で松代田町に住んだ高田力馬の四女（弘化四〈一八四七〉年二月の生まれ）。一八八〇年七月二十五日に富岡伝習工女であった福井亀を養女とする。

一九〇一（明治三十四）年に長野市で発行された『長野新聞』主筆に就任した茅原崋山（幕臣の子、一八七〇～一九五二）は、大里の死去を惜しみ「模範的実業家　故大里忠一郎氏」を書いた。茅原は、一九〇四年には、堺利彦・幸徳秋水・内村鑑三ら非戦論者の退いたあとの『万朝報』に迎えられた。大正デモクラシーの初期に「民本主義」という概念を初めて提唱し、青年層に大きな影響を与えたジャーナリストである。

茅原は、大里の死を悼んだ文章の冒頭で、「記者の松代に遊ぶや、松代が所謂エキストラなる称を博する生糸の由《より》て以て産出するに至りたる因縁・来歴を討《たづ》ね、又親しく六工社を視察して、一事業の興るや必ずや其中心に人物ありとの語を確め得たり。松代が品質に於て殆ど匹儔《ひっちゅう》なき生糸を産出するに至りたるは、模範的実業家とも称すべき故大里忠一郎氏ありしが為ならずや。氏は実に万難を排して、事業を創始し之を大成する材幹を有せしなり」と書き、比較的詳細なつぎのような主旨の「小伝」をつたえている。

大里は、維新変革期に家老真田桜山に抜擢されて買物方に就き、藩命によって大垣まで出向いて、幕府を倒すために京都を出立していた東山道鎮撫総督岩倉具定に会って松代藩は倒幕方につくことを告げる役をになった。甲府に松代藩が出兵したときは、輜重《しちょう》（軍隊に必要な糧食・被服・武器・弾薬などの軍需品を輸送する）の役を担当した。さらに北越戦争が飯山戦争からはじまった明治元（一八六八）年四月、上田で東山道先鋒総督府の観察および応接係（軍監）の岩村精一郎に会い、松代藩は藩論が倒幕に定まったことを陳述し、同年七月北越戦争に家老河原均（富岡伝習工女河原鶴の父）の率いる松代藩軍の先発隊にくわわって参戦した。そうした功により、同年十二月に章典禄二六石を賜り、給人格にのぼった。

大里が松代藩の物産関係の仕事にたずさわったのは、明治二（一八六九）年松代物産会社に関係して藩と在郷商人とのむすびつきを強めようとし、同年四月設立の松代商法会社の末席役人となったときであった。商法社は、松代領内で生産される生糸・蚕種の海外輸出をおもな仕事として設立され、座繰生糸をおもな商品とし、蚕種もくわえて扱った。だが、同社が発行した商法社札の回収をめぐり、大参事の真田桜山が衆論を取りあげずに藩の財政を維持しようとして、領民の松代午札騒動によって否定される。明治四（一八七一）年には商法社そのものが廃止となった。

大里は、松代領内で米価が騰貴し、藩の蔵に蓄えてあった米も欠乏し、民衆が飢餓にさらされたとき、新潟商法会社に赴いて米穀購入の道をひらいたが、午札騒動で家を焼かれた。しかし、廃藩置県後に金禄公債をうけるとそれを資本に、士族授産の方法として西條村に蚕桑の業を勧め、生糸事業をはじめる必要を説いた。貿易市場で生糸が重要製品になったものの、粗悪な座繰り製糸にとどまっていたので、富岡製糸場をモデルに蒸気器械製糸を導入することを考えるにいたった。

(2) 蒸気器械製糸業発起についての大里忠一郎の論理

大里忠一郎の蒸気器械製糸業発起の論理は、一八七八（明治十一）年十二月の「信濃国埴科郡西条村製糸場資本金拝借願」（前掲『長野県史　蚕糸編』六〇〇～六〇二頁）に、つぎのように松代地域の特性と万国（世界）のなかの日本の輸出産業のあり方と関連づけて記述されている（句読点は上條）。

去ル明治四年廃藩、尋テ士族ノ職務解却、以後将来ノ目途ヲ立ント欲シ、同盟結社製糸場建設仕候儀ニ御座候。蓋シ外国貿易ノ道開ケシヨリ、遠ク万国ノ形勢ヲ察スルニ、富国ノ計画尤専務ニシテ、其先ンズル所工業ヲ盛ンニスルノ外ナシ。我皇国現今輸出ノ物品其夥多ナル事論ヲ待タズト雖トモ、就中蚕糸ヲ以テ一大品位トス。且、当国ハ従来桑田ニ富ミ養蚕ノ業乏シカラザルノ処、頻年蚕業益隆盛ニ趣（赴カ）キシカバ、生糸製造旧慣ノ手繰ニテハ品位頗ル下等ニ位シ、加之近来奸商輩一己ノ利ヲ貪リ麤悪濫製ノ品輸出ニ供セシニヨリ、偶々上品輸出セルモ所謂玉石混淆ニシテ、遂ニハ物産ノ声価ヲモ墜スニ立チ至リ、当時速ニ此弊毒ヲ一洗シ、以テ興産ノ道ニ進マシメンニハ、一個ノ製糸場ヲ設置シ精製以テ真益ヲ謀リ、先進誘導スルニ如《(ナ欠カ)》シト。

松代藩廃止にともなう士族の職務解却、松代地域の養蚕・製糸の歴史の存在、いっぽう、開国以来、生糸が輸出産業のトップにあり「富国ノ計画」に必須の物品にもかかわらず、生糸の粗製乱造が輸出生糸の声価をおとしていることから、「一個ノ製糸場ヲ設置シ精製以テ真益ヲ謀リ、先進誘導スル」こととしたとのべている。

また、富岡式蒸気器械製糸導入の西條村製糸場創業以降八年後の一八八二（明治十五）年十一月に戸長役場に進達した六工社創立主意には、つぎのように地域で起業する原理についての考え方が書かれている（竹内薫平氏提供史料、句読点は上條）。

本社創立主意

一　夫レ物産ハ、国ヲ保テ人民ヲ養フノ元本ニシテ、人民ハ其元化シテ妙造ヲ補翼スルヲ天稟ノ職トナス者《(物カ)》ナリ。豈謹テ黽勉セサルベケンヤ。蓋、産物ノ生ズルヤ、地位ト土質トニ随テ、各方品類ノ異同、物質ノ善悪ヲナセリ。然リ而シテ、万種ノ土ニ生ズルモ、人ノ之ヲ発シ之ヲ補フニ勉メザルトキハ、一ツモ其用ニ供スル能ハズ。故ニ国産ヲ興サンニハ、其土ニ随ヒ其人民ニ適スル所ヲ以施行スベキハ論ヲ俟ズ。

御維新以降、内国ニ物産ヲ発シ製業ヲ盛ンニスベキヲ、始メ士族解職ノ余、将来就産ノ儀等ニ至ル迄、百般ノ旨趣地方官庁ヨリ懇篤御説諭ヲ蒙リ、更ニ感銘拝謝シ奉リ候。依之、同志輩熟之ヲ考慮スルニ、当国ハ元来桑田多ク養蚕盛ンニシテ、生糸等輸（出欠カ）ノ益少シトセズ。誠ニ生糸ハ御国産中ノ高位ニ居リ、外国輸出品上利益ノ巨多ナル是ニ勝ルモノナキガ如シ。且当地方ノ如キ山間ノ僻地、然ルニ養蚕ヲ専業トスルヲ以テ巨額ノ輸出生糸ヲ製出セリ。然ルニ近来奸商ノ為メニ粗製濫造ノ弊、夙地ニ布キ、漸々御国産ノ声価ヲ零落セシムルアリ。是国美ヲ醜汚シ、利益ヲ損耗シ、国損ヲ厭ハザルノ甚シキ者ニシテ、我輩同志者切歯ニ堪へザルナリ。因テ此悪弊ヲ洗除スルニハ、器械製糸場ヲ建設シ、専ラ製糸ノ精好ヲ極メ、随テ国産ノ真価ヲ海外ニ得、国益ヲ増加シ、丞次ニ之レヲ拡張シテ、以テ上ハ勧業御旨趣ヲ拝承シ、下ハ士民営生ノ基礎ヲ保持スルノ外、他ナシト。同志決意、茲ニ本社ヲ設立スル所以也。

地域に産業を興す原理について、大里は「蓋《ケダシ》、産物ノ生ズルヤ、地位ト土質トニ随テ、各方品類ノ異同、物質ノ善悪ヲナセリ」という。地位＝「土地（地域）のありさま」と土質＝「土地の性質」に適合した産物が地域にあることを指摘する。それにとどまらず大里は、さらに「万種ノ土ニ生ズルモ、人ノ之ヲ発シ之ヲ補フニ勉メザルトキハ一ツモ其用ニ供スル能ハズ」と、人の働きがあってこそ、はじめて産業が起こるとのべる。「故ニ国産ヲ興サンニハ、其土ニ随ヒ其人民に適スル所ヲ以（テ欠カ）施行スベキ」であること、松代地域には養蚕を専業とするものがおおい歴史があり、生産した生糸の輸出に秀でているのでそれを活用すること、しかし生糸の「粗製濫造ノ弊」を除去することが課題となっているために「悪弊ヲ洗除スルニ」ふさわしい「器械製糸場ヲ建設シ専ラ製糸ノ精好ヲ極メ」ることとしたい、と主張した。

5　海沼房太郎の蒸気器械・器具「発明」と製糸業のモットー

⑴ 海沼房太郎の富岡式蒸気器械製糸器械・器具導入にあたっての「発明」

英は、「六工社創立に付苦心致されし人々」のなかで、海沼房太郎が、広小路真田（注：英の姉寿の嫁いだ真田家）の家来分になり、やがて横田家にも出入りし、横田数馬のもとで働いたことから、富岡製糸場に工男として入場、富岡式蒸気器械製糸技術を学び、西條村製糸場の技術指導にあたった。大里と海沼の努力なしには、富岡式蒸気器械製糸場を松代地域に導入できなかったという。『富岡日記』長野県工場課本の発行も、海沼の事蹟をおおやけに歴史としてのこすために重要だと、池田長吉工場課長に英が訴えたことはすでに触れた。

海沼房太郎

海沼房太郎（嘉永六〈一八五三〉年生まれ、一八八九〈明治二十二〉年五月十五日死す）は、埴科郡清野村二百三十番地で父吉治、母とく（文政七年五月十日生まれ、天保十四年二月十二日更級郡東福寺村平林九平太二女から吉治妻に入籍、明治二十六年八月十九日死す）の長男に生まれた。更級郡氷鉋村峯村鑑左衛門長女かつと結婚、長男音彦が一八八二（明治十五）年一月二十日に生まれている。海沼が二十歳のとき、工男として富岡製糸場にはいり、富岡式蒸気器械製糸器械・器具を一か月ほどで見届け、帰郷して西條村製糸場創立のための器械・器具の作成を担当した。蒸気で湯を沸かし、その湯気で糸を繰っているという富岡製糸場の蒸気にかかわる技術を、信じない大里たちに、つぎのように実験してみせたのが、海沼だった（前掲大平喜間多『大里忠一郎伝』九、一〇頁）。

［海沼房太郎は］どこかから一筋の唐籐を見つけて来た。そしてこれを煮沸して盛んに湯気を立て、居る鉄瓶の口の中へさし込み、その先端を洗面器に盛った冷水の中へと突き込んだ。唐籐のシンには穴があいて居ったから、蒸気がこれから冷水に伝はって段々に熱くなって来た。蒸気を以て湯を沸かすという海沼の実験はかくして人々を首肯せしめた。

英の回想録以外で、海沼の長野県内蒸気器械製糸業にかかわったことの証言に、前掲『信濃蚕糸業史　下巻』の記述がある。海沼は、西條村製糸場初期の富岡式蒸気器械製糸技術導入に尽力したほか、「須坂町・松本町等各所の製糸場建設に当り招聘せられて指導監督の任に当り、明治十五年には松本町に於て恐らく本邦最初の製糸雑誌繰業所報を発刊せるなど長野県製糸業の為に功献せること多かりし」と評価されている（一七二頁）。須坂町では、東行社創立のさいに考案した蒸気器械を据え付けたという（二七頁）。

英の記述のほか、海沼による西條村製糸場の技術面の証言に、増沢壬子吉の回想がある（前掲『平野村誌　下巻』一四七〜一四九頁）。

六工社の器械の様式や寸法は全く富岡の通りにした。但し富岡のやうに費用をかけるわけには行かないから、或は材料をかへ、或は製作を簡易にするなど種々工夫を凝した。

まづ煮鍋・繰鍋は陶器で作つた。これは松代の製陶業者にやかせたが、しみに強いといふわけで素焼にした。

蒸汽を導く銅のパイプは旧松代藩の鉄砲鍛冶に作らせたが、一本の長さ漸く三尺位しか出来ず、互に嵌めて使つた。そのパイプから更に支管を出し、これを煮繭・繰糸両鍋の底へ導入し、そのパイプに小孔を穿つて蒸気を噴かせるやうにした。これはその後も色々考案し、或はパイプを横に通したこともある。或は又その小孔へ糸がからむのを避けるためパイプの上へ蓋をしたこともある。

又繭が繰鍋の向側に片寄り作業しにくいため、中程へ木の境を拵へて見たこともあつた。これを半月形に改造したのは明治十一年頃と思ふ。

汽鑵は、最初上田の鍋屋に註文して鋳造させたけれど使用にたえず、松代の銅壷屋に銅で張らせて見た。蒲鉾形で下方にこれを貫く焚火孔があり、上部には注水口があつて木栓をなし、又蒸汽を送り出す孔もあつた。そしてその大部分は、土を以て塗り埋め時々塗り直しを行つた。

海沼房太郎は、大里忠一郎と協力して、蒸気汽鑵その他の製糸に関する器械・器具を「発明」したのちは、須坂町に出向き、東行社が創立された際も招かれてその考案した蒸気器械を据え付けるなどした（前掲『大里忠一郎伝』二七頁）。

また海沼は、松代地域でべつの富岡式蒸気器械製糸場設立を支援した。埴科郡東條村中條の水便のよい地に、長野県士族小林繁ほか三人が、蒸気機関と水車を動力に製糸器械三〇席の製糸場設立を企画し、一八七八（明治十一）年一月から工事に着手、同年七月十日に開業した。その「技業ハ、上州富岡ニ於テ修業セシ同県平民海沼房太郎ノ教授ヲ受ク」と特記されている（『第一回共進会報告書　勧業課　明治十三年』長野県立歴史館所蔵文書）。

海沼は、英の父横田数馬のもとで長野県政の仕事を支えたこともあるが、松代町を出て東筑摩郡本城村の製糸工場で働いたこともあった（前掲『信濃蚕糸業史　下巻』五五三頁）。

富岡製糸場に工男として入場した田中政吉は、いくぶん器械関係の仕事をしたと考えられるが、埴科郡清野村五反田に分家として出ており、西條村製糸場や製糸業に深くかかわった事実はみいだせない（前掲『絹ひとすじの青春』一六一頁）。

また、大塚直之進（安政元〈一八五四〉年七月十四日生まれ）は、のちに大塚広と改名、長野県官吏の道をすすむ。富岡製糸場で蒸気製糸技術を学んだ成果を、地域製糸業界で活かしたようすはみられない。長野県官吏として、横田数馬のあとを追ったふうがみえる。一八七四（明治七）年三月二日に長野県地券調所出仕（月俸七円）となり、翌年六月二十九日「地券成功ノ際、職務勉励シタル廉ヲ以テ金七円賞与」を得た。同年七月二日学務課等外三等付属になってから、学務課勤務が比較的おおかった。一八八一（明治十四）年七月には学事改正の御用伺いとして出京、翌年には文部省学事諮問会のため再出京、八三年には長野県医学校書記、八六（明治十九）年十一月長野県尋常師範学校幹事、八八年長野県尋常中学校建設委員、一八九一（明治二十四）年小学校令施行方法取調委員、九六（明治二十九）年長野県教科用図書審査委員会書記、のちには更級郡長（一八九八〈明治三十一〉年六月二十日就任）、下伊那郡長（一九〇一〈明治三十四〉年七月五日就任）などをつとめた（長野県公文編冊『明治三十六年　履歴書　転任・免職・死亡』）。

⑵ 海沼房太郎のモットー「糸力は国家を繋ぐ」と製糸場構想

一八七七（明治十）年九月に、海沼のかかわった製糸場の構想が一枚の紙におさめられ印刷・配布された。活字印刷された一枚に、まず海沼の製糸業にたいするモットーがしるされている。富岡製糸場で、横田英は工場長尾高惇忠から「繰婦は兵隊に勝る」の理念を学んだ。いっぽう、海沼は尾高に教えられた「糸力繋国家」の理念を大切にしていたことがわかる（長野県史刊行会収集史料）。

絲力繋國家　尾高

製糸場内規則

第一條　製糸入業ノ者ハ、御説諭ノ御趣意ヲ取失ハヌ様、幷禮譲ヲ専ラニシ、姉妹同様ニシ、聊カ隔意無之様可致事

第二條　就業ハ、日出ヨリ日入前一時ヲ度トス。日ノ出二時前工女眼ヲ覺シ、一時間ノ内ニ教師立會シ、繭ヲ分配シ、幷ニ器械繰水ノ實撿ヲ遂ゲ、日ノ出一時前ニ工女業ニ就カシムヘキ事

第三條　繰業ヲ不初工女ハ、繰術所ニテ十分ニ傳習ヲ請、繰場へ出業可致事

第四條　繰業在席中、離去スルハ勿論、他見雑話一切不相成、譬へ拝見ノ者有之共一禮ニ不及事

但、會長、差配人、取締、教師、要務ノ節ハ此限ニアラス。

第五條　教師教諭スル處ニ及ヒ、指揮スル事ニ於テ必スシモ違背ス可ラズ。尤辨解シガタキ件アラハ、幾重ニモ推問シ、必要領ヲ得テ極度トスヘキ事

第六條　教師懇切ニ教授スヘシ。若シ其意ニ違背スル者ハ必取締エ申出、處置ヲ可受事

第七條　絲撿ハ検査人幷教師兼務之事

第八條　毎日工女壹人ニ付二百回宛二ツ繰返シ、量目可否ニ依テ日々賞罰致へキ事

第九條　製糸等級ハ、揚枠ニテ検査人、教師立會ス。等級ハ六等迄ニ定ル事

第十條　給料ハ月々下旬拂渡スヘキ事

但、給料十分ノ二ヲ當人エ渡シ、殘金八歩ヲ製場ヨリ親元へ送ルヘク、尤父兄無之者ハ歸省迄製場へ預リ置ヘキ事

右規則之條々可相守事

明治十年九月　　松代　海沼房太郎

一日給

	一等糸	二等	三等	四等	五等	六等
十五匁	三銭六厘	二銭八厘二毛	二銭二厘	壹銭八厘四毛	壹銭四厘七毛	壹銭一厘八毛
	一等	二等	三等	四等	五等	六等
三十匁	十三銭一厘五毛	九銭五厘二毛	七銭六厘二毛	六銭八厘	四銭八厘七毛	三銭九厘
	一等	二等	三等	四等	五等	六等
四十五匁	廿銭三厘	十六銭二厘	十三銭	十銭四厘	八銭三厘	六銭七厘

月給廿七日立

（十五匁）

一等	二等	三等	四等	五等	六等
九十七銭二厘	七十六銭一厘	六十二銭一厘	四十九銭七厘	三十九銭七厘	三十一銭九厘

（三十匁）

一等　三圓五十五銭　二等　貳圓六十六銭　三等　貳圓五銭七厘　四等　壹圓八十三銭　五等　壹圓四十一銭五厘　六等　九十五銭三厘

（四十五匁）

一等　五圓四十七銭一厘　二等　四圓三十七銭七厘　三等　三圓五十銭二厘　四等　二圓八十銭一厘六毛　五等　二圓廿四銭一厘三毛　六等　壹圓七十九銭三厘

右ノ給料左之直段ニテ定メル。

壹圓ニ付　米壹斗七升　同　味噌七貫五百目　同　溜リ壹斗五升

同　石炭油九升　同　薪百廿貫目

海沼房太郎は、製糸場のあり方の冒頭に、尾高淳忠から教えられた「糸力繋国家」を掲げた。ついで製糸場内規則十条をしめし、製糸業のあり方・目的（「御説諭ノ御趣意」）を理解して、礼譲と工女同士が隔意なく姉妹のように働くようにうながしている（第一条）。一日の労働時間は日の出一時間前から日の入り一時間前とし、日の出二時間前に起床し原料繭の分配と器械・繰り水の準備をすること（第二条）、技術伝習中の工女は「繰術所」でじゅうぶんに伝習をうけること（第三条）、仕事に就いているときは「離去」「よそ見（他見）」「雑話」を禁じ、工場の会長・差配人・取締・教師などが要務のとき以外、人が見に来ても礼をする必要がないこと（第四条）、教師の教えや指揮はよく守り、教師は懇切に教授すること（第五条、第六条）、生糸の検査は検査人と教師兼務によること（第七条）、工女の一日のノルマは「二百回二ツ繰返シ（注：揚返し）」、その「量目可否」で賞罰がきまること（第八条）、工女の製糸等級は揚返しの糸枠を検査人と教師が立会って六等級に分けること（第九条）、給料は月々の下旬にわたすが、その給料の二割を工女本人に、八割を製糸場から親元に送り、「父兄無之者」は工女が帰省するまで工場で預かっておく方式とし、賃金の貯蓄に留意していたことがうかがえる（第十条）。

第二条の労働時間は、日の出から日の入りといった富岡製糸場の労働条件をモデルに、工女寄宿制を前提に可能なものであった。四月では午前五時から午後五時ころまで、十二月は午前六時から午後三時半ころまでと考えられる。昼食・休息時間をふくめた労働拘束時間が、一日に四月は一二時間、十二月は九時間半ほどとおもわれる。四月は長く、十二月は富岡製糸場とほぼおなじにおもえる。

製糸工女の給料は、日々に繰る生糸の「量目」を工女の力量で一五匁、三〇匁、四五匁の三つに分け、揚枠工程で検査して六等級の日給をきめ、月給は二七日分としている。一日三〇匁の生糸を繰る工女の月給額は、海沼がしめしている米価とくらべると、一等三円五五銭は米六斗三合五勺、六等九五銭三厘は米およそ一斗六升二合となる。この給料を、米・味噌・溜り（醤油）・石炭・薪の値段をみてきめるとし、生活費と月給をかかわらせている海沼の発想は、労働を生活とむすびつけている点で注目される。

(3) 海沼房太郎の生糸改め問題と東筑摩郡本條村製糸場への参画

一八八二（明治十五）年五月三十日、一八八〇年三月に長野県内製糸業者たちが厚誼をむすび協力・進歩の功をうみだすために組織した友誼社（会頭高橋平四郎〈北佐久郡小諸町〉、副会頭長谷川範七〈下伊那郡喬木村〉）の社長鷹野正雄（長野県官吏）など三二人は、長野県令大野誠に長野県産の生糸が粗製乱造を繰り返しているので、県庁の「保護」のもとに生糸改所をつくるよう請願した。この請願者のなかに、東筑摩郡深志町太田平右衛門代の海沼房太郎や埴科郡西條村の大里忠一郎がいた。

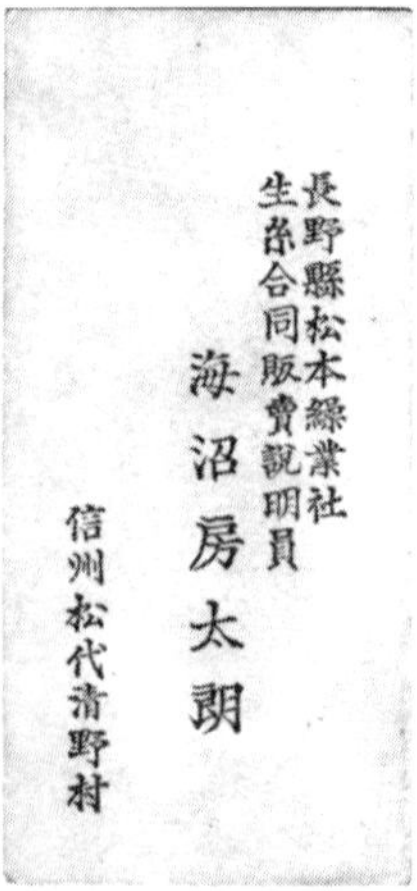

海沼房太郎の名刺　房太朗と朗の字を使っているが、戸籍上は郎

請願の内容は、数年前はもっぱら座繰生糸の提糸のみで粗製濫造がおおく、器械製糸はわずかであったこと、しかし器械製糸が隆盛になり提糸はすくなくなったが、器械製糸による生糸と称して座繰製糸の生糸を揚返しによって偽造・濫製したものがはなはだおおくなったことを指摘し、その矯正策を県庁の保護で実施してほしいとするものであっ

た。具体策をみると、各郡に改所を一つずつ、出張所は下高井と下水内をのぞき二一もうけること、海外輸出用・国内用を問わず、生糸の捻造・島田造・鉄砲造のすべてについて、一個のうち一繰りないし二繰りの生糸を、試験器で精密検査し、合格した生糸に改めの証として製造家発行の商標や量目紙に改め印を押し、検査人の名印をくわえるなどを提案した。改め手数料もきめている。

海沼房太郎が代りをつとめた太田平右衛門は、一八八三年十二月に東筑摩郡本條村で製糸場を経営していた。八一年七月に資本金二四〇〇円で起業し、五〇人繰り、工男五人・工女三五人の蒸気器械製糸場であった。糸枠の運転は水力により、生糸は揚返し、生糸年間一〇〇貫の代価は三五四八円、その経費は一〇四五円、一〇三円の純益をあげていた。五〇人繰りであるのに実際の工女数が三五人であったのは、フル稼働していなかったのであろう（前掲『信濃蚕糸業史　下巻』六〇六頁）。

海沼房太郎を太田が招いて八一年七月にあらたな起業をおこなったとおもわれるが、それ以前の実態はきわめてちいさかった。一八七六（明治九）年の『本條村誌』には、「製糸場　竹ノ下に七人取の器械あり、村の辰の方字竹ノ下にあり、坪数十四坪」、物産の製造物には「生糸　質中品、出来高百二十二貫百六十二匁余　長野県下上田辺の商人に売渡す」とある（前掲『長野県町村誌　南信篇』）。明治天皇松本巡幸のあった一八八〇年六月に調査した製糸家一覧では、一八七四年七月の開業で、男一人・女七人を雇い、水力による六人《（ママ）》繰り製糸場で、「益盛業」に向かうとあるものの、一年間の製造高は七五斤であった（同前　五五〇頁）。

海沼の参画で、太田平右衛門の器械製糸場は、格段の規模拡大と経営安定がもたらされたことがわかる。

二　富岡製糸場への松代工女出迎えと帰路の出来事

1　横田数馬の西條村製糸場設立へのかかわり

横田数馬は、西條村製糸場の経営にはかかわらなかった。だが、西條村製糸場の創立に長野県官吏の立場から関心をもちつづけた。前掲『信濃蚕糸業史　下巻』は、松代地域にもっとも適した産業として製糸業をえらび、西條村製糸場設立に尽力した識者に横田数馬をあげた。横田が、一六人の伝習工女を松代から富岡製糸場に派遣するため、娘英の入場を率先してきめ、蒸気器械製糸場を松代に導入できる技術者養成のため海沼房太郎など三人の工男が入場できる条件を整備したことを評価している。

長野県官吏となり警察部にもっぱらつとめるようになった横田のもとに、松代士族で西條村製糸場創立のさいに同盟人となった岸田総雄、富岡に工男として入場した大塚直之進（のち広と改名）などが、警察職員としていっしょに働いた。

横田は、一八七六(明治九)年一月に長野県四等警部になったが、製糸業への関心をもちつづけた。設立・開業した西條村製糸場が、士族授産で長野県勧業委託金八一七円の貸与をうけ、貯繭倉庫・揚返し場をつくった時期にあたる同年三月三日、横田文太郎・海沼房太郎が長野町の数馬の住まいをおとずれている。三月十七日から五月二十九日まで、数馬は長野県警察部岩村田出張所に出仕し佐久郡内で仕事をする。そのときには、海沼が同行し、横田の命で前山村・中込村などで奔走している。

横田数馬をはじめとする一行が長野町から岩村田へ赴任する途中、三月二十六日には小諸の丸万製糸場を見学している。越えて、六月十日には岩村田から長野町へ勤務地が代わると、松代に一時帰宅した数馬は、金井楳雄や海沼房太郎と会い、翌十一日には西條村白鳥神社に詣で、西條村製糸場に寄っている。

一八七七年一月十三日、数馬は長野県八等警部に任命された。その前日、静岡県駿東郡新橋村の高橋太一郎が生糸のことで数馬を訪れると、十三日の忙しいなか、「添書西條製糸場へ遣ス」と日記に書きのこしている。西條村製糸場が定着させた松代型富岡式蒸気器械製糸技術を県外に紹介する労を惜しまなかったのである(前掲上條宏之「富岡式蒸気器械製糸技術を地域移転した長野県西條村製糸場」)。

なによりも、横田数馬は、西條村製糸場設立以前には、富岡製糸場とりわけ尾高惇忠所長と折衝する窓口となった。殖産興業とのかかわりを、家訓のようにした横田家のあり方も意識していたとおもわれる。娘英を工女とし、海沼房太郎を工男として富岡製糸場に送り込み、みずからも同製糸場を訪問し、尾高所長とも懇談している。

数馬は、富岡で蒸気器械製糸技術を伝習し終えた工女たちの出迎えに、前年三月末の工女入場のときも引率を主導した金井惙雄（工女金井志んの兄）に、長野町の官舎から手紙を出した。「万端然るべく御取計らい」を願った、つぎのような内容であった。

松代工女富岡退場について横田数馬の金井惙雄宛手紙―明治七年七月三日

此間中失敬し恐入候。

扨弥、御出場（注：富岡製糸場から工女たちが松代へ帰ること）ニ相成候由、昨夜松代ヨリ報知有之候。此度ハ誠ニ以御苦労千万と謝上候。万端可然御取計を願候。尾高氏へも申遣置候間、同氏モヨリ御掛合可然候。

右之御積りにて御取計に願候。御出張の方々（注：松代から工女の縁者として金井のほか、小林亀治、長谷川正治、長谷川藤右衛門、製糸場関係で宇敷則秀と海沼房太郎が出迎えに赴いた）へ宜ク願候。

尚、帰国の上事々可相伺候。一寸御依頼迄。早々頓首

（明治七年）七月三日出　数馬

かない惙雄様

尚、道中向荷物之義は、貴君多々御取計無之テハ不相叶、是以宜ク願候。

七月二日に金井たちが富岡へ旅立ったことを、その夜に松代代官町の自宅にいた妻亀代から知らされ、苦労をかける金井に、礼をいい、万端然るべくお取り計らいをと願ったものである。西條村製糸場や工女の家族たちが出かけることも承知していて、その人びとへも宜しくと書いている。西條村数馬がこの手紙を書いたときには、金井はすでに旅立っていた。この手紙を読まずに出立したとおもわれる。

2　金井惞雄たちが富岡へ松代伝習工女を迎えに行く

金井惞雄は、一八七四（明治七）年七月に富岡伝習工女一四人の出迎えに、松代を旅立った。この旅行の記録は、つぎにみる『明治七年七月二日　私費日記　惞雄　扣』（以下『私費日記』と略す）など、入場時の『諸雑記』より整った諸事実を書きのこしている。

まず、往路の全体の動きが、つぎの記録でわかる。

記

［明治七年七月］

二日

一　六銭弐厘五毛　中原村茶屋（注：中原村は現上田市真田町本原）

一　弐拾七銭五厘　小諸昼飯料

三日

一　拾五銭五厘五毛　軽井沢迄人力車

一　弐拾九銭　追分宿料

一　拾弐銭五厘　同所茶代

一　六銭弐厘五毛　峠中茶屋餅代

一　壱銭六厘　茶代

一　壱銭　わらじ

一　弐拾銭七厘五毛　坂本ゟ松井田迄人力車

一　拾銭　松井田昼飯料

一　三拾三銭七厘五毛　松井田ゟ富岡迄人力車

一　八百文　煙草

一　壱円也　菓子折弐つ

一　壱円八拾四銭五厘　横田へ払（注：横田は英）

一　四銭　水引

四日

一　弐銭　ノシ

一　八拾七銭五厘　新へ渡ス（注：新は金井志ん）

一　九拾二銭二厘五毛　塚田・小林ト横田へ払（注：塚田栄、小林高・秋姉妹、横田英）

一　弐銭　風呂敷一つ

一　四銭　小林貸（注：小林は岩の父小林亀治）

五日

一　拾弐銭五厘　菓子

一　八円五拾銭　新　借金

一　壱円弐拾五銭　工女方へ御礼

一　六銭五厘五毛　タンサン

一　拾六銭二厘五毛　菓子

七日

一　拾三銭　下駄一足

一　四銭　アンマ

富岡までの旅は速かった。七月二日に松代を出発し、一泊二日で富岡に着いた。軽井沢まで人

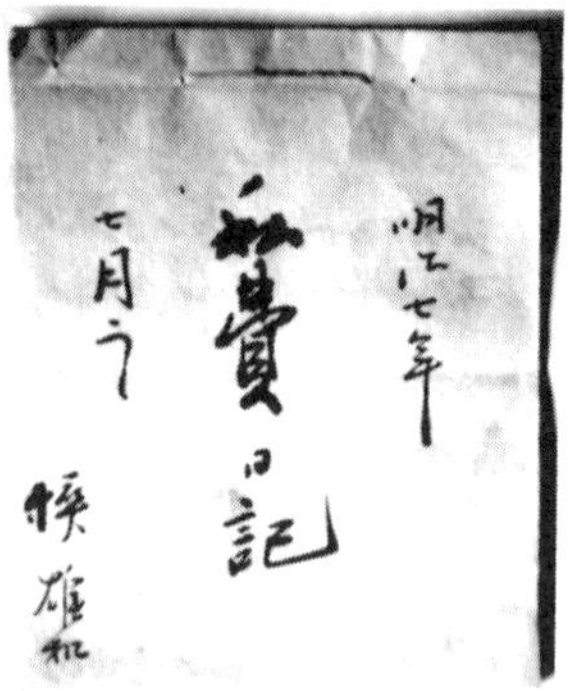

金井の『私費日記』

力車を使い、追分で一泊。追分・軽井沢間も人力車を利用。碓氷峠はわらじで下り、坂本～松井田、松井田～富岡のあいだも人力車を活用した。昼飯は小諸・松井田の二回であった。碓氷峠の茶屋で力餅をたべたのは、前年の工女入場のときとおなじであった。

富岡に着いた金井たちは、七月三日～六日を、富岡製糸場と工女たちの退場諸手続きにあてた。いっしょに富岡に赴いたとおもわれる西條村製糸場の宇敷則秀も、工女退場について富岡製糸場との折衝にあたった。金井たちは、工女たちの家族として、工女たちが工場内の呉服店などに未払いだった借金の支払いが、金銭面でたいへんであった（前述）。

金井志んには八円五〇銭の借金があり、体調がよくなくほとんど働けなかった志んが受けとった富岡製糸場最後の六月分給料一円二銭一厘の八・三倍＝八か月分以上の金額にのぼった。

『私費日記』の記載から、工女の塚田栄、小林高・秋姉妹、横田英の家族は、富岡まで迎えに行かなかったので、金井が預かってきた金銭を四人に渡し、それが「払」としるされたことがわかる。菓子折、菓子、水引・ノシ、「工女方へ御礼」は、尾高や工女たちなど富岡製糸場への礼であろう（『私費日記』の「壱円也　菓子折弐つ」「拾弐銭五厘　菓子」「壱円弐拾五銭　工女方へ御礼」「拾六銭弐厘五毛」）。

松代工女たちが、富岡製糸場退場にあたって対処した事ごとは、第五章の終りでみた。金井志んが体調不良で、しかも胃の調子が悪かったもようで、兄慷雄は五日に「タンサン」を、七日に志んが帰りに履く下駄一足を買い、按摩を頼んだと推察される。

英は、つき合った各地から来ていた工女が比較的おおく、涙の別れとなった。とくに静岡から入場していた今井けいとの別れはつらかった。涙ばかりこぼしていた今井けいは、富岡製糸場の前庭に植えてあったとおもわれる白桃の木の小枝を取ってきて英の髪にさし、「暑気にあたらぬまじない」だから帰路の道中さして行ってと、言葉をそえた（『富岡日記』「白桃の枝といとま乞」）。

今井けいについては、市原正恵「静岡藩の女たち」が、富岡製糸場で糸取りの腕の良かった伝習工女であったと、『富岡日記』の記述にもとづきふれている。しかし、今井けいの身元などのわかる史料がないようで、実像はあきらかにされていない（田村貞雄編『徳川慶喜と幕臣たち　十万人静岡移住その後』静岡新聞社出版局　一九九八年。一二二頁）。

3　松代工女たちの高崎まわりの帰路と支出した諸費用

金井慷雄は、『私費日記』のほかに、帰路に同行した工女全員、西條村製糸場経営者の宇敷則秀をのぞき、富岡まで出迎えに来た工女の家族全員が共通に帰路に支出した費用をしるした『明治七甲戌年第九月　富岡旅費調帳』（以下『富岡旅費調帳』と略す）を作成した。

富岡から松代への帰路は、金井の『富岡旅費調帳』によって、帰路の出来事と出費の概要がわかる。
まず帰路に、どこに泊まり、いくら払ったかが、つぎの「宿料」の記載からわかる。全体の日程は、七月六日泊の富岡をのぞき、七月七日から十二日までの五泊六日であったことがわかる。

記

宿料
七月七日
一　四円八拾三銭五厘　　富岡宿　一
同八日
一　壱円六拾六銭八厘七毛　　高崎宿　二
一　壱円四拾銭弐厘五毛　　同宿越後屋夕飯料　二
同九日
一　弐円七拾五銭五厘　　松井田宿　三
同十日
一　弐円六拾壱銭　　軽井沢宿　四
同十一日
一　弐円六拾壱銭　　田中宿　五

同十二日
一　弐円七拾五銭五厘　　　　下戸倉宿　六
小以拾八円六拾三銭六厘弐毛五才
　内三、四、五日分
　　　壱円弐拾八銭　八人割
　差引　拾七円三拾五銭六厘弐毛五才
一日拾壱人別　壱人分　拾五銭六厘三毛七才

帰路の宿泊は、富岡製糸場を退場した六日には旅立たず、富岡に一日いて一泊。そののち、高崎、松井田、軽井沢、田中、下戸倉と五泊する、ゆとりをもたせた旅となった。工女のなかに体調を崩した金井志んなどがいたことも、一因に考えられる。なお、下戸倉での宿泊のあと、矢代の元本陣柿崎に寄って、工女たちの体制をととのえて松代に帰っている。

まず七月六日は、松代工女たちは富岡の見納めにそれぞれ町内を遊歩し、夜は青木屋で泊まった。七日に富岡を出発し、人力車を連ねて高崎に出た。

英の回想録には、西條村製糸場を代表して富岡をおとずれた宇敷則秀（天保十三〈一八四二〉年三月生まれ　このとき三十二歳。妻みね　水内郡長野東町医青山仲庵二女　嘉永三〈一八五〇〉年九月生まれ）が、尾高惇忠の松代工女への褒詞もあり、「実は東京見物でもさせて上げる積りなりしが、思ひよらぬ皆様のお買がかりの為め」に金子が足りなくなった、「せめては高崎でも見物さして上げる」といい、高崎まわりで松代へ帰ることとなったとある（『富岡日記』「富岡町出発並に高崎見物より道中」）。松代工女たちは、高崎で越後屋に泊まった。金井の記録に、夕食料がべつに書き上げられているのは、富岡製糸場へ入場したことがあった英たちの知人が訪れたためかとおもわれる。

高崎ののちは、ゆっくりと、松井田、軽井沢、田中、下戸倉と四泊し、富岡泊もふくめた六泊目は下戸倉であった。松代の直前といってよい下戸倉での宿泊は、ここで工女たちは服装を統一、勢ぞろいして人力車を連ねて松代にはいるためであった（後述）。

帰路のなかで、高崎での英の記述は重要である。高崎では「同地の知人（富岡に出て居た工女にて帰宅した人々）も幾人か宿屋へ尋ね呉れまして、同地にて糸を繰り居る所も見に参りましたが、皆七輪で炭火でありました」と英は書いている。

この書の「はじめに」で触れた群馬県内の近代製糸業にみられるパラドックス―富岡蒸気器械製糸場のある群馬県内では蒸気器械製糸場ではなく座繰製糸場→改良座繰製糸場が卓越し主流となる―が、この英の見聞から垣間みられる。古島敏雄『資本制生産の発展と地主制』（お茶の水書房　一九六三年）は、一八七九（明治十二）年に群馬県生糸改良会社がつくられ、全県的に座繰製糸改良の努力がおこなわれたことを指摘している。前橋製糸場・富岡製糸場の影響は皆無ではなかったが、近世製糸業の先駆けとなった群馬・福島・埼玉などは座繰製糸中心で、輸出対策に揚返し工場をもうけ、生糸包装の改良をする方向をとり、生糸生産高は依然としておおかった（二七七

〜二八八頁)。

松浦利隆『在来技術回廊の支えた近代化　富岡製糸場のパラドックスを超えて』(前掲)があきらかにしたように、改良座繰の方向は群馬県内近代製糸業に独自な発展をもたらした。それは、富岡製糸場とならぶ「絹産業遺産群」を創りだし、近代産業世界遺産への道をひらくことになる。

英たちは、高崎で高崎鎮台の兵営なども見た。

金井の『私費日記』によると、金井は高崎で、志んのために着物の下に着る襟をつけるシャツ(肌着)二枚を買っている。英の回想録では、富岡を出たときは雨降りであったが、高崎では晴れたとあるので、暑気払いに団扇五本を購入している。暑気に弱い工女たちにもたせたとおもわれる。『私費日記』のそののちの記録は、つぎのように金井兄妹の出費であった。高崎で写真を撮り、小諸では「中島へ茶進物」と知人宅に寄る余裕をとった。

『私費日記』続き
八日
一　九拾壱銭五厘　シャツ　エリ共弐枚
一　六銭弐厘五毛　写真
一　弐拾五銭　うちは五本
九日

一　弐銭五厘　　　　　　　ゆず
十日
一　弐拾五銭五厘　　　　小諸中島へ茶進物
一　壱銭　　　　　　　　煙草
十二日
一　弐拾銭七厘五毛　　　かさ一本
一　八百文　　　　　　　煙草
〆拾八円四拾壱銭五厘

金井の『私費日記』は、金井個人の富岡往復の出費が一八円四一銭五厘であったと〆をおこなっている。そのなかで、富岡製糸場内呉服店・小間物店の借金八円五〇銭は大きかった。最後の十二日に「かさ一本」があるのは、矢代から松代へ人力車に乗った志んが、顔を隠すのに使ったものであろう（後述）。

英は、高崎以降の旅の出来事を、回想録でつぎのようにしるした。

一　高崎のつぎ、坂本、軽井沢、田中、坂城と宿泊したように記憶する。宇敷は、旅費が不足するだろうと、高崎から金子をもちにゆくと、松代に帰った。

一　田中宿の宿泊は、金子の不足から「見るもいぶせき宿屋」で、隣室には「御嶽行者らしい若者が大勢居り」、宿の人にたのまれ、お給仕に代る代る出た。
一　上田の昼食は「裏通りの一寸した茶屋」で、一同休んでいるあいだに、松代から金子を持参した人を迎えにでた。
一　道中旅費不足のため、宇敷・海沼はもとより、工女も迎えにでた家族も、一同の心配は筆に尽されないほどであった。

この英の記憶の宿泊宿には間違いがある。宿泊は高崎のあと、松井田、軽井沢、田中であった。また、田中宿の宿泊料は、軽井沢宿と同額を支払っている。

いっぽう、同行した工女全員、西條村製糸場経営者の宇敷則秀をのぞき、富岡まで出迎えに来た工女の家族全員が共通に支出した費用をしるした金井の『富岡旅費調帳』の記録には、すでにみた「宿泊料」につづき、七月七日からの昼食料・茶代の支出が、つぎのように書かれている。

『富岡旅費調帳』続き

昼食料

七日

一　九拾銭　　山名村大黒屋（注：山名村は群馬県緑野郡第十四大区第五小区に、木部村と二か村で属した。）

八日
一　壱円六拾銭八厘七毛五　高崎宿　二
九日
一　八拾八銭　碓氷峠下ノ茶屋　三
十日
一　壱円七拾壱銭　小諸宿源氏庵　四
十一日
一　九拾銭　上田宿　五
十二日
一　壱円四拾三銭七厘五毛　矢代宿　六
六日分
一　壱円五拾九銭　富岡宿　一
小以　九円弐銭六厘弐毛五才
内　三拾六銭　六人割
差引
八円六拾六銭六厘弐毛五才

百拾壱人割　壱人分　七銭八厘八才

上田の昼食が、小諸宿源氏庵や矢代宿よりかなり低い。碓氷峠下ノ茶屋の軽い昼食代とおなじくらいになっているのは、英の回想録にある旅費不足が原因であったことをしめすようにおもわれる。

つぎの「茶代」をみると、七日は支払い回数三回で金額計六八銭七厘五毛、八日は六回で一円四一銭五厘、九日は六回で七二銭七厘五毛、十日は四回で六四銭二厘五毛、十一日は二回で五二銭、十二日二回一円五〇銭と推移している。十日から十一日にかけての茶代がもっとも低額となっている。英の記憶のただしさを証明するようである。

『富岡旅費調帳』続き

茶代
七月七日
一　五拾銭　　富岡宿　一
同日
一　拾弐銭五厘　　吉井宿　一
同日

一　六銭弐厘五毛　　同所迄　間之立場茶代　一
八日
一　七拾五銭　　高崎宿　二
同
一　五拾銭　　同所越後屋　二
同
一　弐銭　　茶代　二
同
一　弐銭　　右同断　二
同
一　六銭弐厘五毛　　安中宿　二
同
一　六銭弐厘五毛　　同所ゟ松井田宿間ノ立場　二
九日
一　五拾銭　　松井田宿　三
同
一　六銭弐厘五毛　　碓氷峠武藤茶代　三

同
一　弐銭四厘　　　茶代　三
同
一　壱銭六厘　　　右同断　三
同
一　六銭弐厘五毛　坂本宿　三
同
一　六銭弐厘五毛　松井田ゟ坂本宿迄之間之茶代　三
十日
一　五拾銭　　　　軽井沢宿　四
同
一　銭弐厘五毛　　沓掛宿　四
同
一　壱銭六厘　　　小諸宿ゟ田中之間　四
同
一　六銭四厘　　　追分宿　四
十一日

一　弐銭　小諸大屋村　五
同
一　五拾銭　田中宿　五
十一日
一　六銭八厘　榊宿菓子茶代共　五
十二日
一　壱円　下戸倉宿　六
同
一　五拾銭　矢代宿　六
小以五円五拾六銭五毛
百拾壱人割　壱人分　五銭〇〇九五

なお、富岡から高崎をへて松井田までのあいだは、甘楽川と高崎川の舟銭、碓氷峠にいたるあいだでは橋銭を支払った。この時期、橋を掛けた費用を橋銭でつぐなうことは、長野県内でもよくみられた。

『富岡旅費調帳』続き

橋舟銭
七月七日
一　六銭弐厘五毛　　甘楽川　一
同
一　拾八銭八厘　　舟銭　一
同
一　五銭五厘　　同　一
同
一　拾四銭四厘　　同　一
八日
一　拾弐銭三厘　　同　二
同
一　壱銭弐厘　　同　二
同
一　三銭六厘　　同　二
同
一　拾銭六厘　　高崎川　二

同
一　六銭　　　　　　　舟銭　二
九日
一　六銭三厘六毛　　　橋銭　三
　小以八拾五銭壱毛
　　拾九人割　壱人分　四銭四厘七毛

英の回想録は、英たちの富岡製糸場入場のさいの旅では、人力車がなかったとしるしていた（記憶違い）。しかし、退場時には「僅一ヶ年余りの間に開けまして、もはや人力車が富岡町に沢山ありまして、それに一同乗りました」と書いている。金井の整理した「人力車料」は、つぎに引用する記録でわかるように、帰路は基本的な交通手段として使われたことをあきらかにする。九日、十日には、駕籠も使われている。

『富岡旅費調帳』続き

人力車
七月七日
一　四円拾弐銭五厘　　　富岡宿ゟ吉井迄拾弐　高崎迄通し二挺　一

一　壱円三拾壱銭弐厘五毛　　吉井宿ゟ高崎迄四車　一
八日
一　弐円四銭　　高崎宿ゟ松井田迄四車　二
一　拾八銭七厘五毛　　安中宿ゟ松井田迄一車　二
九日
一　三円七拾五銭　　松井田宿ゟ坂本迄十二車　三
一　九銭六厘　　松井田ゟ坂本迄二車乗廻シ　三
同
一　壱円拾銭　　坂本宿ゟ軽井沢迄　駕籠弐挺　三（注：金井志んほか）
同
一　四銭　　右増賃　三
十日
一　三拾壱銭八厘六毛　　軽井沢ゟ追分迄二車　四
同
一　壱円三拾壱銭四厘　　追分宿ゟ小諸迄六車　四
同
一　五拾壱銭　　小諸宿ゟ田中迄駕籠二挺　四

同
一　八銭　　　　　　　　　　同増　四
十一日
一　四拾銭六厘三毛　　　　　戸倉宿ゟ松代迄一車　矢代宿迄一車　六
同
一　弐円五拾八銭五厘　　　　矢代宿ゟ松代迄拾五車　六
小以拾七円八拾六銭四厘五毛
内
弐円八拾三銭壱厘六毛　　　爽・新二人ゟ引
差引　拾五円三銭三厘三毛
拾四人割　壱人分　壱円七銭三厘八毛〇八

富岡を出立した七月七日は、富岡から吉井まで、工女一四人全員が人力車に乗った。吉井で一二人がいったん降りたが、二人は富岡から高崎まで通しで乗った。体調を崩していた金井志んがその一人であった（後述）。吉井で降りた一二人のうち、四人が高崎まで乗ったことになる。七日の利用人力車は一八台、支払い金額計五円四三銭七厘五毛であった。

八日は、高崎から松井田四車、安中から松井田一車、金額二円二二銭七厘五毛と前日よりすくない。歩いた工女がおおかったのである。九日は、松井田から坂本まで工女一四人がすべて人力車の世話になった。うち二車は「乗り廻し」であった。皆といっしょのコースをはずれたこともあったのであろうか。金額は三円八四銭六厘であった。この日、碓氷峠を駕籠で越えた二人がいて、坂本から軽井沢まで二挺、金額一円一四銭であった。

軽井沢から小諸をへて田中までの十日は、基本は歩きであった。ただ軽井沢から追分をへて小諸までは二人が人力車につづけて乗り、追分から小諸まで、あらたに四人が歩きから人力車利用となった。小諸から田中は一二人が歩いたが、二人が駕籠に乗っている。体調の悪い工女が、金井志ん以外にもう一人いた可能性がある。十日の人力車料は八台、一円六三銭二厘六毛、駕籠二挺が五九銭となった。

十一日は下戸倉宿となったが、戸倉から人力車を二台利用している。一台は戸倉から松代まで。これは、海沼房太郎が松代に報告に帰るために使ったものである。一台は戸倉から矢代宿までで、やはり病人の金井志んであろう。

工女の人力車料は、金井志んが特別におおいほかは、全員おなじ金額を振り分けられている。また付添いの家族は、金井懐雄が六日からの帰路に人力車料を三九銭一厘四毛、海沼房太郎が七日から一円七銭三厘八毛〇八（金井志ん以外の工女と同額）を支払っている（後掲『明治七年甲戌年第九月　富岡旅費振分帳』）。したがって、この金井の一部利用のほかは、工女たちと海沼が代わるがわる乗ったと考えられる。

十二日、一行は前夜宿泊した下戸倉で、お茶の時間をゆっくりとっている（茶代一円）。そのあと、矢代の本陣柿崎にうつった。そこで昼食をとり、全員で身なりをととのえて松代に人力車を連ねて帰ることとなる（後述）。

つぎに「駄賃」をみると、工女たちの荷物を運ぶことが主であったとおもわれる。馬の駄賃が、継続して必要であった。「細引」は、荷物を馬の背に固定するためとおもわれる。「琉球蓙《りゆうきゆうござ》」は、荷物を覆ったのであろう。

坂本から軽井沢までの碓氷峠の登りは、駄賃がとくに高い。軽井沢から沓掛まで馬四疋は、碓氷峠登りで疲れる馬対策であったともおもわれる。沓掛から小諸までの二疋の駄賃が高くなっているのが、軽井沢から沓掛までの四疋分の荷物を乗せ換えたためのようにおもわれるからである。

『富岡旅費調帳』続き

駄賃

七日

一　六拾銭　　　　富岡宿高崎迄壱疋　一

一　五銭　　　　　細引壱筋　一

一　三拾六銭　　　富岡宿松井田迄之壱疋　一

八日

一　弐拾六銭壱厘　　　　高崎宿ゟ安中迄壱疋　二
七日分
一　壱銭六厘　　　　　　荷札三枚　一
八日
一　拾三銭　　　　　　　琉球蓙壱枚　二
八日
一　四銭　　　　　　　　細引壱筋　二
九日
一　三拾六銭　　　　　　松井田宿ゟ坂本迄二疋　三
八日分
一　拾八銭　　　　　　　安中宿ゟ松井田迄一疋　二
九日
一　八拾三銭弐厘　　　　坂本宿ゟ軽井沢迄二疋　三
十日
一　三拾弐銭弐厘八毛　　軽井沢宿ゟ沓掛迄四疋　四
一　五拾九銭六厘　　　　沓掛宿ゟ小諸迄二疋　四
一　三拾弐銭　　　　　　小諸宿ゟ田中迄二疋　四

十一日
一　三拾弐銭　　田中宿ゟ上田迄二疋　五
同
一　四拾銭五厘弐毛　　上田宿ゟ榊迄二疋　五
同
一　弐拾銭　　榊宿ゟ戸倉迄二疋　五
十二日
一　弐拾銭　　戸倉宿ゟ矢代迄二疋　六
同
一　三拾弐銭四厘　　矢代宿ゟ松代迄二疋　六
小以五円五拾壱銭七厘
拾四人割　壱人分　三拾九銭四厘〇七

また、「諸雑費」をみると、工女たちは、下駄を一〇足、富岡から高崎までのあいだに利用した。碓氷峠の登りには、工女一二人がわらじに履き替えた。そののちも、わらじを履いて歩き、十日、十一日に合せて一〇人が、あたらしいわらじに履き替えている。なかに、「軽井沢鏡損料」という特殊な出費があるのは、宿で、工女たち皆が使っていて、鏡がこわれる出来事があったのであろう。一四人全員で損料を負担している。

『富岡旅費調帳』続き

諸雑費

七日

一　壱円弐拾銭　　下駄拾足　一

九日

一　拾壱銭弐厘　　わらじ八足　三（注：碓氷峠を登る）

九日

一　五銭六厘　　同四足　三

同

一　拾銭　　軽井沢鏡損料　三

十日

一　八銭弐厘　　わらじ七足　四

十一日

一　三銭六厘　　同三足　五

小以壱円五拾八銭六厘

十四人割　壱人分　拾壱銭三厘弐毛七九

惣分　金五拾九円四銭壱厘

帰路の工女全員分の総出費は、五九円〇四銭一厘であった。

項目別にみてきた『富岡旅費調帳』とべつに、金井は、工女・付き添い家族の全員に、帰路に出費した全金額を振り分けた『明治七年甲戌年第九月　富岡旅費振分帳』（以下『富岡旅費振分帳』と略す）を作成している。

工女一四人については、富岡製糸場を退場した六日からの六宿料、おなじ六日からの七昼食・茶代・橋舟賃、七日の富岡出立以後の人力車・駄賃・雑費の三つにわけた出費が項目別に振りわけられた。「金井新」をのぞき一人あたり三円三三銭三厘一毛三八ずつであった。

この個人への振り分けは、「横田栄《（英）》・和田初・酒井民・春日蝶・長谷川濱・小林高・小林秋・小林岩・米山嶋・宮坂志那・東井留・福井蝶《（亀）》・塚田栄」の順に一人ひとりずつしるされている。

つぎにかかげる「横田栄」分から、まったくおなじく、つぎのように項目別に書かれているのである。一人三円三三銭三厘一毛三八の支出となった。

記

横田　栄《（ママ）》（注：英が正しい）

六日ゟ十一日迄

一　九拾三銭八厘弐毛弐才　六宿料

六日ゟ十二日迄

一　四拾六銭八厘四毛八才　七昼食

一　三拾銭五毛七　茶代

一　四銭四厘七毛　橋舟賃

七日ゟ

一　壱円七銭三厘八毛〇八　人力車

一　三拾九銭四厘〇七　駄賃

一　拾壱銭三厘弐毛九　雑費

〆　三円三拾三銭三厘壱毛三八

一人だけ個人負担がおおかった「金井新」は、和田初のつぎ、三番目に書かれている。人力車代が、ひとりだけおおく、二・三倍ほどになっている。体調が悪く、人力車に乗る距離が長かったのである。さきにみた「人力車料」の富岡から吉井をへて高崎まで通しの二台のひとつは金井志んが乗っていたものにちがいない。碓氷峠を歩いて登ることができず、乗った駕籠代もはいっている可能性がある。

『富岡旅費振分帳』続き

金井　新

六日十一日迄

一　九拾三銭八厘弐毛弐才　　六宿料

六日ゟ十二日迄

一　四拾六銭八厘四毛八才　　七昼食

一　三拾銭五毛七　　茶代

一　四銭四厘七毛　　橋舟賃

七日ゟ

一　弐円四拾四銭弐毛　　人力車

一　三拾九銭四厘〇七　　駄賃

一　拾壱銭三厘弐毛九　　雑費

〆　四円六拾九銭九厘五毛三

六宿料は、すでにみたように富岡、高崎、松井田、軽井沢、田中、下戸倉であった。

いっぽう、工女付添いの人びとについては、富岡滞在中の七月三日からの費用もくわえている。

『富岡旅費振分帳』から、つぎのようなことがわかる。

まず、金井惤雄と小林亀治は、七月三、四、五日に、富岡製糸場から工女たちが退場する手続きに立ち会った。工女たちの退場にあたっての必要な時間をいっしょに過ごしたのである。尾高惇忠たちに礼をし、工女たちにも礼をした。そのさいの出費は、工女家族の代表として共通費用にみとめられたのである。

『富岡旅費振分帳』続き

金井　惤雄

七月三、四、五日

一　四拾八銭　富岡三宿料

六日ゟ十一日夜迄

一　九拾三銭八厘弐毛弐才　六宿料

四、五日

一　拾弐銭　富岡昼飯

一　四拾六銭八厘四毛八才　七昼飯

六日ゟ

一　三拾銭五毛七　茶代

一　四銭四厘七毛　　橋舟賃
一　三拾九銭壱厘四毛　　人力車
〆　弐円七拾四銭三厘三毛七
小林　亀治
七月三、四、五日
一　四拾八銭　　富岡三宿料
六日ゟ十一日迄
一　九拾三銭八厘弐毛弐才　　六宿料
四、五日
一　拾弐銭　　富岡昼食
六日ゟ
一　四拾六銭八厘四毛八才　　七昼食
六日ゟ
一　三拾銭五毛七　　茶代
一　四銭四厘七毛　　橋舟賃
〆　弐円三拾五銭壱厘九毛七

長谷川藤左衛門と正治（工女長谷川濱の父・兄と推定）は、七月五日の昼からいっしょになった。ただ、藤左衛門は七月九日に軽井沢あたりで別れて松代に帰ったとおもわれる。

六日からは海沼房太郎がくわわり、十一日まで同行した。海沼は、工女たちより一日早く松代に人力車で帰った。翌十二日の準備を、西條村製糸場の経営者たちと打ちあわせるためとおもわれる。

『富岡旅費振分帳』続き

長谷川　正治

七月五日

一　拾六銭　富岡一宿料

六日ゟ十一日迄

一　九拾三銭八厘弐毛弐才　六宿料

五日

一　六銭　富岡一昼食

六日ゟ十二日迄

一　四拾六銭八厘四毛八才　七昼飯

六日ゟ

一　三拾銭五毛七　茶代

一　四銭四厘七毛　　　　　　　　　　　　　橋舟賃
〆　壱円九拾七銭壱厘九毛七
長谷川藤左エ門
七月五日
一　拾六銭　　　　　　　　　　　　　　　富岡一宿料
六日ゟ
一　六拾弐銭五厘四毛八　　　　　　　　　四宿料
五日
一　六銭　　　　　　　　　　　　　　　　富岡昼飯
六日ゟ
一　三拾壱銭三厘三毛弐才　　　　　　　　四昼食
六日ゟ
一　弐拾銭三毛八　　　　　　　　　　　　茶代
一　四銭四厘七毛　　　　　　　　　　　　橋舟賃
〆　壱円四拾銭弐厘八毛八
海沼　房太郎（注：七日に長谷川藤左衛門に代る）
七月七日ゟ十一日迄

一　七拾八銭壱厘八毛五　　五宿料
一　三拾九銭四毛　　五昼食
六日〻
一　弐拾五銭四毛七　　茶代
一　四銭四厘七毛　　橋舟賃
七日〻
一　壱円七銭三厘八毛〇八　　人力車
〆　弐円五拾四銭一厘弐毛二八
惣〆　金五拾九円四銭九毛四二

4　工女一四人勢ぞろいして人力車を連ねて松代に着く

工女たちは、いよいよ松代に着く七月十二日朝を迎えた。前夜宿泊した下戸倉の宿でお茶をすませ、矢代宿本陣の柿崎にうつった。そこで工女たちは昼食をとった（家族では長谷川正治だけが参加）。そのあと、工女たちは、矢代宿が用意した沸かし湯に銘々はいって髪を結った。上手に髪を結える人が幾人も髪を結ってやり、富岡仕込みの厚化粧をした。

工女たちの服装は、それぞれの松代の家から衣類・帯などが本陣についていたが、そのばらばらな服装では、一行としてはうまく揃わなかった。そこで、英が提案し、富岡でこしらえた唐縮縕に友禅の帯をしめる、おなじ仕着せで統一することにした（『富岡日記』「仕度」）。

宇敷則秀と岸田総雄が、西條村製糸場から乗馬で矢代の柿崎に来て、支度をはやくして松代へ向かうようにうながした結果、ようやく準備がととのい、松代工女たち一四人は、矢代本陣柿崎から行列を組んで松代に向かう。行列の順番は、宇敷と海沼房太郎の指図によった。

英の回想録には、「一行一四人に付添人三名都合十七名車に乗りました」、工女の順番は、宇敷則秀が「尾高様よりの御指図だから」と、第一番に横田英、第二番に和田初、第三番に小林高、第四番に酒井民、そのあとにほかの工女がつゞいたとある（『富岡日記』「行列順」）。

しかし、金井の『富岡旅費調帳』には、「弐円五拾八銭五厘　矢代宿ゟ松代迄拾五車」とある。工女一四人が揃っていたとすれば、付添いは一人となる。いっしょに旅をしてきた工女の家族で、七月十二日に人力車料を払った人はいない（『富岡旅費振分帳』）。西條村製糸場からきた宇敷則秀が、付添ったのではなかったかと推測される。

矢代から松代への人力車の行列について、英はつぎのように回想している。
一　人力車の一〇台以上の行列はこれまでないと、「家に居る人は駆出す、道を行く人は止る、畑に居る者は鍬を棄てて駆付け見て居る」、「十四名揃ひの衣服で同じ年頃の者が揃って居る」出来事が珍しかったからであった。
一　英は先頭の人力車に乗り、和田初より先であることに「姑（注：和田盛治の母りう）の思はく、姉の心中、後来の事など思ひ巡らし、泣出したい位」であったが、松代が近づき、道の「両側に人垣を築きましたやうに」なると、「心配がすっかり」変った。

一　富岡で「業を卒へて帰国致し、創業の製糸場へ参りましても、機械其の他は富岡のやうに出来て居りますれば何も差支へもなけれども、何を申すも政府の御力で立てて居ります所と、其の頃の人民の力で致す事、万一成功致さぬ時は、私共は世間の人から何と申されませう」という心配が増していった。

一　人力車が、土口に着くと「清野村の側に元方一同の方々が皆羽織・袴の礼服で出迎ひに出て居られ」、行列は当初は戸長役場のあった松代学校へ着く予定であったが、時間が遅くなったので、代官町の横田家に変更して到着した。工女たちはすこし休息して銘々自宅へ引き取られた。

英は、松代の身分制社会に帰ってきて、その社会のしきたりをまず気にした。しかし、富岡製糸場での伝習の意味、人民の力で創られた西條村製糸場でのこれからの仕事＝製糸業での働き方が、元方＝経営者たちの礼服による出迎えをうけ、心配事となってクローズ・アップされてきたと書いている。横田家には、両親の数馬・亀代、姉の寿、弟たちと妹たち、そのほか親族・知己の人びとが英を待ちうけていた。

いよいよ英は、松代地域から須坂町・長野県にひろがる地域蒸気器械製糸業の導入・定着のために本格的に取組むスタート・ラインに立った。ここまでが、『富岡日記』の誕生にかかわる歴史的世界の実像となる。

『富岡後記』の世界が、つぎに展開することになる。そこではまず、富岡伝習工女の役割が、富岡式蒸気器械製糸技術の意義をじゅうぶん理解していなかった西條村製糸場の経営者より大きかった、といってもよいであろう。それらは、べつに再耕して書物にまとめたい。

あとがき

上條宏之

わたしの民衆史再耕シリーズの第二冊目は、大きくいえば信濃蚕糸業史の研究分野にあたる和田英『富岡日記』にかかわる書物とした。

わたしは、母校松本深志高校の教員に就いて、はじめての著書に『富岡日記　富岡入場略記・六工社創立記』をまとめた。二十九歳のときであった。これには、東京法令出版株式会社にいた竹内薫平さんとの出会いが大切なきっかけとしてあった。高校生のとき尊敬する高校長であった岡田甫先生が、退職後に東京法令顧問として温顔で対応してくださったことも忘れられない。わたしは、『『富岡日記』の誕生』と題したこの本を、信濃近代蚕糸業史も視野に入れながら、民衆史のなかの近代女性史研究の一つのつもりで書きあげた。

わたしの最初の民衆史への具体的出会いは、高校生のときの木曽路調査であった。だが、学問として民衆史研究を、いわば仕事としてめざすつもりになったのは、いまにしておもえば、東京教育大学日本史学専攻にはいって、担任が和歌森太郎教授であったことが影響した。民俗学と歴史学との架橋を志されていた学問への対し方を、高校生のとき知って、進学先をきめる一因としたところ、さいわい入学できた。大学には、家永三郎・芳賀幸四郎・津田秀夫・西山松之助など多彩な研究分野の優れた先生方がおられた。そのなかで、学部四年間の担任が和歌森先生であったことは、わたしの歴史の見方に関係したとおもう。

しかしわたしが、当時「地方史」といわれていた場に、そののちの自分の居所をきめ、「女性史」にかかわる研究分野の書物を最初にまとめたのは、大学へはいった一九五四（昭和二十九）年の十一月に購読した岩波新書、林屋辰三郎著『歌舞伎以前』の影響によったと言いきっていいようにおもう。

当時は新書といえば岩波新書であった。わたしの教養は、専攻二〇人のなかに四人の個性豊かな女性をふくむ友人たちや先輩たちとのコミュニケーションをとおして鍛えられたが、大学のそとでは岩波新書で培われたようにさえおもう。

歴史学にかかわるわたしの基本的考えは、岩波新書で民衆芸能をとりあげた『歌舞伎以前』の「序章　歴史・生活・芸能」で、歴史研究のあるべき要点に、「歴史は科学的なものでなければならないこと、歴史は民衆の立場にたって考えねばならないこと」のふたつをあげ、さらに「三つのよりどころ」に、「地方史研究」「部落史の研究」「女性史の研究」を挙げた林屋さんの歴史観に、心から打たれ、共感をおぼえて形成されたからであった。林屋さんには、和歌森教授に引率された学部四年の関西実地演習旅行で、京都でお会いする機会があった。

林屋さんは、つぎのように書いていた。

わたくしは、新しい日本の歴史がここにのべたような地方・部落・女性という、もし国家、社会をピラミッド型にたとえるならば、横のひろがり、縦のふかさ、さらに裏がわにまわって明らかにされねばならぬと思う。その頂点や中腹から見下したくらいでは、日本全体の歴史はとうていながめつくせるものではない。

学習文庫版『富岡日記』の編集過程で、横田英の富岡製糸場糸繰り工程の最初の師が被差別部落の出身女性であったことを削除したことは、歴史の真実から目をそらしたものと、わたしの現在的関心から痛感した。それは、和田英や横田家の人びとの「ものの見方」「人間観」を正確に捉えさせない態度だとも考えた。東京法令版『富岡日記』は、学習文庫版の欠をおぎない、富岡製糸場の開明策とむすびつけて評価した。

和田英の生涯や横田家の人びとの生きた軌跡は、べつにまとめる予定で、この本は和田英の製糸業界にいた時期に限った序章といっていいものに過ぎないようにおもっている。続編は、『富岡後記』への発展』とでも命名して書ければうれしい。わたしの松代の歴史研究には、松代青年会と近代松代マチづくりなど、べつのテーマもかかえている。時間と能力がゆるせば、実現させたい。

今回も、この書物の編集・出版を龍鳳書房の酒井春人さんにゆだねた。長野県の地域文化の基盤には、出版文化の継続を欠かすことができない。わたしの知るだけでも、長野県内の出版文化をつづけるために血のにじむような努力をかさね、仕事を閉じていかざるを得なかった出版人が幾人もいた。わたしの歴史専門書では、とても現在の長野県内出版業界に貢献できるとは考えることができない。しかし、その一助になることを願い、現代出版文化の歴史にもくわしい酒井さんの、ひきつづきの尽力に敬意と感謝を申しあげたいとおもう。

民衆史再耕シリーズの三冊目は、飯山市出身で司馬遷『史記』の優れた研究で知られた宮崎市定博士の業績にあやかり、信濃近代の「列伝」を意識した、松本平の生んだ初期自由民権家であった松門窪田畔夫と周辺の人物群像を描ければと考えている。

（二〇二一年四月二十四日しるす）

上條宏之（かみじょう・ひろゆき）

1936年生まれ。

信州大学名誉教授　長野県短期大学名誉教授

現在、信濃民権研究所を個人で運営し執筆活動中、窪田空穂記念館運営委員会委員長

この書と関連する著書・論文

上條宏之解説『富岡日記　富岡入場略記・六工社創立記』東京法令出版株式会社　1965年／上條宏之校訂･解題『定本　富岡日記』創樹社　1976年／『絹ひとすじの青春　『富岡日記』にみる日本の近代』日本放送出版協会　1978年／『民衆的近代の軌跡　地域民衆史ノート２』銀河書房　1981年／「『富岡日記』の成立をめぐって　執筆の動機と「長野県工場課本」について」『信濃教育　特集・和田英』第1032号　1972年／「新資料『富岡日記』続稿　西条村製糸場（六工社）　第二年目開業」「和田英略年譜」同前／「ポール・ブリューナ　器械製糸技術の独創的移植者」代表編者永原慶二・山口啓二『講座・日本技術の社会史　別巻２　人物編　近代』日本評論社　1986年／「横田九郎左衛門の日記」『松代　真田と歴史と文化　横田邸復元特集』第６号　1993年／「官営富岡製糸場における原料繭の扱いと信濃国内原料繭の購入」『信濃』第69号第２巻　2017年／「富岡式蒸気器械製糸技術を地域移転した長野県西條村製糸場」『信濃』第69巻第10号・第11号　2017年／龍鳳ブックレット『富岡製糸場首長ポール・ブリュナ　フランス式蒸気器械製糸技術の独創的移植者』龍鳳書房　2021年

民衆史再耕

『富岡日記』の誕生　富岡製糸場と松代工女たち

二〇二一年六月六日　第一刷発行

著者　上條宏之

発行者　酒井春人

発行所　有限会社龍鳳書房

〒381-2243 長野市稲里一—五—一北沢ビル1F

電話　〇二六（二八五）九七〇一

印刷　信毎書籍印刷株式会社

製本

ISBN978-4-947697-66-0

C0021

©2021　Hiroyuki Kmijou　Printed in japan